● 高田 純の放射線防護学入門シリーズ ●

21世紀 人類は核を制す

核放射線の光と影を追い続けた物理学者の論文集

生命論、文明論、防護論

高田　純　理学博士（札幌医科大学教授）

● 第一章　21世紀 人口爆発する文明の危機と核エネルギー ●

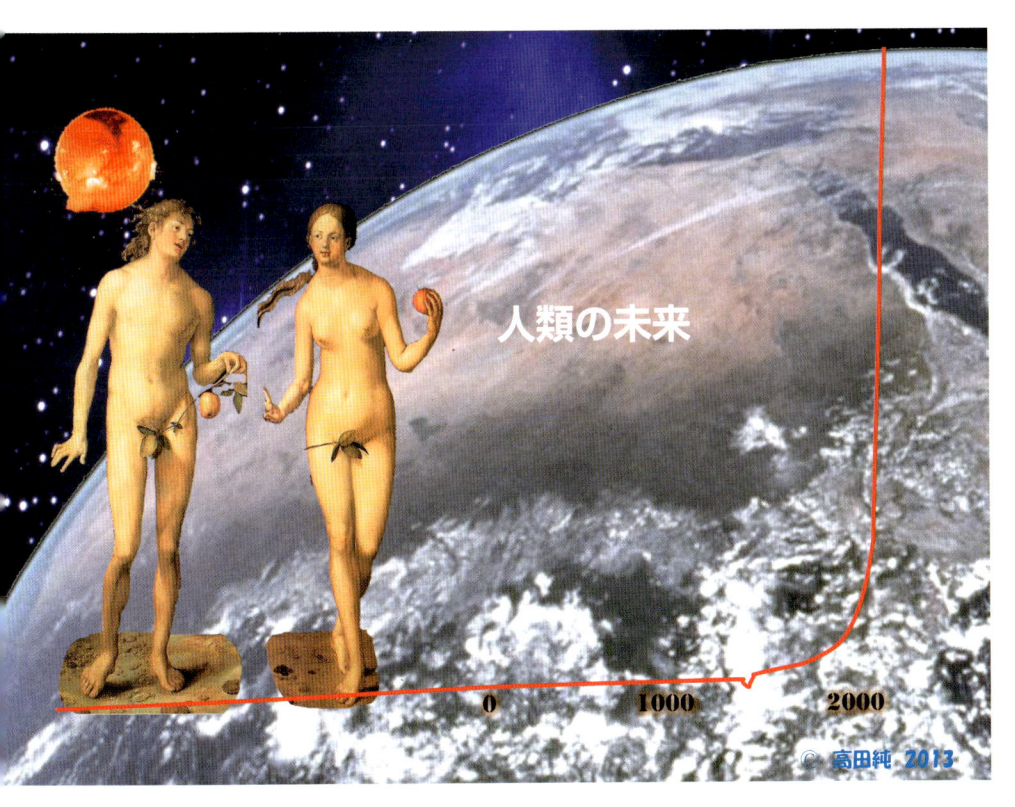

人口爆発し世界経済が混迷するなか、化石燃料の終焉が迫る21世紀後半、人類は誕生以来、最大の危機を迎える。しかし、ウラン元素を完全燃焼させる核技術を完成させるならば、私たちは1万年間、エネルギー問題から解放される。人類が試される今後の50年間に、日本の役割がある。核を制すのだ。

● 第二章　核放射線と健康 ●

女川原子力発電所　＋130km

2011年3月11日宮城県沖で発生したM9.0の巨大地震で発生した津波を受けた太平洋沿岸400kmが壊滅。全ての稼働中の原子炉は、地震を検知して自動停止した。最も震源に近かった女川原発は、地震にも津波にも耐えた。一方、津波を被り電源喪失した福島第一原発は、冷却不可能になって、炉心溶解事故となった。しかし、環境への放射性物質の漏えいが核反応停止24時間以後だったため、放射能の大幅な減衰や圧力容器内のかなりの閉じ込めもあって、周辺住民の放射線による健康被害はなかった。

上下の写真はGoogle Earthより

高田純　震災1月後
現地放射線衛生調査
2011年4月10日

福島第一原子力発電所　＋170km

チェルノブイリ30km圏内にも人たちは元気に生活している。
オパチチ村、1996年4月

世界最大のストロンチウム汚染
南ウラルのムスリュモボ村。
２０００年４月、前歯がベータ線放射している。

マーシャル諸島現地調査、1997年、2005年。被災した島民たちに急性肝炎なし。第五福竜丸船員の急性肝炎死亡事故は、売血輸血による肝炎ウイルス感染が原因だった。

ザボリエ村のセシウムキノコで夕食
筆者の体内セシウムは100日で半減する速さで消失した。

福島県

和牛の体内セシウム検査　2012年2月
同年10月には10分の1ほどに減少した

浪江町末の森の和牛たち　2012年8月

2泊3日 末の森での実線量検査　2012年3月
推定年間線量17ミリシーベルトは健康リスクなし。

● 第三章　核防護と核抑止力 ●
世界一の耐地震・耐津波技術開発に

原子炉建屋大物搬入口外側の強化扉１mの厚さ、漂流物の衝突に耐えられる頑丈さがある。

原子炉建屋大物搬入口内側の水密扉80cmの厚さ。計４重の扉で、津波から原子炉内部を護る。

挑戦する浜岡原子力発電所

高さ22m、全長1600mの防波壁は、地下深さ10～30mの岩盤に根を生やし、大津波の圧力でさえ倒壊することはない設計だという。

冷却水ならびに、冷却用電源も多重に確保する構えで、大規模工事が進んでいる。完成は平成26年度末の予定。

浜岡原子力発電所視察　高田純　2013.5.19
写真提供／中部電力

核兵器開発に遅れた日本は撃たれた

1945.8.6
TNT16キロトン相当
核弾頭1発で
広島市壊滅
14万人死亡

ゼロ地点から500m以内の近距離生存者78人は平均2シーベルトの高線量を受けたが、1997年までの死亡時年齢は平均74歳と顕著な寿命短縮はなかった。生存者の数と被災地点を写真に示す。

昭和20年10月広島壊滅二月後、市内電車全線再開
全面的な科学調査を背景に、復興は進んだ。

電車内白神社前
日本銀行 19
富国生命ビル 21
レストハウス地下室 1
本川小学校 2
ゼロ地点
原爆ドーム
袋町小学校 28
住友銀行 2
芸備銀行 3

中距離弾道ミサイル基地
東風21 DF-21 射程 2700km

東風-21発射基数
およそ80

通化
Shenyang
金州
(北京)
(天津)
莱蕪
(大連)
(平壌)

PAC-3

広島市 大阪市
日本
1390km

日本の頭上に吊り下げられた
ダモクレスの剣

Nanjing
(上海)

1530km 県那覇市

中共の1メガトン
核弾頭1発で
東京３５０万人死亡

東シナ海・台湾・沖縄有事
中共は核の恫喝に出る

台北

JunTakada2013
Google earth

海上自衛隊のこんごう護衛艦（イージス艦）はミサイル防衛として迎撃機能を有する。しかし、中共の核攻撃に対し、反撃用の核ミサイルがなければ、抑止力にはならない。今の日本は、楯があるのみ。

● 著者紹介 ●

高田　純（たかだ　じゅん）

- 札幌医科大学教授、理学博士。
  大学院医学研究科放射線防護学、医療人育成センター 物理学教室。
- 放射線防護情報センターを主宰。
  （http://rpic.jp）
- 放射線防護医療研究会代表世話人。
- 日本シルクロード科学倶楽部会長。
- 弘前大学理学部物理学科卒。
  広島大学大学院理学研究科（核実験）博士課程前期修了、同課程後期中退。
- 鐘淵化学工業中央研究所、シカゴ大学ジェームス・フランク研究所、京都大学化学研究所、イオン工学研究所、広島大学原爆放射線医科学研究所、京都大学原子炉実験所を経て、2004年より、現職。
- 第19期日本学術会議研究連絡委員。
- 鐘淵化学工業技術振興特別賞、未踏科学技術協会高木賞、アパグループ「真の近現代史観」懸賞論文最優秀藤誠志賞を受賞。
- 日本保健物理学会、日本放射線影響学会会員。
- 著書に『世界の放射線被曝地調査』（講談社ブルーバックス）、『東京に核兵器テロ！』（講談社）、『核爆発災害』（中公新書）、『核と刀』（明成社）、『放射線防護の基礎知識─福島第一原発事故に学ぶ』（イーグルパブリシング）、『核災害からの復興』『核災害に対する放射線防護』『核と放射線の物理』『お母さんのための放射線防護知識』『医療人のための放射線防護学』『核エネルギーと地震』『中国の核実験』『核の砂漠とシルクロード観光のリスク』『ソ連の核兵器開発に学ぶ放射線防護』『福島　嘘と真実』『人は放射線なしに生きられない』『シルクロードの今昔』（医療科学社）など。

目 次

21世紀 人類は核を制す

核放射線の光と影を追い続けた物理学者の論文集
生命論、文明論、防護論

＜ 目　次 ＞

口　絵

| プロローグ | 平成25年4月5日衆議院予算委員会 …………… 15 |
| プレミアム | …………………………………………… 17 |

　生 命 論・19
　文 明 論・26
　防 護 論・33
本書で使用する用語・41

第一章　21世紀　人口爆発する文明の危機と核エネルギー…… 49

　期待されるわが国の核エネルギー技術・50
　福島津波核災害の克服と日本の核エネルギー・60
　東日本放射線衛生調査と福島第一原子力発電所20km圏の復興策・71

第二章　核放射線と健康 ………………………………… 81

　紫外線量の多い地域では大腸がん死亡率は低い・82
　人間と牛に関する福島県放射線衛生調査　低線量で健康被害なし・91
　チェルノブリ原発事故と東海村臨界事故・100
　Sr-90の内部被曝と歯に対するベータ線計数・108
　1999年ロンゲラップ島線量調査・114
　核ハザードの環境および社会影響・122

第三章 核防護と核抑止力 ……………………………………… 135

放射線防護医療研究の推進・136

核爆発災害　被害予測と政府の課題・148

核兵器テロに対する公衆の放射線防護・163

核兵器テロ時の地下鉄による脱出シミュレーション・173

核兵器テロ後のがん死亡被害予測・177

核兵器テロ後の発がんによる寿命短縮の予測・184

地表核爆発を例とした大規模核災害と日本の課題・190

北朝鮮の核実験が日本へ与える放射線影響の予測と監視・203

ソ連と中国の核兵器開発に学ぶ放射線防護・206

セミパラチンスク核兵器実験場グランドゼロ　2002年の放射線調査・217

大規模核災害時の線量の歴史的検証・225

爆心地の放射線調査・231

核エネルギー施設の安全と危機管理　中越沖地震と四川地震の検証・240

フランス・核燃料サイクルの安全と防災調査・255

強い日本を再建する高田純の三段階論・262

あとがき・265

索　引・268

表紙の絵について

制作　高田純
　太陽をつかむ手を見つめる構図は、読者である人類が核を制すという強い意志を表現しています。手の上の光る球は、X線カメラで撮影した太陽の写真をもとにしました。

裏表紙
　自然と文明の調和――新緑の北海道ニセコで、羊蹄山を背景にした筆者。手前の紺色の局面は愛車の屋根。

プロローグ
平成25年4月5日衆議院予算委員会

　前年の12月16日の衆議院選挙で、民主党から自民党に政権が交代した。3年間、国益に反した政策で暴走した政権の崩壊は、国民の多くが望んでいた。その間に、東北の太平洋沿岸を襲った巨大津波災害とそれに誘発された福島第一原子力発電所の炉心溶解事故があった。国内の専門科学者も官僚機構も活用しない最悪の政権により、悲劇は増倍した。

　新年度初めの国会の予算委員会に、野党維新の会の山田宏委員が安倍晋三総理への質問のために、参考人として筆者が招致された。議食でカレーライスを食べた後、控室で待機した。しばらくして、事務方に案内され、入場し、参考人席に腰掛ける。隣席は東京電力社長だった。

山田委員

　「そこで、きょうは、放射線防護学を専門とされておられる札幌医科大学の高田純教授に参考人としておいでをいただいております。

　高田先生、ありがとうございます。

　今、食品、特に魚などで放射能の基準を下げたわけですけれども、放射線防護学というものをまず簡単にご説明いただいた上で、今回のこういった決定を専門家、研究者から見てどう見えるのかということをご説明いただきたいと思います」

議長

「高田純札幌医科大学教授」

高田参考人

「お答えいたします。

　放射線防護学、これは放射線、エックス線の発見、レントゲン博士ですね、この発見から始まっております。エックス線の医学利用が人類の病気の治療に対して大きく貢献した。それで、レントゲン博士は最初のノーベル賞をとっているん

ですが、それ以来もう百年近く、この放射線防護学研究は、最も医学的なリスク研究で進んだ分野であります。

ですから、今回の福島のことでも、いろいろなことが科学的にはわかっているんです。ところが、なかなか、前政権の二年間、現地の科学調査が十分されないまま、20キロ圏内のブラックボックス化が進み、また、放射線はゼロが一番いいという誤った判断、これのもとにいろいろな形で規制が始まった。

きょう、ここの会場に、この委員会に、皆さん、およそ百人ぐらいの人たちがいらっしゃるわけです。自然界に放射能があります。カリウムの放射能、およそ成人一人に四千ベクレル。ですから、百人いると四十万ベクレルの放射能がここにあるんです。

私たち人類は、放射線、放射能がゼロの世界で生きているわけじゃないんです。ですから、この基準に関してもきちっと科学的に見ていく必要があると思っていますし、今の規制は科学的なものから逸脱した判断があると私は思っています」

この発言が終わると同時に、場内、拍手多数となった。そのとき、私は特別には思わなかったのだが、後で、議員たちによると、予算委員会では普通、拍手はないとのこと。拍手は珍しいことのようだった。

「前政権による放射能の規制が科学に非ず」とういう専門家の見解に対して、与野党の多数の議員が待ってましたと反応した結果だった。

これを受け、山田委員が、基準の再検討を国際会議も含めてするように問い、安倍総理から、前向きに行う答弁を引き出す成果を引き出した。

2年前の3月11日、未曾有の津波災害で誘発された福島第一原子力発電所の炉心溶融事故による放射線災害の科学的検証を日本政府が行い、それを世界に発信する第一歩となる重要な衆院予算委員会での議論だったのだ。

プレミアム
生命論、文明論、防護論

　百万馬力の鉄腕アトムに刺激を受け、怪獣ゴジラやモスラに驚いた少年が、高等専門学校電気工学科に進学し、現代物理学の量子論や宇宙論に開眼しました。その後、大学理学部物理学科へ進学し、そして、世界で最初に核攻撃を受けた都市にある大学の大学院で核実験物理をまなび、その文部省附置研で黒い雨地域に降った濃縮ウランを分析研究。それが最初の科学論文となった私は、以来、核放射線の光と影を追い続けました。

　チェルノブイリ原子炉事故があった年は、シカゴ大学ジェームスフランク研究所の客員研究員でした。その事故が引き金となってソ連が崩壊した後、母校の改組した広島大学原爆放射線医科学研究所に助教授として戻りました。そして、米ソの核災害の人体影響を中心に国際テーマを研究すべく、世界各地を調査して回りました。そこで、目から鱗が取れる真実にたくさん出会いました。

　広島・長崎、そしてビキニ被災の第五福竜丸事件で、核や放射線のアレルギーとなった日本人は、実は核放射線の真実から遠ざかり、いわば何も科学を知らされないままにいたのです。核放射線は宇宙と生命の源です。恒星内部の核反応や超新星の爆発で、元素が創生されました。太陽が放射する核エネルギーで、植物の光合成など生命活動が営まれています。

　しかし、歴史的事件の科学が知らされないままに、東日本大震災の大津波に誘発された福島第一原子力発電所事故が発生しました。しかも間の悪いことに、災害対策本部長であるはずの総理大臣が被災施設に乱入した事件が象徴するように、政府の不祥事が災害を拡大させてしまいました。

　本書は、核放射線の真実である科学の光と影の全体を、国民に示すことを目的としています。核放射線の科学は、物理学のレントゲン博士のX線の発見、ベクレル教授によるウラン鉱石のエネルギー放射、マリー・ピエール・キュリー夫妻によるラジウムの放射能の発見によるノーベル物理学賞から始まりました。そして、医学利用の成功に続きエネルギー利用に、さらに情報通信技術開発にも欠かせない基盤技術となっています。

　核放射線の影に関する防護学を長らく研究してきた私が、福島事象で混乱した

国内を鎮静化すべく、生命論、文明論、防護論をプレミアム章で、ご提示します。

それに続いて、最近10年間に発表した筆者の論文と共著者による論文を収録しました。「第一章　21世紀　人口爆発する文明の危機と核エネルギー」「第二章　核放射線と健康」「第三章　核防護と抑止力」からなります。

福島県の放射線衛生調査結果に関する記述は、その性格上、それぞれの論文で重複しております。したがって、読者は、最初に、プレミアム章を読んでから、それぞれの章の好みの論文を読まれるのがよく、必ずしも順序よく進む必要はありません。

生命論

放射線とはエネルギー、ゼロでは生命は存在しない、適量が必要

　私たちの健康維持にとって、日常の食事や運動はなくてはならないものです。日に三度の食事、仕事を通じての運動、通勤途上での徒歩、たまに全身を使った体操やスポーツゲーム。普段なにげにしているこれらのことが、健康に大きくプラスになっています。

　しかし、1日の運動量以上に過剰な食事をとっていると体重増となり、肥満となります。また、偏った食事をしていると、糖尿など生活習慣病になるのです。糖分のとりすぎだけではありません。

　1日の仕事量に比べて食事量が少ない日が続けば、体重は減少し続け、最後には危険な状態にもなります。おなかがすいたと感じれば食事し、満腹になれば、しばらく食べない。そうした自動調整をするのが人間ですので、極端な状態にはなりにくいようにはなっています。

　しかし、適量からややずれた食生活をしていることは普通にあります。痩せ形の人、太り気味の人はいます。仕事も、食事も、実はエネルギーです。物理の単位では、エネルギーに、カロリーやジュールを用いています。1カロリーとは、1グラムの水の温度を1度上昇できる熱量です。1.0ジュールは0.24カロリーと同じエネルギーです。

$$1.0 ジュール = 0.24 カロリー$$

　実は、放射線とは物質が放射するエネルギーのことです。これがなければ、生命は誕生しませんし、維持できません。この宇宙にあって最大の存在が、太陽などの恒星が発する核エネルギーです。これで、適度に惑星が温まり、植物が光合成し、動物も食物連鎖以外に、核放射線エネルギーを適量浴びているのです。ゼロ放射線では生命は存在できないことが医学的にも解明されました。

　人体が受ける放射線のエネルギー量を線量といいます。特に電離放射線に対して、その線量の大きさを測る単位がシーベルトやグレイです。最も簡単な説明をするなら、物質1キログラムが1ジュールの放射エネルギーを吸収する線量が1

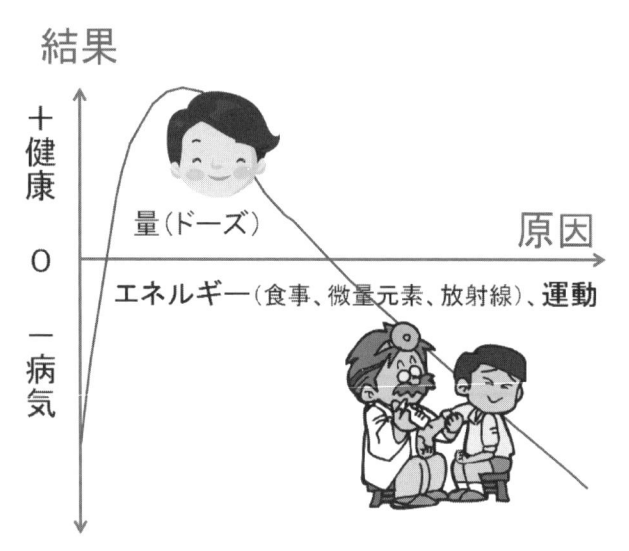

図プ-1　人体のエネルギーと健康、エネルギーは適量がいい。

グレイであり、人の場合、X線などの光子や電子線のエネルギーを受ける場合には、1シーベルトです。

$$1 \text{グレイ} = 1 \text{シーベルト} = 1 \text{ジュール}/kg = 0.24 \text{カロリー}/kg$$

　塩分のとりすぎは高血圧症の原因です。適量は日に6〜9グラムと考えられています。肉体労働の多い職種で汗を多くかく人たちは、身体から塩分を汗とともに出しますので、その分、補給しなければなりません。

　人体の塩分濃度は人体の水分量の約0.85％といわれています。体内の水分は63％ですので、体重が60 kgの人の塩分量は306 gです。塩分補給をゼロにしていますと、健康を害して、死んでしまいます。つまり、塩分のとりすぎも、ゼロ摂取でも、人間や動物は死んでしまうのです。

　放射線も同様で、ゼロでは、人間は生きていけません。熱としての放射線のみならず、体内化学反応を促す電離放射線がゼロでは、生命は誕生しません。さらに、そうした放射線ゼロに人を閉じ込めれば、死んでしまいます。

　最も顕著に解明された事例は、太陽紫外線による皮膚表面でのコレステロールからのビタミンD合成です。これがゼロになれば死んでしまいます。植物も動

物も、太陽紫外線を受けてビタミンD合成をしています。

また、太陽紫外線を適量浴びずに不足すると、体内ビタミンDが不足し、結果、大腸がん発症リスクが増大します。

こうして、人は、放射線ゼロでは生きられないし、適量を必要としていることが医学的にわかってまいりました。

太陽の放射エネルギーと生命

すべての物質はエネルギーを放射しています。もしも、ある物体が全くエネルギーを周囲に放射していないとすると、その物体の温度は絶対零度、すなわち、摂氏マイナス273度です。人体でさえ、絶対温度310度でエネルギーを放射しているのです。

その放射エネルギーの実体は、光の粒である光子です。この物理が量子論であり、ドイツの物理学者マックス・プランクが、1900年に提唱しました。鋼鉄産業における高温の溶鉱炉の制御に有効な理論として、その後の量子力学につながる現代物理学の基礎となりました。

宇宙では大量のエネルギーを100億年ほども放射し続ける存在があります。それは核エネルギーを放射している恒星です。私たちの太陽も、その恒星のひとつです。巨大な核反応炉で、核融合が46億年も休みなくエネルギーを放射しています。

太陽系の惑星のなかで、生命にとって適量なエネルギーが届いているのは、地球だけです。生命の特徴は、その中にエネルギーとなる栄養分を輸送できる液体の水分があることです。人体は63％が水分です。細胞のなかに、血液のなかに水分があります。この水分が凍っても、沸騰しても生命は維持できません。

惑星に到達するエネルギーの強度は、エネルギーの線源である太陽からの距離の2乗に反比例します。各惑星に届いている太陽からの放射エネルギーの大きさを、グラフにしました（図プ-2）。距離もエネルギーも、地球を1とした基準で表しています。太陽から遠ざかるに従って、放射エネルギーは急速に小さくなります。

地球表面の71％が水（海）で覆われ、その平均温度は3.9℃です。ですから、生命が存在できるのです。しかし、地球よりも、太陽に近い惑星である水星と金星の表面温度は水が沸騰するほどの高温で、生命は存在できません。一方、地球よりも遠方の惑星である火星、木星、土星、天王星、海王星に届く放射エネルギ

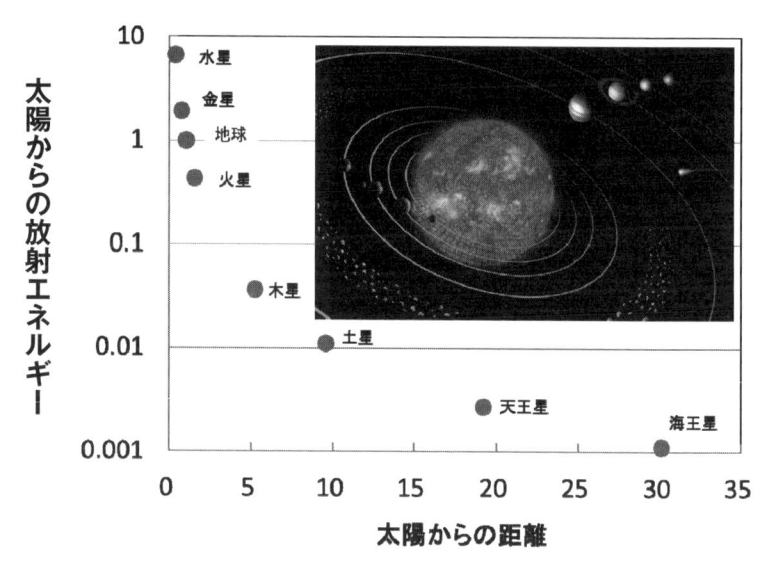

図プ-2　各惑星が受けている太陽からのエネルギーの相対値
　地球を基準にして表している。太陽により近い水星と金星は暑すぎて、より遠い火星、木星、土星などの惑星は寒すぎて生命は存在していない。前者では水分が沸騰し、後者では凍るからである。惑星の軌道の絵はNASAの作成。

一強度は小さく、水分が凍るほど寒いのです。したがって、地球以外の惑星表面には、生命が存在できないのです。

　生命が存在できる温度範囲は、摂氏でいえば0から100℃であり、絶対温度なら273から373Kです。太陽系の場合、惑星の表面温度がこの範囲にあるのは地球だけです。

　生命体は、それ自身が化学反応により物質を絶え間なく作り出すという特徴があります。無生物の岩石などには、そうした絶え間ない物質合成はありません。ですから、植物ならびに動物などの生命体は、みずから生命体の一部を作り出すことができます。生命はいつもエネルギーを消費し、形を変えています。その基本となる反応が、光合成と呼吸です。

　太陽からの放射線が生体分子に衝突し、電子をはじきだす現象である光電効果によって、生命はエネルギーを受け取ります。植物における光合成のメカニズムです。

　体内で取り入れた栄養素（脂肪、多糖、タンパク）が酸化分解する過程で、エ

ネルギーが発生します。これらの化学反応の舞台として、液体である水分と酸素が必要です。体内で発生するエネルギーにより、私たちの頭脳や身体が動くのです。

太陽放射線による物質合成で最も大量に行われているのは、植物の光合成です。地球表面では、この化学反応が盛んに行われています。この大量生産される植物の食物連鎖で、多様な生物が地球に生存しています。

人体の行う必須の化学反応で、エネルギーの高い放射線である電離放射線が作用していることが、最近の医学研究でわかってきました。例えば、太陽からの紫外線を皮膚が受けて、コレステロールが化学反応し、ビタミンDが合成されています。

1週間に5分から30分の日光浴で、人体が必要とする十分なビタミンDが合成されます。こうした継続的なビタミンD合成がないと、カルシウムによる骨の形成がなされませんので、発育不良や骨粗鬆症の原因になります。そのほか、消化器がん、例えば、大腸がんの原因になるのです。

近年の大腸がん死亡率の増加は、食生活の欧米化だけではなく、生活の屋内滞在時間の増加による日光浴・紫外線不足が原因と考えられる医学データが出ています（村端祐樹、高田純 2013）。

電離放射線とは、分子結合のエネルギー値（数電子ボルト）以上のエネルギーを有する放射線のことです。例えば、紫外線、X線、ガンマ線です。これらの実体は光である光子です。その他、高エネルギーのベータ線（電子）、中性子、陽子、アルファ線（ヘリウム原子の核）などです。太陽放射線のうち、7％は紫外線を中心とした電離放射線です。

生命と核種

恒星内部での核反応や超新星の爆発で、3,000種以上の核が合成され、これにより100種以上の元素が合成されました。核の種類は核種と呼ばれます。内部にエネルギーを蓄えていて、その核が壊れるときに、エネルギーを放射します。

3,000の核種のおよそ90％がエネルギーを放射する核種です。これらは、絶対温度0Kに置かれても、エネルギーを放射します。それ自体がエネルギーを内蔵しているのです。エネルギーを放射しない核種はわずか276種しかありません。それぞれの核が壊れる現象は確率です。ただし、多数の核（アボガドロ数 6×10^{23} 個）が半分の個数になるまでの時間は、核種ごとに決まっています。その時

間を半減期といいます。

　半減期は、秒単位以下の短いものから、分、時間、日単位の中程度の物から、年から億年単位と地球の年齢に相当するほど長いものがあることが知られています。半減期の10倍の時間が経過すると、核の数は、はじめの1,000分の1に減少します。さらに10倍の半減期が経過すると、はじめの100万分の1に核の数が減るのです。

　地球が誕生したのは、今から46億年前です。超新星の爆発などで宇宙空間に飛び散った多種類の核種からなる元素が凝集して、太陽系の惑星ができ上がったのです。ですから、半減期が億年以上の核種は、今でも、地球に存在します。

　核の種類は、その中に含まれる陽子と中性子の個数で決まります。一方、元素の種類は、核内の陽子の個数である原子番号で決まります。例えば、炭素12とか、酸素16など、元素名の後に、核内の陽子と中性子の個数の和の数である質量数を付します。

　今の地球に存在するエネルギーを放射する核種は、例えば、ウラン238　ウラン235、カリウム40です。それぞれの半減期は、45億年、7億年、13億年です。ですから、これらの核種は、地殻、地下水、海水などに含まれているのです。ですから、私たちの体内にも、こうした核種が含まれていて、エネルギーを少しずつですが受けています。

　特にカリウム40は、カリウム元素中に0.012％含まれています。地殻中で2.6％を占める7番目に多い元素です。農業の必須の3大肥料の一つです。また、人体必須の元素で、神経伝達で重要な役割を果たし、人体中、8番目ないし9番目に多い元素です。カリウムイオンは細胞内で、外に比べて30倍ほど高い濃度に保たれています。心臓の心拍の調節には、適切なカリウムイオン濃度が必要であることもわかっています。

　カリウムを含む食品を食べすぎても、過剰なカリウムイオンは腎臓の調節機能で排泄されるので、体内のカリウム濃度は、常に一定の低レベルに抑えられています。日本人の食事摂取基準（厚生労働省2010年）では、1日量として、男性が2.5グラム、女性が2.0グラムです。

　1秒回に1個の核が壊れる割合を、放射能1ベクレルといいます。この放射能の値は、核の個数に比例し、半減期に反比例します。つまり、半減期の短い核種は、どんどん壊れてエネルギーを放射します。一方、半減期の長い核種は、ゆっくり壊れて、少しずつエネルギーを放射するのです。

生命論

食品名	カリウム40放射能 ベクレル／キログラム
納豆	200
鯛（焼き）	150
乾燥昆布	1600
人体	63

　この放射能の理屈から、カリウムの放射能を計算できます。Xグラムのカリウムの放射能Aは、次の簡単な式で求めることができます。

$$A（ベクレル）=30 \times カリウム量（グラム）$$

日本人男性が毎日基準量のカリウムを食品から摂取した場合、その量は2.5グラムですから、

$$カリウム放射能摂取量 = 30 \times 2.5 = 75 ベクレル$$

この摂取した分だけ、カリウム放射能は毎日、排せつされています。こうして、体内のカリウム放射能の値は、一定値に保たれています。成人ひとりの体内カリウム放射能は、

$$\begin{aligned}成人の体内カリウム放射能 &= およそ4,000ベクレル \\ &= 体重1キログラムあたり60\sim70ベクレル\end{aligned}$$

　つまり、人体中には、体重1キログラムあたり、60〜70ベクレルのカリウム放射能がいつもあるのです。この放射能が含まれていない人間はいないのです。これは、人間に限らず、全ての動物に共通しているはずです。

　生命体にはイオンの運動が重要な役割を果たしています。それがエネルギー源なのです。心臓を動かすにも、神経での情報伝達にも、イオンの運動が関与しています。中性の原子や分子をイオン化する能力が、放射線です。体外からの放射線暴露ばかりか、体内中のカリウム核種も、体内のイオン化に重要な役割を果たしているのは間違いありません。このあたりは、今後の研究が必要でしょう。

　半減期が13億年ですが、毎日食品からカリウム40を体内に2〜3グラムづつ摂取することで、私たちは人間として生命体としての機能を維持できているのです。

文 明 論

人口爆発　科学とエネルギー

　今から10数万年前、人類（ホモ・サピエンス）が誕生したと考えられている時代の世界の人口は0億人でした。当時、人類は他の動物の生活と大きな違いはなく、自然の中で暮らしていました。ただし、初期の人類の特徴は、火の利用にあります。火を調理に使い、暖を取り、獣から身を守るのに使っていました。食糧の過熱は、栄養分の摂取を助けるばかりか、病原菌や寄生虫の除去になりなったのです。こうして人口が少しずつ増加していきました。

　数千年前に、農耕や牧畜が始まり、人類の食糧の計画的な生産が始まりました。これは人口増加につながるばかりか、数学、物理学、天文学などの科学の誕生と発展をもたらしました。そして、道具の発明と生産からなる技術と産業を起こしました。こうして、人類の古代文明が今から4,000年ほど前に、開化したのです。日本では縄文時代です。世界の人口は、西暦0年には3億人となりました。人口は、100年あたり平均750万人の増でした。

　野生動物の数は、21世紀現在、クジラが190万頭、ライオンが8千頭、マウンテンゴリラが880頭です。飼育されていない野生動物の寿命は短い。ライオンが10年未満、マウンテンゴリラが35年と推定されています。このことからも古代文明が開化した人類の数3億人がいかに多いかが理解できます。

　世界最古の文明となった古代エジプト人の平均寿命は22〜25歳との推定があります。ナイル川流域での農耕の成功には、川の氾濫の周期を予測する暦の発明がありました。毎年シリウス星が日の出直前に出現するときに必ずナイル川が氾濫することから、早くから1年を365日と定めたのでした。

　その後、数学、天文学、地理、物理学、化学、生物学、医学が発展、金属加工技術も発達。西暦1769年（明和6年、徳川幕府第10代将軍　家治）に、イギリスのジェームス・ワットが、エンジンを発明し、人類は、火力を制御した動力を得ました。これが産業革命を引き起こしたのです。その直前の世界の人口が9億人です。西暦0年から、6億人の増加であり、100年あたり平均3300万人増でした。

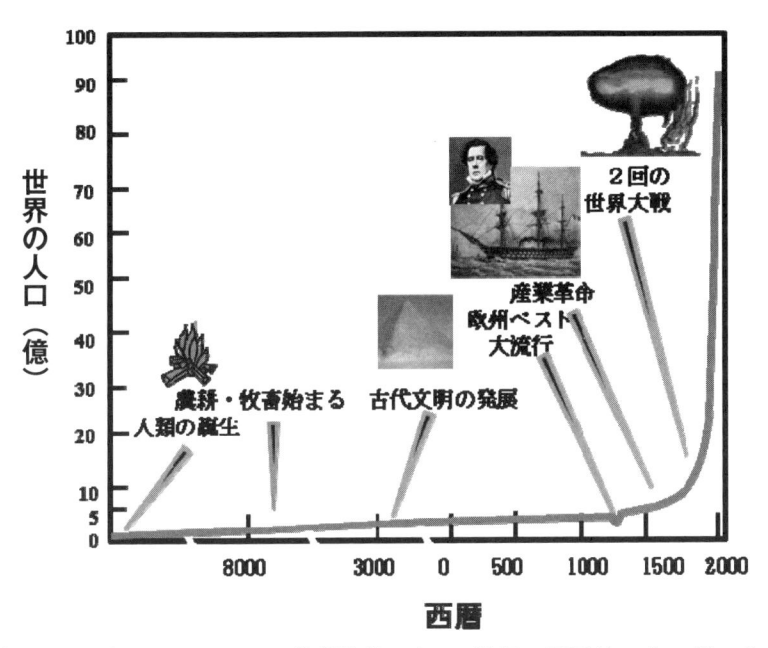

図プ-3　人口爆発している20世紀後半から21世紀、原因はエネルギーの大量消費

　それまでが、太陽熱や風力などの自然エネルギー頼みが、安定した火力による動力によって、工場の生産、船舶、列車、自動車などの輸送力も得たのです。火力という動力を得た産業革命により、人類は、農産物および工業製品の大量生産と大量消費の時代に突入しました。その後の人口増加はウナギ昇りです。わずか240年後に世界の人口は70億人を突破しました。人口爆発です。

　欧州は原料やエネルギーが自国内では不足し、インド、アフリカ、南北アメリカ大陸、そしてアジアにそれを求め、植民地政策を実行しました。こうして、火力により、世界は帝国主義の時代に突入したのです。マシュー・ペリー代将が率いるアメリカ海軍東インド艦隊の艦船（いわゆる黒船　エンジン船）が、日本の開国を求め、浦賀に来航した1853年（第12代将軍　家慶）は、エンジンの発明から、84年後でした。

　わが国は、第15代将軍徳川慶喜が大制奉還し、1869年に明治維新を断行、天皇を中心とした新体制を樹立し、エンジンなど近代技術を取り入れ、欧米による

植民地化から国を守ったのでした。

　実際、ロシア帝国の南下政策の中、朝鮮半島と満州南部を主戦場として、1904年（明治37年）から1905年にかけて、日本はロシアと戦い、勝利しました。これにより、わが国は国際的な注目を受けることになったのです。

　維新後のわが国の近代化の成功の基礎は、明治政府の指導力に加え、鎖国ながらも江戸時代における学問と科学の独自の発展の存在にあったと考えられます。こうした背景がなければ、欧米帝国主義に、日本は他のアジア諸国同様に、呑み込まれていたに違いありません。

　文明の発達、人口増、地下資源の争奪、食糧の不足、その結果、富める地域と貧しい地域の分離、富める人びとと貧しい人びととの分離が生じることにもなりました。こうして、20世紀には二度の世界大戦が引き起こされたのです。

　この人類的問題の主な原因は、有限な量の地下資源に強く依存した経済構造にあると考えられます。特に全地球の経済活動にとって必要不可欠なエネルギー資源は不均一な分布にあり、国家間の難しい問題を引き起こしています。

　確実な問題としては、地球進化の過程で作られた地下資源の量は有限であり、産業革命以後の大量消費により、その資源を使い切ってしまうことであります。特に、石油・石炭・天然ガスの燃焼は、その資源の再利用は不可能です。金銀などの希少金属は再利用可能ですが、燃焼を伴う化石燃料は再利用できず、人類的歴史のなかで資源枯渇が迫っているのです。

　資源エネルギー庁の調査（2008年）によれば、世界のエネルギー資源の可採年数は、石油42年、石炭122年、天然ガス60年、ウラン100年（ウラン235）です。今後、新たな油田や鉱山の発見もあるでしょうが、どれもが、今のペースで化石燃料を消費すれば、およそ100年後には、人類文明は破綻するとの予測になります。特に、エネルギー資源のほぼすべてを輸入しているわが国では、近未来、エネルギー確保は死活問題です。

核力の時代　ウラン238の利用が鍵

　人類的エネルギー問題の打開策は、すでに科学的に明らかであり、技術的に提示もされつつあります。それは、夜間や雨や曇りの日中には発電できない太陽光発電でもなければ、気象状況に大きく左右される風力発電でもない。これらは、もともと、地球表面にもたらされた太陽エネルギーの直接利用や、それが地球大気に及ぼした気象を利用したエネルギーであり、自然エネルギーのひとつの利用

文明論

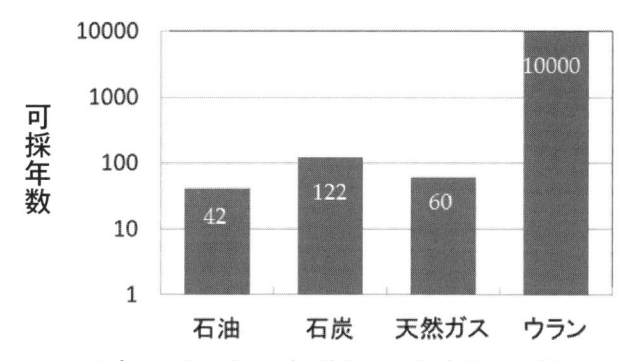

図プ-4 各エネルギー資源の可採年数の比較

ここでウランは、ウラン238を燃焼させる原子炉を前提としている。使用済みウラン燃料を貯蔵し、再利用するサイクルシステムの構築が重要課題。

方法です。

　現代技術を取り入れた形の自然エネルギーは、その発電コストが高いばかりか、極めて不安定で、バックアップ用に、安定電源施設を用意しなければなりません。そうなった馬鹿げた事例として、風力発電を大規模に導入したのがドイツです。結果、石炭発電所を多数建造する羽目になっています。

　自然エネルギーによる発電は、今後も大きくは期待できません。現に、太陽光発電事業には多額の税金が投入されたり、電力料金の上乗せという形で、他のエネルギー源からの経済活動におんぶです。通常、1kwhが10数円の値段ですが、稼働率平均12%の太陽光発電の電気を42円で各電力会社が買い取らされて、電気料金に上乗せさせられています。とんでもない不条理であり、太陽光発電思想の押し付け以外の何物でもありません。

　自然エネルギー技術は、このように自立できない技術であり、21世紀の地球では主力エネルギーにはなりえません。ただし、これらは、離島や高山、そして衛星などの特別な場合の僻地電源としては有効に利用される道があることは確かです。

　太陽光エネルギーを最大限に利用する産業は農業です。これは、21世紀以後も人類にとって不可欠です。しかし、農産物からエタノールを製造して、ガソリンの代わりにエンジンに利用する向きもありますが、これは甚だ無駄な技術です。しかも、その新種エネルギー産業が、一部の国の食糧問題を引き起こした

り、世界の農産物価格を引き揚げる負の効果を知らなくてはなりません。また、急激な農地拡大が環境破壊を引き起こしています。

人類のエネルギー問題の打開策は、核エネルギーです。ただし、今のウラン235を利用する技術ではありません。それは、ウラン元素中に、わずか0.7パーセントしか含まれていないため、そのエネルギーに依存していれば、化石燃料と同様にいずれ枯渇してしまいます。21世紀以後の核エネルギー技術は、これまで邪魔者扱いされていたウラン238を利用することにかかっています。これは、ウラン元素中に99.3パーセント含まれるので、これを利用する技術の確立が急がれます。

実は、1944年（昭和19年）、東北帝国大学の天才核物理学者の彦坂忠義が、ウラン238の高速中性子による核分裂理論を発表しました。戦後、この画期的理論はすぐに応用されたのです。一つが、大型核爆弾の原理として、もう一つが、発電しながら燃料を製造する高速増殖炉です。これが、日本の高速炉常陽やもんじゅの原理です。

フランスも、ロシアも、この高速増殖炉を建造しました。現在、チャイナ、インドも、このウラン238を燃料として利用する新型原子炉の開発を進めています。

核燃料廃棄物を安全に処分する技術・社会機構を完成させれば、人類は、エネルギー問題から数千年間、解放されるのです。これは21世紀の日本ならばできる技術であり、化石燃料資源のないわが国は、この安全な核エネルギーの利用を真っ先に推進すべきと考えます。

核エネルギーは発電ばかりか、寒冷地の熱源としても有効です。また、この熱を利用して、道路に積もった雪を解かすことも可能です。

さらに、核エネルギーで動く船の建造も可能です。すでに、核エネルギーの潜水艦は存在しています。日本でも、原子力船むつが建造されましたが、わずかなトラブルをもとに放射能アレルギーを煽った報道で冷静さを欠き、廃船としてしまった歴史があります。極めて残念な事件でした。

高速増殖炉、核燃料サイクル、地層処分

高速増殖炉技術が完成すれば、電力を始めとしたエネルギーは準国産となり、原油価格高騰に象徴される不安定なエネルギー事情が回避できます。水素も核エネルギーで製造できるので、将来、ガソリン車に替わり、水素エンジン車や燃料

電池車の時代も将来可能です。こうして、海外エネルギー資源に日本経済が振り回されるリスクは、大幅に低くなるのです。しかも、二酸化炭素の放出量を大幅に抑えることができます。

さらに、この新エネルギー源は、数千年もの長期間にわたり利用可能です。この技術は実現の一歩手前です。ただし、社会心理的なブレーキや、"反核"団体の攻撃にあっています。

わが国には、茨城県に高速増殖炉の常陽があります。これには発電装置がありません。福井県には、高速増殖炉で発電可能な実験炉もんじゅがあります。

電気出力28万キロワットのもんじゅは、高速増殖炉の原型炉として1994年に建造されました。しかし、翌95年の試運転中、二次冷却系の配管に取り付けられた温度計の不具合からナトリウムが漏れ出す故障がありました。ただし、施設内も含め、核放射線事故にはなっていません。放射線環境影響は、筆者の評価ではリスクの全くないレベルFです。

しかし、ヒステリックな報道と、反日勢力による危険を過剰に煽る政治闘争の攻撃対象になり、もんじゅの再稼働が遅れてきました。

21世紀の日本ばかりか、世界のエネルギー問題の解決策につながる高速増殖炉技術開発は、もんじゅの稼働が一里塚です。国民の理性ある判断を望みたいものです。

フランス同様、日本でもプルトニウムとウランとを混合した燃料（MOX）による発電が始まろうとしています。発電技術上の安全性には何ら問題はありません。六ヶ所村に建設された日本原燃の再処理施設が稼動すれば、MOX燃料の製造が始まり、全国の原子力発電所で準国産の燃料による発電が始まります。そうなれば、日本はエネルギーの新時代を迎えます。これもウラン238の利用の仕方のひとつです。

高速中性子を照射できる原子炉でウランを100％燃焼する核エネルギーシステムの構築が、人口爆発しエネルギー危機を迎える21世紀後半に、今応えられる技術の解答です。これに変わる技術提案はないのです。この実現を、わが国日本がリードできる位置にあります。高速増殖炉もんじゅの再稼働を急ぎ成功させ、次の100万キロワットクラスの実証炉の建設を急ぐべきです。

高レベル放射性廃棄物の地層処分も安全に建設することは可能です。300〜500メートルの深さに、窓のない地下倉庫を建設し、セシウムなどの放射性廃棄をガラスの固化体の形で、硬質の金属容器の中に閉じ込め、整然と並べて粘土で隙間

を埋める技術が提案されています。この地下倉庫を、国立公園の中に建設すれば、1,000 年くらい容易に国家管理できます。

　1,000 年の保管で、放射能の大きさは、初期の 1,000 分の 1 に弱まります。そのときの放射能は、その使用済み燃料を生み出した最初のウラン鉱石全体に含まれていた放射能の 10 倍ほどです。したがって、地下にラジウム温泉の源があるようなものです。それが、閉じ込められているので、全く問題がないのです。しかも、その周辺は国立公園のなかであり、一般住民はいないのです。私は、高レベル放射性物質の地層処分は、国立公園のなか、あるいは国立公園化すべしと考えています。

防 護 論

　皆さんも将棋をされたことがありますか。子どもの頃、父親に教わり、同級生と、放課後、ときどき遊びました。王将の周りを、金や銀、歩などの駒で護りの態勢を組みながら、相手の陣地に攻め入り、敵の王将を狙う、なかなか面白いゲームでした。

　しっかりと守られた敵地はなかなか攻撃できません。一方、守りが薄いと、容易に攻め入ることができます。ですから、自分の陣地の防護は極めて大切です。これは、国家の護りばかりか、家族の護り、自分自身の護りも同様です。企業経営も、病院の院内感染の防護対策も重要です。

　本書のテーマの核放射線についても、防護は重要です。最も身近な利用となる病院での利用で、放射線防護学の研究が始まりました。レントゲン博士の発見したX線は、ベルタ夫人の指輪のはめた手の骨格のX線写真が医学会で発表されて以来、医療利用が急速に進みました。それと合わせて、放射線防護学の研究が始まり、100年近い歴史があります。医学分野で最も進んだリスク研究ともなっています。

　発電などの核エネルギー施設の防衛、他国からの核弾頭攻撃・核テロ防衛、そして、万一の場合の放射線防護が研究されなくてはなりません。米国中枢を狙った国際テロ事件が2001年に発生し、わが国では、総務省で国民保護課題として取り組まれてきました。私も、その核防護に関する基本指針作成については内閣官房や国民保護室に協力しました。その背景で、私が代表となった放射線防護医療研究会や放射線防護情報センターが発足したのです。

東日本大震災と巨大津波に耐えた女川原発

　マグニチュード9.0の震源の至近にありながら、驚異的な耐久性を証明した女川原子力発電所を、震災の翌年に視察しました。平成24年12月6日に、空路、仙台空港に到着。車で、石巻、女川町市外経由で発電所に向かいました。津波で壊滅した女川町は、更地になったほか、復興の様子はあまり見られない状況でした。午後2時に、女川原子力発電所に到着し、発電所長らからの震災当時の概要説明を受け、原子炉建屋内外を視察しました。

3月11日、地震発生と同時に、原子炉核反応は自動停止したものの、発電所は炉心冷却作業に追われました。そのなか、地域住民多数が、その日の夕刻、発電所のピーアール館に、自発的に避難してきました。そこで、東北電力は人道的に判断し、避難所として体育館を提供したのです。地震や津波で、最も安全な施設は女川原子力発電所だとういように、近隣の住民は感じていたようです。

　避難所の提供は、6月まで続き、最大364人の女川町民が安全に避難生活しました。当初、所員の食事を日に1食にしてまでも、避難住民には2食を用意しました。

　震災当日女川原子力発電所3基のうち1号機3号機が運転中。3基の総発電量は、全宮城県の必要電力分に相当する東北の重要エネルギー施設です。震源から120 kmにある発電所では、地震波を検知し、2基とも、設計どおり瞬時に制御棒が自動挿入され、原子炉核分裂反応は自動停止しました。そして9時間後には、100℃以下での冷温も達成しています。

　地震発生後、発電所外部から供給している電源は、全5回線のうち、4回線が損傷したものの、1回線が確保されました。また非常用電源としてのディーゼル発電機もすべて健全でした。その後発生した津波は、発電所構内の主要建屋には到達せず、原子炉および燃料プールを冷却する機能も健全であったため、原子炉は安定した状態で停止し、発電所の安全性は確保されたのです。

　震源に最も近い原子力発電所でしたが、原子炉を「止める」「冷やす」、放射性物質を「閉じ込める」という3つが有効に機能し、環境への放射能の影響は、全くありませんでした。

　観測された地震加速度は568ガルで、想定の基準振動Ssを一部超過した大きさでした。過去の最大値は251ガルでしたが、原子炉の耐震性能に余裕があったのが、勝因です。女川はすごい、安全は完全に保たれました。日本の原子力安全技術の確かさを、女川は証明したのです。

　女川の発電タービンは、毎分1,500回転でしたが、自動的に地震発生後10分で停止しています。女川の発電タービン（高圧蒸気で回転する羽根車）は、大震動で破壊したのではと想像していましたが、安全に自動停止したのにも驚かされました。ただし、発電タービンの羽の一部分が擦れた跡がありました。また、タービンの据えつけ部分に歪みが生じたことが判明しています。人でいえば、指の擦り傷と捻挫程度の故障です。

　施設を襲った津波は、地震発生43分後の15時29分に最大波高さ13メートル

でしたが、原子炉の敷地の高さが十分のため、護られました。敷地の高さについては、1号機の建設にあたり、計画当初から津波対策が重要課題であるとの認識から、土木工学、地球物理学の外部専門家を含む議論を重ね、「敷地の高さをもって津波対策とする。敷地の高さは工事基準面から高さ15メートル程度でよい」との結論を得て、屋外重要土木構造物と主要建屋1階の高さを15メートル、敷地の高さを14.8メートルと決定していました。地震後、敷地は地殻変動により1メートル程度沈下し、約13.8mとなっていましたが、津波としては最大級とされた今回の津波にあっても、主要構造物が設置されている敷地の高さを越えておらず、施設の安全機能は維持されたのでした。

女川の防潮堤は高さ9.7メートルまでコンクリートブロックとなっていました。また、冷却のための海水くみ上げ用のポンプも、13.8メートル高さの敷地に深さ13メートルの穴を掘って設置してあり、十分な津波対策であったといえます。震災後、さらに3.2メートル高さを増す工事を行うということです。

こうした耐震耐津波力のあった女川原子力発電所でしたが、福島第一原子力発電所の事故を踏まえ、緊急時安全対策に取り組んできたほか、さらなる安全性向上対策に向けた取り組みとして、外部電源対策、津波浸水対策、電源確保対策、冷却機能確保対策、シビアアクシデント対策に取り組んでいます。

福島県民は放射線で誰も死んでいないし、病気にならない

3月11日の大津波により冷却機能を喪失し核燃料が一部溶解した福島第一原子力発電所事故は、翌12日、格納容器の外部での水素爆発により、主として放射性の気体が放出され、福島県と近隣を汚染させました。しかし、この核事象の災害レベルは、当初より、核反応が暴走したチェルノブイリ事故と比べて小さな規模であることが、次の三つの事実から明らかでした。1) 巨大地震S波が到達する前にP波検知で核分裂連鎖反応を全停止させていた、2) 運転員らに急性放射線障害による死亡者がいない、3) 軽水炉のため黒鉛火災による汚染拡大はない。

チェルノブイリでは、核分裂反応が暴走し、原子炉全体が崩壊し、高熱で、周囲のコンクリート、ウラン燃料、鋼鉄の融け混ざった塊となってしまいました。これが原子炉の"メルトダウン"です。

一方、福島第一の原子炉は、その後の調査でも、こうした事態にはなっていません。すなわち、潜水艦が立ったような圧力容器内のウランが融け、底を抜け落

ち、厚みが2メートルもある格納容器の底を60センチばかり溶かして固まった状態で、原子炉物理の専門家によれば、この事象を"メルトスルー"といいます。したがって、圧力容器も格納容器も、構造体としては存在し、大方の放射性物質を閉じ込めています。つまり、福島第一は、チェルノブイリにならなかったのです。

福島第一の原子炉核反応は暴走しなかったのですが、総理大臣菅直人は暴走し、現地に乗り込みました。これにより、炉心冷却のための注水作業に遅れが生じたといわれています。政府の災害対策本部の不手際は、事故調査委員会の報告で明らかとなりました。さらに、原子力災害対策本部が機能しなかったため、20 km圏内の医療弱者と家畜の放置で、多数の犠牲者が発生しました。

福島第一原子力発電所の津波核事象が発生して以来、私は、専門科学者として、どこの組織とも独立した形で現地に赴き、自由に放射線衛生を調査しました。最初に、最も危惧された短期核ハザードとしての放射性ヨウ素の甲状腺線量について、4月に浪江町からの避難者40人をはじめ、二本松市、飯舘村の住民を検査しました。その66人の結果は、8ミリシーベルト以下の低線量でした。これは、チェルノブイリ事故の最大甲状腺線量50シーベルトの1千分の1です。

それ以後、南相馬、郡山、いわき、福島市、会津を回り、個人線量計による外部被曝線量評価と、希望する住民の体内セシウムのその場ホールボデーカウンターによる内部被曝線量を調査しました。

その結果は、県民の外部被曝が年間10ミリシーベルト以下、大多数は5ミリシーベルト以下、セシウムの内部被曝が年間1ミリシーベルト未満でした。チェルノブイリ事故では、30 km圏内避難者の最大が750ミリシーベルト、1日あたり100ミリシーベルトでしたので、福島は、およそ100分の1程度しかありません。セシウムの内部被曝は、年間線量値として、筆者の検査を受けた100人全員が1ミリシーベルト未満と超低線量でした。

これらの調査結果は、国内外での会議で報告されてきた他機関のデータと、概して整合しています。震災の翌年、グラスゴーで開催された国際放射線防護学会IRPA13では、各国からは今回の福島事故が自国に及ぼした影響調査の発表がありました。チェコ、フランス、オランダ、ドイツなど、各国とも心配する線量はなかったとの報告です。マレーシアやアメリカの研究者も、自国への影響はほとんどなかったという結論でした。世界の専門家たちも、福島が低線量であったとすでに認識しているのです。

同年7月に放射線医学総合研究所（放医研）主催の国際シンポジウムで、甲状腺線量の調査報告が、筆者も参加する中、行われました。線量の最大は33ミリシーベルト。これは、チェルノブイリ事故の最大線量50シーベルトの1千分の1以下です。仮にリスクの直線仮説で、最大に推定しても、福島県民に、福島第一原発由来の甲状腺がんは発生しません。

　放射性ヨウ素のハザードは、すでに完全消滅しています。数値でいえば、半減期が8日のため、昨年放出された放射能が1京分の1（10^{-16}）以下になっています。すなわち、消滅です。したがって、今の調査は半減期が2年と30年のセシウムに限られます。その結果さえ、体内検査から、福島県民たちは1ミリシーベルト未満との超低線量でした。これも健康リスクはゼロです。

福島第一20km圏内は速やかに復興できる

　20km圏内等の福島県の一部については、国の責任で効率よく除染すべきです。目標は、住民の実線量が年間1ミリシーベルト以下、農産物のセシウムが基準値以下とした、当地農業の再建です。平時の順法精神で行けば、そうなります。ただし、実線量とは、屋外の空間線量の1年分のことではありません。人が受ける線量は、屋外空間線量の4分の1から10分の1くらいと低いのです。さらに、この実線量は、そこに暮らす人の実際の個人線量から、もともとの自然放射線の線量年間2ミリシーベルトを差し引いた正味の値のことです。ですから、およそ年間線量として、3ミリシーベルトです。それでも、この値を超えたからリスクがあるわけではありません。こうした福島第一の放射線災害発生という事態ですので、国際放射線防護委員会ICRP勧告の20から100ミリシーベルトを年間限度とするのは妥当です。

　国際宇宙ステーションに滞在する飛行士たちは、1日1ミリシーベルトの線量を受けていますので、100日間の滞在で100ミリシーベルトの線量になっています。それでも、健康被害はありません。この1日1ミリシーベルト位の線量以下を普通低線量率といいます。放射線温泉などが低線量率です。福島20km圏内は、低線量率です。先の生命論で述べましたように、健康にプラスの範囲です。ですから、20km圏内の除染後に、仮に実線量が年間5ミリシーベルトであっても、全く心配は無用なのです。

　現地2泊3日の調査から、実線量がわかります。震災2年目3月、強制避難区域の浪江町末の森での2泊3日間、私の胸に装着した個人線量計は、積算値は

0.074 ミリシーベルトでした。24 時間あたり、0.051 ミリシーベルト。

　2 種のセシウムの物理半減期（2 年と 30 年）による減衰を考慮して、平成 24 年の 1 年間、この末の森の牧場の中だけで暮らし続けた場合の積算線量値は、17 ミリシーベルトと推定されました。しかも、週に 5 日間、二本松の仮設住宅から浪江町へ、牛の世話に通っている人たちのセシウム検査から、内部被曝は年間、最大でも 0.3 ミリシーベルトと極めて低線量です。

　内外被曝の総線量値は、政府のいう帰還可能な線量 20 ミリシーベルト未満。しかも、国の責任で家と放牧地の表土の除染をすれば、すぐに年間 5 ミリシーベルト以下になります。現状では、政策に科学根拠がなく、20 km 圏内を、前民主党政府は、いたずらに放置してきました。

　20 km 圏全体の復興を考えると、大規模な農地の除染が必要です。ただし、山林など人のいない地域よりも、農地を優先すべきです。その解決策を、すでに提案しています。今後の大津波対策のための堤防建設と 20 km 圏内の除染事業を合体させたアイデアです。圏内の瓦礫とともに、沿岸およそ 40 km の範囲を埋め立てて、堤防公園化するのです。大正時代の関東大震災で、横浜市は、6 万戸分の瓦礫で海岸を埋め立て山下公園を建設しました。平成の日本に、福島 40 km 堤防公園は建設できるはず。完成後には、福島復興を記念し国際マラソンを行います。この提案は、いわき市民向けの私の講演会で、200 人が賛同されました。世界に日本の科学力と強い意思を示すべきです。私はそう思います。

核防護　抑止力と放射線防護、自主憲法と法整備

　巨大地震と大津波に襲われた、2011 年 3 月 11 日の日本の軽水炉型の核エネルギー施設は、その高度な安全性が確かめられました。地震波の P 波を検知し、核分裂反応を自動停止する装置が機能するからです。

　電源喪失対策は高台に非常用電源車用意する、冷却水の欠損には非常用ポンプや非常用水タンクを設置するなど、各電力会社とも、対策がすでになされています。耐震強度や自動冷却なども、着々と強化されているわけです。こうして、日本の原子力発電所の防災機能は、各社の努力で、今、急速に進化しており、まさしく、世界一の安全性に向かっていると思います。こうした事実を、世界各国は知っていて、わが国の原子力発電所技術の輸入を期待しているのです。

　本当に危険なのは、原子力ではなく、核兵器です。それは、昭和 20 年 8 月の広島と長崎の事例が証明しています。両市とも、それぞれ一発の小型核弾頭で壊

滅し、合わせて20万人が急性死亡しています。もし、大型核弾頭1メガトン威力が東京に撃ちこまれれば、首都は壊滅し、日本全国の国家経済機能は一瞬に麻痺するのです。これこそ、国家最大のリスクなのです。

世界の警察、民主国家を名乗る米国ですら、戦時となれば、国際法違反となっても、敵国に核を撃ち込むのです。ましてや、人道も民主主義のかけらもない、中国共産党と北朝鮮は、日本と有事になれば、核攻撃を仕掛けるか、核恫喝をするのは間違いありません。

核兵器を持った狂人に、有事の際に話し合いは絶対に通用しません。もちろん、通常兵器では、核攻撃に対する抑止力にはなりません。アメリカの核兵器によって日本列島が護られていたのは、だいぶ昔の話です。チャイナが、米国を射程にした弾道ミサイルを配備したときに、米国の核の傘は破れてしまいました。

核武装国家に、一方的に核を撃たせないための抑止力として、やはり、核兵器を保有せざるを得ません。これが原理です。広島と長崎が核を撃ちこまれたのは、わが国の核兵器開発が、ウラン燃料がなくて遅れたためでした。米国は、わが国の核兵器開発の状況を、当時知っていたのでした。日本の核物理は、戦前の昭和時代より、世界一の水準でした。もし、核兵器開発が間に合っていれば、米国は撃てなかったのです。

平和国家日本は、護るため、抑止力としての核兵器を配備する資格のある、唯一の国家です。特に、アジアの指導国家ですから、アジアの平和と安定に責任があります。したがって同盟国アメリカの理解も得られるように、努力すべきです。

米国の国家安全保障会議（NSC）をモデルに、2013年5月、自民党安倍晋三政権が日本版NSCを創設を目指すことを発表しました。軍事的脅威が高まる北朝鮮とチャイナを担当する北東アジアや、テロの危険性が増す中東・北アフリカなどの「地域分析官」を配置、国防戦略やテロ、核不拡散といった機能・テーマ別の分析官も置き、政府一体での情報集約・分析と政策・対処方針決定を効率化、首相の意思決定につなげる方針です。今後、国民保護課題の遂行も、NSCのなかに一元化されることになるでしょう。

国家防衛を普通の国家として遂行することを妨げているのが、占領下に押し付けられたマッカーサー憲法です。自主憲法に戻し、国防軍を配備することは、核防護としての絶対必要条件です。また、防衛のための機密情報を守るのも鉄則です。現状の日本は、これすらできていません。スパイ防止法制定は喫緊です。

■ 文献 ■

放射線防護情報センター　Web サイト：http://rpic.jp/

生命論
1) 高田純：人は放射線なしに生きられない　生命と放射線を結ぶ3つの法則．医療科学社，2013．
2) NASA HP, http://www.nasa.gov/

文明論
1) 高田純：核と刀　核の昭和史と平成の闘い．明成社，2010．
2) 高田純：世界の放射線被曝地調査．講談社ブルーバックス，2002．

防護論
1) 高田純：核エネルギーと地震　中越沖地震の検証，技術と危機管理．医療科学社，2008．
2) 高田純：東京に核兵器テロ！．講談社，2004．
3) 高田純：核災害に対する放射線防護—実践放射線防護学入門．医療科学，2005．
4) 高田純：福島　嘘と真実—東日本放射線衛生調査からの報告．医療科学社，2011．
5) 中川八洋，高田純：原発ゼロで日本は滅ぶ—"非科学"福島セシウム避難の国家犯罪．オークラ出版，2012．
6) 高田純：核爆発災害—そのとき何が起こるのか．中央公論新社，2007．
7) 高田純：東京に弾道ミサイル！　核災害で生き残れる人，生き残れない人．オークラ NEXT 新書，2012．
8) 高田純：核と刀．明成社，2010．

本書で使用する用語

放射線

運動エネルギーを有する基本粒子やイオンを放射線という。放射線とはエネルギーである。

基本粒子

宇宙を構成する基本的な粒子である光子、電子、陽子、中性子などを、基本粒子という。

原子

原子は元素の実体であり、宇宙にはおよそ110種ある。原子は、中心の核と周回運動している複数の軌道電子からなる。

核

核は複数の陽子と複数の中性子とが核力で結合した塊であり、原子の中心に存在する。

核子

核内の陽子や中性子を核子という。

原子番号

核内の陽子の数を原子番号という。

質量数

核内の核子の数を、質量数という。

核種

核の種類は、陽子の個数と、中性子の個数とで決まる。同一の種類の核を核種とよぶ。通常、核種名を、元素名に質量数を付して示す。例えば、ヨウ素131、コバルト60。これまでに、およそ3,000の核種が発見されており、その90%以上は、不安定で崩壊する。

核の崩壊

放射性核種が、エネルギーを放射して、他の核種に壊変することを核の崩壊という。

核放射線

核が放つ高エネルギーの放射。その実体は、高速の光子、電子、中性子である。空気や人体組織を電離させる。DNAなどの分子結合を切断し、影響を与え

る。核放射線を単に、放射線とよぶことが多い。

放射能　（単位はベクレル・Bq）

　単位時間あたりの核の崩壊の割合を放射能という。1秒間に1個の核が崩壊する放射性物質の量を1ベクレル（Bq）の放射能と定義する。

半減期　（単位は時間と同じ。秒、分、時間、日、年）

　放射性核種の量が、核の崩壊により半分に減少するまでの時間を、半減期という。セシウム137の半減期は37年。

生物半減期

　体内に取り込まれた物質は、代謝により体外へ排泄される。この代謝による人体の半減期を、物理半減期と区別して、生物半減期という。

実効半減期

　体内の放射性核種の減衰は、物理および生物的な減衰の両方で生じる。その全体としての半減期を実効半減期という。セシウム137の実効半減期は、成人男子でおよそ100日。

環境半減期

　環境中の放射性核種の減衰の半減期を環境半減期という。風雨によって、その地から消失するので、物理的な半減期よりもかなり短い。

放射線の被曝

　人が放射線に照射される現象を、放射線の被曝という。その被曝の量が線量であり、いくつかの種類の線量が定義されている。

線量

　人体が吸収する放射線のエネルギー量。全身が受ける線量の単位として、シーベルトが用いられる。体重1キログラムあたり1ジュールのエネルギーを吸収すると1シーベルトである。

エネルギー

　仕事量のことで、その形態には、熱エネルギー、運動エネルギー、位置エネルギーなどがある。その量に関する物理単位には、ジュール（J）、エレクトロンボルト（eV）などがある。

エレクトロンボルト（eV）

　電子1個を1ボルトの電圧の電場に置いた場合のエネルギーの値が1エレクトロンボルトである。これをエネルギー単位（eV）として、原子、原子核、放射線の世界のエネルギーを表すことが多い。例えば、セシウム137から放射される

ガンマ線のエネルギーは 660 キロエレクトロンボルト（keV）である。ここで、キロ（k）は 1000 の意味。

外部被曝

体外から放射線を照射される被曝の形態。

内部被曝

体内に取り込まれた核種から放射線を照射される被曝の形態。例えば放射性ヨウ素は、甲状腺に蓄積し、その組織が集中的に被曝するので危険。一方、セシウムは全身の筋肉に蓄積する。人体へのリスクは、放射性ヨウ素のほうが高い。人体内に通常、およそ 1 万ベクレルの放射性カリウムや放射性炭素などがある。健康影響のリスクは、概して百万ベクレル程度が体内に入り込んだ場合である。

線量 6 段階区分

リスクの尺度で、線量を 6 段階 A から F に区分。最も危険なレベル A は致死

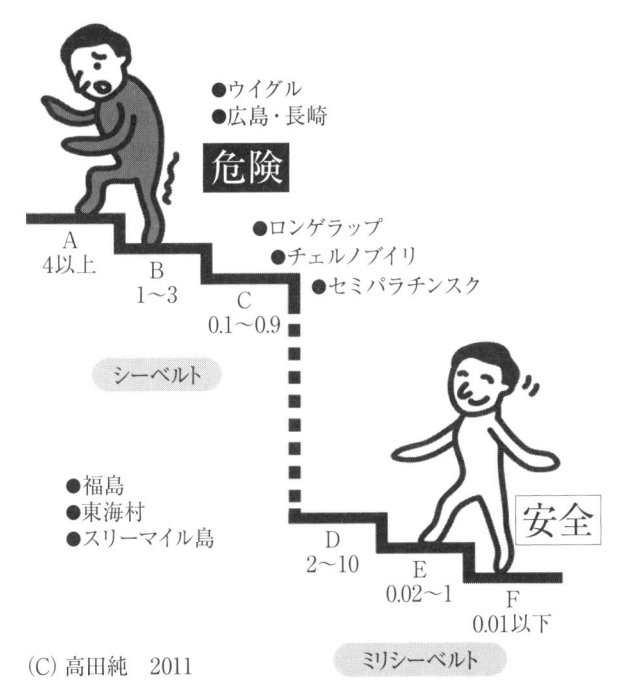

（C）高田純　2011

図　線量 6 段階区分

＊ミリシーベルト：シーベルトの 1000 分の 1
　マイクロシーベルト：シーベルトの 100 万分の 1

表　線量6段階区分と人体影響のリスク

線量レベル	リスク	実効線量
A	致死	4Sv 以上
B	急性放射線障害 後障害	1〜3Sv
C	胎児影響 後障害	0.1〜0.9Sv
D	かなり安全	2〜10mSv
E	安全	0.02〜1mSv
F	全く安全	0.01mSv 以下

本表の線量は瞬時（1日以内）に受けた線量値に対するリスクである。1週間以上にわたり少しずつの線量の積算値のリスクはけた違いに低いか無視できる。例えば、8シーベルトの瞬時線量は100％致死リスクであるが、毎年1シーベルトを9回で計9シーベルトの線量を受けても死なない。

のリスク。レベルBは急性放射線障害を負う。レベルCは胎児影響のリスクがある。レベルA〜Cが危険な範囲に対し、レベルD〜Fは安全な範囲。レベルDのリスクは職業人が通常許容するリスク範囲にあり、放射線障害防止法で定めた線量の上限以内にある。レベルEは、自然から1年間で受ける線量以下の範囲。レベルFは、リスクが全く無視できる範囲。

吸収線量（単位はグレイ・Gy）

　放射線が物質に照射されて、エネルギーが吸収された場合、その物質の単位質量あたりに吸収されたエネルギーを吸収線量という。臓器質量1kgあたり、1Jのエネルギー吸収された場合の吸収線量が1Gyである。

線量当量（単位はシーベルト・Sv）

　人体の放射線被曝を考えた場合、同じ吸収線量であっても、放射線の種類やエネルギーによって、その影響の程度が異なる。そこで、放射線の種類やエネルギーに関係なく、放射線の線量を評価する量として、線量当量が定義された。

$$線量当量＝吸収線量 \times 線質係数 \times 補正係数$$

　線質係数は放射線の種類やエネルギーにより異なった値であり、ガンマ線と電子（ベーター線）については1、中性子線については（エネルギー分布が不明な

場合）10 が用いられる。アルファ線は 20 である。なお、補正係数は 1 に近い数値である。それを 1 とみなせば、ガンマ線 1Gy の線量当量は 1Sv になる。また中性子 1Gy は 10Sv の線量当量である。

組織線量当量（単位は Sv）
人体のある特定の組織が受けた線量当量を組織線量当量という。その影響の現われ方は組織によって異なる。

実効線量当量（単位は Sv）
人体のいろいろな組織への影響を統一的に評価するために、実効線量当量が定義された。組織の線量当量に組織荷重係数を掛けて加え合わせた値。

放射線荷重係数
放射線の種類やエネルギーによる影響の違いを補正するための係数。中性子に対しては、そのエネルギーに応じて、5 から 20 の値となる。ガンマ線、ベータ線、アルファ線の値は、線質係数と同じ。

等価線量（単位は Sv）
吸収線量と放射線荷重係数との積。

実効線量（単位は Sv）
被曝した全ての組織・臓器の荷重された等価線量の和。

線源
放射線を放射する源である。それは放射性核種や、X 線管などである。大規模な核反応が生じている太陽は、巨大な線源である。

密封線源
放射性核種が金属容器などに封じ込められた線源で、使用時に汚染の心配がない。

非密封線源
密封されていない状態にある放射性核種の線源で、使用時に汚染の心配がある。患者へ投与する核医学診療で使用する。

核爆発
核爆弾の炸裂する現象。このとき、核が内臓するエネルギーを瞬時・大量に、限られた空間に放出する。

核爆発の五特性
衝撃波、熱線（光）、初期核放射線、電磁パルス、残留核放射線がほぼ同時に放射される。

核爆発災害

核爆発によって生じる災害。衝撃波および閃光によりゼロ地点周辺は壊滅する。広範囲に電気・電子機器が電磁パルスの影響で故障する。さらに核ハザードの影響を受ける。著者の造語。

核分裂

ウランやプルトウニウムなどの大きな核が分裂してエネルギーを放出する現象。

核融合

高温状態にある水素などの小さな二つの核が衝突して、ひとつの核に融合しエネルギーを放出する現象。

核爆弾

核爆発を生じる爆弾。

核分裂型爆弾

核分裂を原理とした核爆弾。

熱核爆弾

核分裂爆弾を最初に爆発させて高温状態を作り出し、核融合物質を爆発させる爆弾。

普通、その後に発生する多量の高速中性子により、劣化ウランをプルトニウムに核変換させて分裂させ、三度目の核爆発を生じる。

核兵器

輸送手段を有する核爆弾の全体装置。

核実験

広義には核を材料にした実験の意味。しかし社会的には核兵器ないし核爆弾の爆発試験を指す。この場合、戦闘使用を想定した武器の破壊力などの効果を試験したり、軍事演習を同時に行う。しばし、人体影響も試験されてきた。

核爆発威力

通常 TNT 火薬量換算で核爆発威力を示す。1メガトン威力は、1メガトンの重量の TNT 火薬の爆発威力に相当する。

火球

核爆発で生じる摂氏100万度以上の高温高圧の気体で太陽のように輝く球体。その半径は核爆発威力の0.4乗に比例する。1メガトンの核爆発の火球半径はおよそ700メートル。

核ハザード

核爆発などで生じるハザード。最初の1分間以内でリスクが消滅するものから、ひと月くらいリスクが持続する短期核ハザードと、数十年以上持続する長期核ハザードに分類される。それぞれ、核種の半減期で区別される。短期核ハザードのほうが、長期核ハザードよりも危険である。短期核ハザードは、短期間に消滅するが、人命に関わるリスクを与える。

空中核爆発

火球が地表と接触しないくらい十分高い位置での核爆発。ゼロ地点に長期核ハザードを生じない。

地表核爆発

火球が地表を覆うか、接触する核爆発。ゼロ地点と風下に長期核ハザードを残留させる。

地下核爆発

地下の十分深い位置での核爆発で、地表に火球が飛び出さない。長期核ハザードは地下に残る。

核分裂生成物

ウランやプルトニウムの核分裂で作り出されるおよそ300の核種。このほぼ全てが放射性核種である。

核の砂

地表核爆発により砂と混合したり砂粒表面に吸着した核分裂生成物。シルクロードでの地表核実験で舞い上がった核種を指している。黄砂現象を連想した著者の造語。

核の灰

ビキニ環礁での地表核爆発で、舞い上がった核種を指す。核分裂生成物と珊瑚成分が混合し、雪のように風下に降った現象に対して使用される。コンクリート建造物の粉砕物質と核分裂生成物とが混合した粉塵に対して、最初に拙著『東京に核兵器テロ！』で使用された造語。

ベクレル（Bq）

放射能の単位。1秒間に1個の核が崩壊するときの放射能が1ベクレル。人体中、体重1キログラムあたり、60～70ベクレルの自然放射能カリウム40がある。

シーベルト（Sv）

　人体が受ける線量の大きさの単位。世界平均で、1年間に2.4ミリシーベルトの線量を自然界から受けている。ミリは1千分の1。

グレイ（Gy）

　物質や臓器が吸収する線量の大きさの単位。質量1キログラムあたり1ジュールのエネルギーを吸収すると1グレイである。

カロリー（cal）

　エネルギーの単位

ジュール（J）

　エネルギーの単位。　1.0J = 0.24cal

10の整数倍を表す接頭語

倍数	記号	読み	倍数	記号	読み
10^{18}	E	exa　エクサ	10^{-1}	d	deci　デシ
10^{15}	P	peta　ペタ	10^{-2}	c	centi　センチ
10^{12}	T	tera　テラ	10^{-3}	m	milli　ミリ
10^{9}	G	giga　ギガ	10^{-6}	μ	micro　マイクロ
10^{6}	M	mega　メガ	10^{-9}	n	nano　ナノ
10^{3}	k	kilo　キロ	10^{-12}	p	pico　ピコ
10^{2}	h	hecto　ヘクト	10^{-15}	f	femt　フェムト
10^{1}	da	deca　デカ	10^{-18}	a	atto　アット

第一章

21世紀
人口爆発する文明の危機と
核エネルギー

期待されるわが国の核エネルギー技術

　18世紀からの産業革命で始まった化石燃料大量消費を、人類生き残りの大問題として捉え、その解決策としての核エネルギー技術開発を示す。わが国の核エネルギーの平和利用技術の現状を整理し、その展開の課題を考察した。中国共産党がシルクロードで引き起こした史上最悪の核の蛮行を黙認する国内"反核"団体を偽装反核団体と結論し、堂々としたわが国の核エネルギー技術の平和利用の推進を提言する。

化石燃料終焉の時代
　石油などのエネルギー資源や地下資源などの争奪は国家間の紛争の火種であり、太平洋戦争の勃発には、米国の日本への石油禁輸政策があった。現在も、中東からの石油タンカーなどを狙うテロ行為、ロシアのヨーロッパへの石油パイプラインの経由地の問題、中国共産党による東シナ海での日本を無視した形での強硬なガス田開発問題などがある。領土問題と密接な地下資源問題は、人類にとって未解決な問題である。
　農業などの食糧は繰り返し生産が可能であるが、地下資源には限りがある。しかも地球進化の歴史の中で造られた地下資源には、地域的な偏りがあり、恵まれた国と恵まれない国とに分かれる。日本は残念ながら、地下資源には恵まれておらず、そのほとんどが海外からの輸入に依存する不利な状況にある。
　日本の資源は、山・森林とそこから生まれる水、それと勤勉で真面目な人材であろう。地球物理的に不安定な地域に存在する日本列島は豊かな自然環境を育む。一方、地震と火山の噴火からは逃れることは出来ない、日本人の宿命である。だからこそ、地震列島日本の危機管理、文明の維持には、私たち日本人の知力がためされているのではないか。逆に、こうした苦境に立たされる民族だからこそ、力強く賢く生きてきたとも考えられる。
　十数万年前に人類が誕生して以来、その歴史のほとんどは、人たちは自然に適応した形でのみ暮らす生活であった。すなわち人類は、誕生以来、自然エネルギーのみを少しだけ利用してきたのであった。それでも、地の利の良し悪しから、領土問題はあった。

第一章　21 世紀　人口爆発する文明の危機と核エネルギー

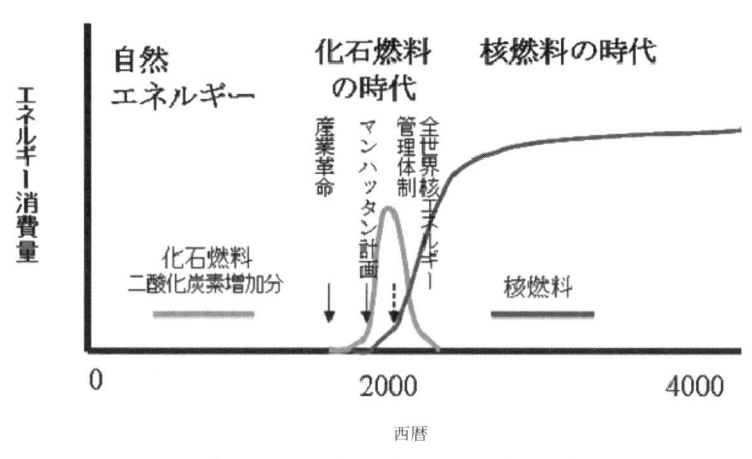

図1　人類文明とエネルギー　高田純の未来予測

　科学技術の発達にともない、人類のエネルギー消費は少しずつ増大した。特に、18 世紀になって蒸気機関の発明によって引き起こされた産業革命は、石炭・石油などの地下資源を集中的に大量な消費をもたらした。これは、それまでの人類が経験しない速さで文明の発展をもたらした。

　人類の人口増加は、最初の十数万年間では、極めてゆっくりしていた。紀元 0 年の世界の人口はおよそ 3 億と推定されている。その後の 1800 年間で、人類文明の発達にともない人口は 9 億に増加した。

　一方、産業革命による文明の急激な進展は、同時に世界の人口爆発を招いた。その人口増加速度は鰻昇りである。その後の 300 年足らずで、世界の人口は 60 億を突破した。2009 年の世界の人口は 68 億である[1]。世界の急激な人口増加は、20 世紀における二度の世界大戦を引き起こした原因でもある。

　文明の発達、人口増、地下資源の争奪、食糧の不足、その結果、富める地域と貧しい地域の分離、富める人々と貧しい人々の分離が生じることになる。この人類的問題は、21 世紀の世界でも未解決のままとなっている。

　この人類的問題の主な原因は、有限な量の地下資源に強く依存した経済構造にあると、筆者は考える。特に全地球の経済活動にとって必要不可欠なエネルギー資源の不均一な分布にあり、国家間の難しい問題を引き起こしている。

　北海道のような低温となる冬の暖房用のエネルギーはもちろん、移動・輸送手

段にも不可欠なのはエネルギーである。もちろん製造業では、エネルギーを必要とする。世界の一次エネルギーのおよそ90パーセントが、化石燃料である。このエネルギー資源が、これまでに世界の火種となってきた。

現在、この化石燃料の消費が大量の二酸化炭素を排出し、地球表面を覆う大気の成分を変えつつあり、地球温暖化が世界的に問題視されつつある。たしかに、地表温度の急激な変化がもたらす地球規模の気象変動は、様々な生活環境の変化を余儀なくする。しかし、北海道のような北国では、温暖化が米作を始め農業に良い作用も与えている事実もある。

地球全体では、二酸化炭素の増加問題は、人類にとって破滅的な問題なのだろうか。疑問の残るところである。

確実な問題としては、地球進化の過程で作られて地下資源の量は有限であり、産業革命以後の大量消費により、その資源を使い切ってしまうことである。特に、石油・石炭・天然ガスの燃焼は、その資源の再利用を不可能としている。金銀などの希少金属は再利用可能だが、燃焼を伴う化石燃料は再利用できず、人類的歴史の中で資源枯渇が迫っている。

2006年時点でのエネルギー資源の可採埋蔵量予測は、石油41年、天然ガス65年、石炭155年、ウラン85年である[2]。すなわち、21世紀後半は、エネルギー地下資源が枯渇する恐れがある。特に、わが国のように、エネルギー地下資源を有しない国は、最初に、この衝撃を受けることになる。

この化石燃料を筆頭としたエネルギー資源の枯渇の予測は、地球温暖化よりも確実である。その枯渇が始まる時代に、世界的なエネルギー争奪戦が、同時に予想される。その打開策が未然に打ち立てられなければ、大幅な人口減少となる。しかも醜い形で、その事態は発生する。この事態こそ、人類が避けなくてはならない大問題である。

核燃料の時代

人類的エネルギー問題の打開策は、既に科学的に明らかであり、技術的に提示もされつつある。それは、夜間や雨や曇りの日中には発電できない太陽光発電でもなければ、気象状況に大きく左右される風力発電でもない。これらは、元々、地球表面にもたらされた太陽エネルギーの直接利用や、それが地球大気に及ぼした気象を利用したエネルギーであり、自然エネルギーのひとつの利用方法である。

現代技術を取り入れた形の自然エネルギーは、その発電コストが高いばかりか、不安定である。そのめに、21世紀の地球経済を維持できる能力にはなっていないし、今後も大きくは期待できない。現に、太陽光発電事業には多額の税金が投入されたり、電力料金の上乗せという形で、他のエネルギー源からの経済活動におんぶしている。

　自然エネルギー技術は、全くもって自立できない技術であり、21世紀の地球では主力エネルギーにはなりえない。ただし、これらは、離島や高山、そして衛星などの特別な場合の僻地電源としては有効に利用される道があるのは確かだ。

　太陽光エネルギーを最大限に利用する産業は、農業である。これは、21世紀以後も、人類にとって不可欠であるのは、確かだ。農産物からエタノールを製造して、ガソリンの代わりにエンジンに利用する向きもあるが、甚だ無駄である。しかも、その新種エネルギー産業が、一部の国の食糧問題を引き起こしたり、世界の農産物価格を引き揚げる負の効果を知らなくてならない。

　人類のエネルギー問題の打開策は、核エネルギーである。これに間違いない。ただし、今のウラン235を利用する技術ではない。それは、ウラン元素中に、わずか0.7パーセントしか含まれていないため、そのエネルギーに依存していれば、化石燃料と同様に、いずれ枯渇してしまう。21世紀以後の核エネルギー技術は、これまで邪魔者扱いされていたウラン238を利用する。これは、ウラン元素中に、99.3パーセント含まれるので、これを利用する技術と、核燃料廃棄物を安全に処分する技術・社会機構を完成させれば、人類は、エネルギー問題から、数千年間、解放されるのである。これは21世紀の日本ならば出来る技術である。

日本の核エネルギー技術に勝機あり

　日本の核エネルギー技術をどの分野で、これから活かしていくべきか。筆者はウラン238と中性子との核反応で作られるプルトニウムの燃料化技術とその燃焼技術に勝機があると判断している。その理由は、今の技術が天然ウラン資源にわずか0.7パーセントしか含まれていないウラン235を利用するのに対し、残りの99.3パーセントを占め、本来核分裂しないウラン238を原子炉内の副産物であるプルトニウムに変換し、エネルギー源として有効利用することが可能になってきたからである。技術力で核燃料を捻出できれば、エネルギー資源に恵まれない日本にとって極めて画期的なことであり、21世紀に期待できる日本の錬金術になるであろう。

表1　世界の高速増殖炉　2007年時点

原子炉		国	出力（メガワット）		型	初臨界	現状
			熱	電力			
実験炉	FBTR	インド	42.5	15	ループ	1985	運転中
	常陽	日本	140	—	ループ	1977	運転中
	BQR-60	ロシア	55	12	ループ	1968	運転中
	CEFR	中国	65.5	25	タンク	(2009)	建設中
原型炉	Phenix	フランス	563	250	タンク	1973	運転中
	PFBR	インド	1250	500	タンク	(2009)	建設中
	もんじゅ	日本	714	280	ループ	1994	メンテナンス
実証炉	BN-600	ロシア	1470	600	タンク	1980	運転中
	BN-800	ロシア	2100	800	タンク	(2012)	建設中

日本原子力研究開発機構・敦賀本部からの情報提供

　この技術が完成すれば、電力を始めとしたエネルギーは準国産となり、原油価格高騰に象徴される不安定なエネルギー事情を回避できる。水素も核エネルギーで製造できるので、将来、ガソリン車に替わり、水素エンジン車や燃料電池車の時代となるだろう。こうして、海外エネルギー資源に日本経済が振り回されるリスクは、大幅に低くなる。電気代をはじめ、国内のエネルギーは、値下げできるはずだ。しかも、二酸化炭素の放出量を大幅に抑えることができるのである。

　さらに、この新エネルギー源は、数千年もの長期間にわたり製造可能と予想されている。この技術は実現の一歩手前まできている。ただし、社会心理的なブレーキや、"反核"の抵抗にあっている。技術開発だけでなく、安全性を科学的に立証することや、実現のための社会機構を作り上げることも重要である。

　特にこの技術に関してよく知られているのは、プルトニウムを燃焼させながら燃料を製造できる高速増殖炉もんじゅだろう。

　電気出力二十八万キロワットのもんじゅは、高速増殖炉の原型炉として一九九四年に建造されたが、翌九五年の試運転中、二次冷却系の配管に取り付けられた温度計の不具合からナトリウムが漏れ出す故障が生じた。

この故障は施設内も含め、核放射線災害をもたらしていない。放射線環境影響は、筆者の評価ではリスクの全くないレベルFである。しかし、核技術に関する出来事は、日本ではたとえ小さなことでも大きな社会現象になってしまう。実際、ナトリウム漏れに端を発し、日本の先端技術は十年以上も停止状態になっている。

日本原子力研究開発機構・敦賀本部からの情報提供

　もんじゅは今も停止状態にあるが、2005年から改造工事が行われ、2007年の8月に工事確認試験が完了、現在はプラントの確認試験が実施されている。

　いわば、石橋を叩いて渡ろうとしている状態である。これほど慎重な技術開発が日本の技術史にあっただろうか。筆者も念には念を入れて、安全のために幾重ものチェックを行う技術開発の姿勢には大賛成だが、判断に過剰に長い年月を費やす傾向には納得できない。

　中越沖地震のこともあり、あらためて耐震性能に絞った技術面を確認するため、2007年10月に敦賀のもんじゅ開発部を訪れた[3]。

　そこで得たデータをもとにもんじゅの耐震性能を、東電などの日本の他の軽水炉と比較してみたい。そのためには、最初に根幹技術の差を知る必要がある。燃料にプルトニウムとウランの混合酸化物を使用し、高速中性子を利用した核分裂反応でエネルギーを発生させるのがもんじゅである。一方、軽水炉は速度の遅い熱中性子を用い、主にウランを核分裂させる。

　燃料の違いから、発生する熱エネルギーを原子炉から取り出すことに使用する冷却材が異なってくる。軽水炉は名前の如く水を用い、燃料棒を冷却する一次系の温度はおよそ280℃である。一方、もんじゅでは、およそ530℃の金属ナトリウムを使用する。

　この冷却材の沸騰する温度は、一気圧のもとでは水の100℃に対して、ナトリウムは880℃と高温のため、循環させる配管に加わる圧力に大きな差が生じる。すなわち軽水炉では、沸点の低い一次冷却水を沸騰させないために高い圧力で閉じ込めているのに対して、高速増殖炉では、ナトリウム冷却材の沸点よりかなり低い温度で使用しているため、配管に加わる圧力が低くなるのである。核燃料棒から熱を取り出す一次冷却系配管の圧力で比べると、もんじゅは軽水炉の実に77分の1。配管に加わる証力が低いため、その配管の厚みを薄く、重量も軽くできるので地震の際に加わる力が小さくなるのだ。

もんじゅの原子炉に接続されている配管は、急速な地震動に対処するための特殊な支持装置・メカニカル防振器で補強されている。さらに万一、地震で一次冷却系配管が破断しナトリウムが漏れ出しても、ガードベッセルと呼ばれる大きな器に溜まる安全機構によって冷却機能の喪失には至らない。

　立地にも最大限の配慮がなされている。もんじゅが建造されているのは、平方メートルあたり2100トンの荷重に耐えられる堅牢な花崗岩類の岩盤の上であり、想定される地震時の最大荷重140トン／平方メートルと比べて充分の強度である。その岩盤上に形成された、最低2.5メートルから最高6メートルの厚みを有する鉄筋コンクリートの基礎床面の上に、もんじゅの主要な建物が設置されている。原子炉格納容器を含む原子炉建物の外壁の鉄筋コンクリートの厚みは、0.6メートルから1メートル。先にも触れたとおり、これは被攻撃事態に対しても強い構造である。

　もんじゅ施設も軽水炉同様、想定している地震動・震度6強相当の大きな地震でも故障しない設計となっている。しかも耐震設計にもちいる評価法、材料強度には相当な余裕が見込まれており、実際に核放射線災害が発生するのは、恐らく想定地震動の数倍も強い地震が襲った場合のみではないかと考えられる。

　現在の日本の軽水炉でも、発電の一部は燃料内部の副産物・プルトニウムの燃焼によるものである。プルトニウムの燃焼を積極的に利用する施設として、1978年に初臨界し2003年に廃炉決定したふげん、1977年に初臨界となった常陽、1994年に初臨界し現在停止中のもんじゅがある。ふげんは、プルトニウム燃料を使用した世界有数の発電施設であった。

　臨界とは、核分裂連鎖反応が一定の割合で安定した状態にあることをいい、原発では原子炉を臨界状態に保つことによりエネルギーを発生させている。新規に建設された原子炉を運転して、はじめて臨界状態に達することを初臨界とよぶ。言わば、原子炉の誕生日である。

　フランス同様、日本でもプルトニウムとウランとを混合した燃料（MOX）による発電が間もなく始まろうとしている。発電技術上の安全性には何ら問題はない。六ヶ所村に建設された日本原燃の再処理施設が稼動すれば、MOX燃料の製造が始まり、全国の原子力発電所で準国産の燃料による発電が始まる。そうなれば、日本はエネルギーの新時代を迎える。

　現在、わが国の原子力発電は、55基、4958万キロワットの設備容量を有し（2006年12月時点）、電力総需要の約3分の1を供給するに至っている。さらに

核燃料の準国産化を目指した、高速増殖炉技術を含む核燃料のリサイクル技術システムの開発が進められている。

これが軌道に乗れば、東南アジアや米国など地震災害の多い国々への原子力発電技術の輸出において今後、日本は優勢となるのではないか。中越沖地震が残した各種データは、その可能性を示唆している。三菱重工は、2007年、米国の新規原子力発電所の建設で、新型の軽水炉 APWR を受注した。原油価格の上昇や地球温暖化防止の趨勢の中、こうした正攻法の核技術開発が久しぶりに進展する兆しを見た。

一方、高速増殖炉の開発は、日本の停滞を尻目に諸外国が躍進著しい。ロシアが、実証炉80万キロワット、インドが原型炉50万キロワット、中国が実験炉2.5万キロワットを建設中である。

ちなみにフランスおよびロシアで運転中の高速増殖炉も含めて、海外の原子炉はタンク型と呼ばれ、一次冷却系の配管が中間熱交換器まで、炉心とともに大型のタンクに内蔵されている。

それに対し、日本の構造は三系統の配管で、一次冷却系の金属ナトリウムが、原子炉容器の内外を循環するループ型である。このループ型は、一次主循環ポンプおよび中間熱交換器が原子炉容器の外に配置されている。日本のループ型高速増殖炉の利点は、原子炉容器内の構造が単純なので保守性に優れている他に、軽量であるため耐震性能に優れていることである。

平和利用をためらうな

近年、エネルギー確保と地球温暖化問題への有効策として、主要各国では、核エネルギー開発政策が打ち出されている。

2006年2月には、米国が、核エネルギーの平和利用促進と核兵器不拡散を両立させるための新たな構想、全世界核エネルギー・パートナーシップ（GNEP）を発表。また、同年6月、日本でも、資源エネルギー庁により、GNEPを意識した「原子力立国計画」が発表され、核燃料サイクルの着実な推進や関連産業の戦略的強化、高速増殖炉サイクルの早期実現等々が唱えられている。こうした背景のもと、昨年四月には、日米核エネルギー共同行動計画も策定され、日米は、国家的な戦略のもと、核エネルギー政策の推進に向けて着実な歩みを始めている[4]。

だが、恐怖心をいたずらに煽る国内の「反核」の圧力により、推進側のアクセ

ルに過剰なブレーキが作用しているのが日本の状況と筆者は観ている。

筆者は、昨年7月に『中国の核実験』を出版し、世界で最初に楼蘭周辺で世界最悪の核爆発災害の科学報告をした[5]。そのウイグル人たちの暮らす地で、シナ共産党はソ連もカザフスタンでは躊躇した危険なメガトン級の地表核爆発を強行した。46回、総核爆発威力22メガトン、広島核の1375発分に相当する。

このうち3発のメガトン級地表核爆発により急性死亡19万人、急性放射線障害・胎児影響の被害者129万人と被害推定した。世界ウイグル会議が入手した共産党機密文書によれば、核爆発で75万人が殺害された[6]。

この研究成果である図書は、日本国内の"反核団体"の代表である原水爆禁止日本協議会および原水爆禁止日本国民会議の事務局へ、出版社から、直ぐ届けられたが、以来、この中国共産党が引き起こした未曾有の核爆発災害に対して黙殺している。その他にも、故高木仁三郎氏が代表だった原子力情報室も、チェルノブイリ事故を遥かに越えた大核災害に対して、未だに沈黙を続けている。

私の結論は、日本国内のこれら団体は、単なる親中共派の偽装反核団体である。日本国の現状と将来を真剣に考える人たちは、こうした偽装反核団体と真面目に議論する必要はない。日本のために、核エネルギーの平和利用を、堂々と推進すべきである。

日本の課題は大きく二つある。ひとつは危機管理の確立であり、ふたつ目が国家100年の核エネルギー政策の確立である。

危険／安全を峻別して、適切な情報を迅速に発信することが、危機管理の基本である。日本では核や放射線と言えば、その量が少しでも必ず危険と思われているが、これは誤りである。しかも、保安院でも、緊急時の情報発信においてこの区別ができていない。

中越沖地震の教訓は、このような危機管理における情報発信の基本が確立されていないという現状が白日の下に曝されたことにある。わが国の核エネルギー施設内の大多数のトラブルは、施設外へ波及する核放射線災害にはなっていない。安全な場合には、安全であるとの情報を発信しなくてはいけない。そうした方法論の研究と対策が、さまざまな角度から取り組まれるべきである。今後、原子力発電所立地県に、風評経済被害の発生を繰り返させないための最大限の取り組みが、原子力安全委員会および保安院を先頭に、電力会社、マスコミも含め関係機関に求められるだろう[4]。

日本の核エネルギー技術はフランスと並んで世界最高水準にある。わが国は、

躊躇せず、国家100年の核エネルギー政策を打ちたてて、日本のため、人類全体のために、世界をリードすべきである。

初出　高田純：放射線防護医療 5　2009

▌文献▐

1) 国連　人口データーベース．
2) 資源エネルギー庁：総合エネルギー統計．平成16年度版，2004．
3) 高田純：核エネルギーと地震．医療科学社，2008．
4) 高田純：日本の原子力技術の高さは証明された．諸君！，文藝春秋，2008．
5) 高田純：中国の核実験．医療科学社，2008．
6) 高田純：核の砂漠とシルクロード観光のリスク．医療科学社，2009．

福島津波核災害の克服と日本の核エネルギー

　震災1年目4月より実施している福島第一原子力施設20 km 圏内を中心とした県民や家畜の放射線衛生調査から、福島県民に放射線健康被害は発生しないこと、そして和牛業などの産業も復興できる科学の結論を得た。現在、その復興の行程が停止している原因は、科学ではなく、非科学政策をとっている現政府による放置にある。現政府に停止させられている全国の原子力発電所は、それぞれが、真摯に地震津波対策を短期中期的に取り組んでいる。筆者が調査した、もんじゅ、伊方の原子力施設は、速やかに稼働再開可能と見た。大津波があるとの予想がある浜岡の建設中の津波対策は、世界一の技術に挑戦中である。東海地方が巨大津波に襲われた場合、沿岸で生き残る唯一の施設になるであろう。

反科学非科学の政府自身が復興の妨げ

　世界最初の核兵器攻撃を受け壊滅した広島は、爆心地でさえ、2か月後に市内の電車の路線が全線開通するなど、初年度から復興に向かった。しかし、福島核事象では、1年たっても福島第一原子力発電所20 km 圏内は復興の兆しが全く見られない、異常事態である。これまで、官邸に対して科学的な提言をしてきた筆者としては、その原因が、政府の非科学反科学の姿勢と、災害発生時の総理大臣菅直人から始まった政権の消極姿勢にあると言わざるを得ない。これは、過去の核災害時の時の政府の対応と比べると明確にわかる。

　昭和20年8月の広島上空での核爆発の後すぐに、多数の第一級科学者たちが壊滅した広島へ向かい科学調査を行った。日本帝国陸軍の核兵器研究の指導科学者である理化学研究所の仁科芳雄博士は、8日の午後5時、広島上空に着いた。持参した写真乾板が感光したことから、核分裂型の爆弾だったことを確信した。海軍も大阪帝国大学理学部物理学教室の浅田常三郎教授らの調査団が、広島の現地調査を、10日より開始している。京都帝国大学の調査隊は、理学部物理学教室の荒勝文策教授が10日正午に広島市に到着し災害調査に取り組んでいる（拙著「核と刀」明成社）。

　翌9月に、文部省学術研究会議が、核爆発災害を総合的に調査するために、「原子爆弾災害調査特別委員会」を設けた。こうして、わが国の科学者たちが総

表1　昭和20年8月以後の広島核爆発災害地の科学調査と復興

昭和20年	8月 6日	広島市が核攻撃を受け壊滅
	8日	仁科芳雄博士ら陸軍が広島市調査
	10日	以後　荒勝文策京都大学物理学教授ら科学調査開始
	9月	学術調査団が広島入り　科学調査は継続される
	10月	仮設住宅市の周辺部から建つ
		市内の電車の全線が再開する
	11月	恵比寿神社復興祈願祭
21年	1月	広島復興局
	4月	広島復興都市計画　5か年計画
		都市ガス供給再開
	6月	水道普及率70%
	12月	人口15万
24年		平和記念都市建設法

文献　1)、2)より

力を挙げて、核爆発災害の真相解明に取り組んだ。昭和初期の日本科学者による世界最初の核爆発災害研究の図書が出版されている。そうした背景もあって、長崎とも両市は、順調に復興した。まるで不死鳥のごとくである。

　二番目の事例は、平成11年9月の東海村ウラン燃料工場で発生した臨界事故である。時の総理大臣森義郎の号令の下、第一級の科学者たちが、自発的かつ組織的に、放射線科学調査を現地に展開したのだった[2]。筆者も、現地に駆け付けた科学者の一人である。この事例も、比較的速やかに終息し、現地は平穏を取り戻した。

　一方、福島第一原子力発電所の津波災害は、その20 km圏内が、政府により立ち入り禁止区域とされ、私たち大学等の専門家すら独自に調査出来ない事態となってしまった。科学的にブラックボックス化し、一年経っても全く復興の兆しが見えない最悪のままである。世界の核災害地を調査してきた筆者から見ると、政府の福島に対する姿勢は、科学を無視した非科学、反科学として映る、とんでもない二流三流である。

　残念なことに、事故対応で妨害・非科学の旗を振ったのが、赤い総理菅直人である。事故調査委員会報告でも、彼が3月12日に福島第一原発に乗り込み、炉心冷却作業を妨害したことが明らかになっている[3]。総理なら、非常用電源やポンプを手配し、自衛隊を活用し空輸することもできたのだが、そうした任務を放

棄した。それをしていたら、福島第一原発は炉心溶解を免れていたかもしれない。

しかも20km圏内の医療弱者と放置された多数の家畜が犠牲になった。入院患者は、転院計画もないままに移動させられ、その途中や、避難場所で死亡している。その数は、NHKによれば70人である。低線量の放射線では死ななかったのに。さらに、放射線では死なない牛などの多数の家畜が、政府命令で殺処分された。

全て、適切・人道的な救出をしなかった、原子力災害対策本部長である総理菅直人の責任である。彼は原子力災害特別措置法で定められている対策本部長の仕事を果たさなかった。

その後も、以前からの反核活動家らを、専門家と称し、呼び寄せ、国会を攪乱した。これらの行為は、20km圏内をブラックボックスと化し情報操作を思いのままにした原発テロそのものである。総理がテロリストとなった前代未聞の国家が平成の日本である。これも、鳩山に続き、チャイナの工作員たちによる沖縄・尖閣侵略行為を誘発する背景となっている。すなわち、我が国は、今、政治が異常な事態にある。

福島第一　冷却喪失事故ながらも原子炉はメルトダウンせず

宮城沖を震源とするマグニチュード9.0巨大地震と、それに続く大津波によってもたらされた災害は、東日本の太平洋側およそ500キロメートル一帯の沿岸を壊滅させた。海岸にあって巨大地震と大津波に破壊されなかった建造物は原子力施設である。それは震源の至近距離にあった東北電力女川原子力発電所、東京電力福島第一および第二原子力発電所である。岩盤上にあって厚さが2メートルあまりもあるコンクリート壁からなる格納容器と分厚い鋼鉄製の潜水艦のような圧力容器からなる原子炉を心臓部とする原子力発電所。大振動となるS波の前に到達する弱い振動のP波を検知して1秒以内に制御棒を炉心に挿入して核反応を自動停止する機能があり、中越沖地震でそれが証明されていた[4]。今回も、稼働中の全原子炉の核反応は自動停止した。だから、福島第一でさえ、低線量で運転員らに急性放射線障害が発生しなかったのである。福島は、チェルノブイリにはならなかった。黒鉛炉であるチェルノブイリ4号炉は、核分裂反応が暴走し、原子炉が完全に崩壊した。それで、30人が急性死亡したのだった。

3月11日の大津波により冷却機能を喪失し、未臨界状態の核燃料が一部溶解

した福島第一原子力発電所は、格納容器の外部での水素爆発により、主として放射性の気体を放出し、福島県と近隣を汚染させた。しかし、この核事象の災害レベルは、当初より、核反応が暴走したチェルノブイリ事故と比べて小さな規模であることが明らかであった。

チェルノブイリでは、原子炉全体が崩壊し、高熱で、周囲のコンクリート、ウラン燃料、鋼鉄の融け混ざった塊となってしまった。これが原子炉の"メルトダウン"である。一方、福島第一の原子炉は、その後の調査でも、こうした事態にはなっていないことが分かった。すなわち、潜水艦が立ったような圧力容器内のウランが融け、底を抜け落ち、厚みが2メートルもある格納容器の底を60センチばかり溶かして固まった。これを、原子炉物理の専門家の言葉を使えば、"メルトスルー"である。したがって、圧力容器も格納容器も、構造体としては存在し、大方の放射性物質は閉じ込められているのである。つまり、福島第一は、チェルノブイリにならなかった[5]。

震災1年目の放射線衛生調査

福島第一原子力発電所の津波と核事故が昨年3月に発生して以来、筆者は放射線防護学の専門科学者として、どこの組織とも独立した形で現地に赴き、自由に放射線衛生調査をした。最初に、最も危惧された短期核ハザード＝危険要因としての放射性ヨウ素の甲状腺線量について、4月に浪江町からの避難者40人をはじめ、二本松市、飯舘村の住民を検査した。その66人の結果、8ミリシーベルト以下の低線量を確認した。これは、チェルノブイリ事故の最大甲状腺線量50シーベルトのおよそ1千分の1であった[6],[7]。

それ以後、南相馬、郡山、いわき、福島市、会津を回り、個人線量計による外部被曝線量評価と、希望する住民の体内セシウムのその場ホールボディーカウンターによる内部被曝線量を調査している。

その結果は、県民の外部被曝が年間10ミリシーベルト以下、大多数は5ミリシーベルト以下、セシウムの内部被曝が年間1ミリシーベルト未満。チェルノブイリ事故では、30km圏内避難者の最大が750ミリシーベルト、1日あたり100ミリシーベルトであるので、福島はおよそ100分の1程度しかない。セシウムの内部被曝は、震災初年度の年間線量値として、検査を受けた83人全員が1ミリシーベルト未満と超低線量である。

これらの調査結果は、昨年7月に「福島　嘘と真実」医療科学社から[6]、出版

するとともに、国内の日本放射線影響学会ならびに、日本保健物理学会で報告した。

今年5月、世界の専門家が4年に一度集まる国際放射線防護学会IRPA13がグラスゴー[8]で開かれ、筆者も参加した。その時、ヨーロッパの専門家に、筆者の報告図書の英語翻訳版「Fukushima Myth and Reality」[7]を配布した。

グラスゴーでは、日本側からは、今回の福島の放射線が低線量であったことを報告し、他の国からは今回の事故が自国に及ぼした影響の発表があった。チェコ、フランス、オランダ、ドイツなど、各国とも心配する線量はなかった。マレーシアやアメリカの研究者も、自国への影響はほとんどなかったという結論である。世界の専門家たちも、福島が低線量であったとすでに認識した。

本年7月に放射線医学総合研究所(放医研)主催の国際シンポジウムで、甲状腺線量の調査報告が、筆者も参加する中、行われた[9]。線量の最大は33ミリシーベルトだった。これも、チェルノブイリ事故の最大線量50シーベルトの1千分の1以下である。

人間の食塩の摂取で、5グラムと5キログラムのリスクの違いを想像すれば、ヨウ素の放射能の違いも理解できるはず。仮にリスクの直線仮説で、最大に推定しても、福島県民に、福島第一原発由来の甲状腺がんは発生しない。

放射性ヨウ素のハザードは、既に完全消滅している。数値で言えば、半減期が8日のため、昨年放出された放射能が1億分の1以下になっている。したがって、今の調査は半減期が2年と30年のセシウムに限られる。その結果さえ、体内検査から、福島県民たちは1ミリシーベルト未満との超低線量である。これも健康リスクはゼロ。

2年目調査　福島第一原発20 km圏内の和牛業も再建できる

筆者は、2年目に入り、20 km圏内の浪江町に、町内の和牛畜産業者とともに、生存している牛たちの体内セシウム検査をしながら、当該地の放射線衛生状況を調査している[10],[11]。それは、前年4月の最初の調査で偶然、現地で遭った前浪江町議会議長の山本幸男氏との交流から始まった[6]。

その目的は、政府が全く進めていない、20 km圏内の復興を目的とした線量調査と実効性のある帰還対策の確立にある。和牛業の再建が突破口となる。その目標は、和牛の体内セシウム濃度を出荷基準内にすること、生活者の線量を基準内とすることである。

第一章　21世紀　人口爆発する文明の危機と核エネルギー

図1　浪江町末の森での2泊3日実線量調査

表2　食品に含まれる放射性セシウムの新旧規制値と自然放射能（ベクレル/kg）

暫定規制値		新規制値		天然放射能カリウム40	
野菜類	500	一般食品	100	乾燥昆布	1600
穀類	500	乳製品	100	納豆	200
肉魚卵など	500	乳幼児用食品	50	豚ひれ肉	120
飲料水	200	飲料水	10	牛乳	45
牛乳・乳製品	200	牛乳	50	人体	67

　現場重視の科学者としては、当然、現地滞在型の調査を行う。これにより、その地で生活した際の実線量が評価できる。1日の大半は、自宅や牛舎で、そして残りの時間、放牧地や周辺で作業をする。そうした実際の暮らしの中で、個人線量計を装着して線量を評価する。

　米国製の最新型の携帯型ガンマ線スペクトロメータを、人体中のセシウム放射能の量（ベクレル）を体重1キログラム当たりで計測できるように昨年6月に校正した。この機種が3台目で、これまで、世界各地の核被災地で、ポータブルホールボデーカウンターをした。それを、今度は大きな生きた牛を測れるようにすることが最初の問題となった。解答は意外に早く見出すことができた。

およそ400キログラムの牛の背中、腹、後ろ足の腿を、計測してみた、腿が最適との結論を得た[10]。人体の場合、体重あたりの放射能値の計測の校正定数は、体重の大きさにあまり影響されないという事実がある。人体計測の場合、検出器を腹部に接触させるが、牛の場合に、形態が近いのが腿だった。セシウムは、筋肉に蓄積するので、腿の計測が合理的である。こうして、腿肉のセシウム密度が、生きたままで、1分間で計測可能となった。そして、それぞれ少し離れた3牧場にて、2年目の2月、牛の体内セシウムの検査を行った。

乾燥昆布のカリウム放射能が1キログラムあたり1600ベクレルで、それよりも放射能が少ない牛は、福島第一原発20km圏内で生きている。なお、1キログラムあたり500ベクレルの放射能は、3.11以前の原子力安全委員会の食品規制の指標である。愚かにも、現民主党政権は、食品の規制をキログラムあたり200ベクレル以下と、自然放射能以下に強化する非科学の姿勢をとった。これは、国際会議IRPA13でも批判された。

3月には、浪江町末の森の放牧地で、セシウムの除染試験を実施した。これは、海外調査からの経験から、深さ10cmまでの表土を削り取ればよいと考えた。その深さまでの表土に、セシウムという元素は吸着する性質があるからである。3地点で、3メートル四方に縄を張り、所定の深さの表土をはぎ取った。その土は、袋詰めし、柵の外に仮置き保管している。

地表のセシウム汚染密度は、校正済みのガンマ線スペクトロメータで直ぐに計測できる。除染の前後の値から、試験的に剥ぎ取った3か所の平均のセシウム除去率は94%と十分な結果となった[11]。こうした表土の剥ぎ取りを、放牧地全体で実施すれば、和牛生産は直ぐに開始できる。

浪江町も帰還可能

2泊3日の現地調査から、実線量がわかる。震災2年目3月の浪江町末の森での2泊3日間、私の胸に装着した個人線量計は、積算値で、0.074ミリシーベルトで、24時間あたり、0.051ミリシーベルト。2種のセシウムの物理半減期（2年と30年）による減衰を考慮して、平成24年の1年間、この末の森の牧場の中だけで暮らし続けた場合の積算線量値は、17ミリシーベルトと推定された[11]。しかも、週に5日間、二本松の仮設住宅から浪江町へ、牛の世話に通っている人たちのセシウム検査から、内部被曝は年間、最大でも0.3ミリシーベルトときわめて低線量である。

筆者の調査した浪江町末の森では、政府の屋外の値に年間時間を掛けて計算する非科学では、96ミリシーベルトになり、帰還不能という誤った判断になる。しかし、現実の線量では、帰還可能となる。

内外被曝の総線量値は、政府の言う帰還可能な線量20ミリシーベルト未満。しかも、国の責任で家と放牧地の表土の除染をすれば、直ぐに年間5ミリシーベルト以下になる。現状では、政策に科学根拠がなく、20 km圏内を、政府は、いたずらに放置している。

この試験研究の申請を、政府は無視し、復興に責任を果たさない、とんでもない事態になっている。それでもなお、私たちは、自発的に、このプロジェクトを進めている。読者のみなさんは、試験研究の意義と復興策をご理解いただけたと思う。20 km圏内を科学で可視化し、早急に復興させるよう、誤った政策を正す必要がある[13]。

世界一の津波対策技術に挑戦する浜岡原子力発電所

国内の原子力発電所は、耐震性能、耐津波性能の向上に取り組んでいる。筆者は、平成23年以来、高速炉および軽水炉の津波に対する安全性の現地調査を行っている。高速増殖炉もんじゅは、全電源が喪失した場合でも、自然循環力によるナトリウムの循環により除熱ができる特徴がある。さらに、熱除去のヒートシンクが海水でなく空気としているので、津波にも強い。瀬戸内海に面する伊方原子力発電所は、太平洋からの大型の津波に対しては、200 mの自然の防波壁で護られているので、津波の心配は全くない。

5月30日、全国が注目する静岡県御前崎市の浜岡原子力発電所を視察した。施設全体を、海抜18 mの高さの防波壁で囲み、高さ20 mに置く非常用発電機、原子炉冷却ポンプや建屋に海水が入り込まない防水構造化など30項目の技術開発は、世界一の津波対策の挑戦と見た。想像以上の対策が進行中である。

太平洋に面する1号機から5号機の原子炉施設は、樹木が生い茂る海抜10 mほどの砂丘の影に存在する。現在、地下の岩盤から直接据えつけられる、海抜18 mの高さの幅2 m延長1.6 kmの防波壁が建設中だ。3.11の津波では、沿岸にあった防波壁はことごとく破壊されたが、岩盤から建造される浜岡の構造ならば耐えられるのであろう。

これが12月には完成し、山側の丘とも接続され、原子力施設全体が、18 m高さの壁で囲まれることになる。まるで、高い城壁で囲まれた駿府城か。

図2　浜岡原子力発電所の防波壁の建設現場を視察する筆者　2012年5月30日

　さらに、その防波壁を津波が突破した場合の対策が構築される計画である。原子炉建屋中間階屋上に置く災害対策用発電機、原子炉冷却海水ポンプや原子炉建屋に海水が入り込まない防水構造化など、30項目の技術開発が進められている。発電所全体に、幾重にも津波対策がなされることになる。世界一の津波対策技術の建設が急ピッチでなされているとの印象を持った。

結　論

　福島県民は概して低線量10 mSv以下で、健康被害は発生しないという放射線衛生調査結果である[12)～14)]。福島第一原子力発電所20 km圏内を復興が速やかに実現できることは、現地の放射線衛生調査により証明された。和牛畜産農家とともに実施した浪江町の滞在型調査での実線量調査から、1)　年間線量が20 mSv以下の区域があること、2)　牛たちは元気に生きており、子牛も正常に生まれ育っている。3)　牛の体内セシウムはこの一年間、大幅に減衰し、多くが、体重キログラムあたり500 Bq以下なっている。もし、限定的にでも、農家の敷地や放牧地のセシウムを除染すれば、末の森の生活実線量は、年間5 mSv以下に速やかに改善もできる。

　現在、その復興の行程が停止している原因は、科学ではなく、非科学政策をとっている現政府による放置にある。筆者らのグループは、過去幾度も、20 km圏内の科学調査や復興策を、政府官邸や、政府機関に提言してきたが、無視されてきた。この現民主党政府の姿勢は、これまでの自民党の政府や、大日本帝国政府の核災害に対する復興に向けた力強い姿勢とは真逆である。現行政府が、復興の妨げとなっている前代未聞の異常事態である。

前総理菅直人はじめ現行政府に停止させられている全国の原子力発電所は、それぞれが、真摯に地震津波対策を短期中期的に取り組んでいる。原子炉物理の専門家ではないが、筆者が調査した、もんじゅ、伊方の原子力施設は、速やかに稼働再開可能と見た。大津波があるとの予想がある浜岡の建設中の津波対策は、世界一の技術に挑戦である。東海地方が大津波に襲われた場合、沿岸で生き残る唯一の施設になるであろう。浜岡原子力施設は、地域の津波対策の拠点としての意味も大きいのではないか。

初出　高田純：放射線防護医療 8　2012

■ 文献 ■

1) 高田純：核と刀．明成社，2010．
2) 高田純：世界の放射線被曝地調査．講談社ブルーバックス，2002．
3) 国会事故調報告書．委員長　黒川清．東京電力福島原子力発電所事故調査委員会，2012．
　『当委員会は、事故の進展を止められなかった、あるいは被害を最小化できなかった最大の原因は「官邸及び規制当局を含めた危機管理体制が機能しなかったこと」、そして「緊急時対応において事業者の責任、政府の責任の境界が曖昧であったこと」にあると結論付けた』
　http://warp.da.ndl.go.jp/info:ndljp/pid/3856371/naiic.go.jp/index.html
4) 高田純：核エネルギーと地震　中越沖地震の検証，技術と危機管理．医療科学社，1-124，2008．
5) 高田純：福島は広島にもチェルノブイリにもならなかった　東日本現地調査から見えた真実と福島復興の道筋．第4回「真の近現代史観」懸賞論文最優秀藤誠志賞受賞．2011．http://www.apa.co.jp/book_ronbun/vol4/index.html
6) 高田純：福島　嘘と真実．医療科学社，1-90，2011．
7) Jun Takada：Fukushima Myth and Reality. Iryoukagakusha, 1-59, 2012.
8) Jun Takada：In-situ dose evaluations for fukushima population in 2011reveal a low doses and low dose rates nuclear incident. 13th International Congress of the International Radiation Protection Association, Glasgow,2012.
9) Jun Takada：Individual dose investigations for internal and external exposures in Fukushima prefecture. The first NIRS symposium on reconstruction of early internal dose due to the TEPCO Fukushima Daiichi Nuclear Power Station accident, Chiba, 2012.
10) 高田純：福島の畜産農家との現地調査で分かった野田政権の「立ち入り禁止区域」

のデタラメ．撃論 4，オークラ出版，133-141，2012．
11) 高田純：福島に"非科学の極み"「帰還困難地域」を設定した政府の悪意．撃論 6，オークラ出版，107-113，2012．
12) 高田純：東日本放射線衛生調査と福島第一原子力発電所 20 km 圏の復興策．放射線防護医療，1-8，2011．
13) 高田純：東日本放射線衛生調査と福島復興に向けて．札幌医科大学医療人育成センター紀要，15-20，2012．
14) 高田純：福島県、放射線量の現状—健康リスクなし，科学的計測の実施と愚かな政策の是正を．Global Energy Policy Research, http://www.gepr.or g/j

東日本放射線衛生調査と
福島第一原子力発電所 20 km 圏の復興策

　平成 23 年 3 月 11 日の東日本震災での津波で引き起こされた福島第一原子力発電所災害に関する周辺の放射線衛生調査の結果は、公衆の年間線量が 10 ミリシーベルト以下の低線量で健康被害は生じないとの科学理解となった。結果を広島、チェルノブイリの核事象と比較し、その線量レベルがけた違いに低く健康影響の度合いを考察した。最後に 20 km 圏内の農業再建を目指した、沿岸の堤防公園化事業と復興記念の国際マラソン開催を提言する。

津波核事象の発生と社会の心理的混乱

　宮城沖を震源とするマグニチュード 9.0 巨大地震と大津波によってもたらされた大災害は、東日本の太平洋側およそ 500 キロメートル一帯を地獄に陥れた。大堤防を破壊して陸域に押し寄せた大量の海水が町や畑は水没させ破壊しながら多くの人々を飲み込んだ。死者行方不明者はおよそ 2 万、推定経済被害 16 兆円を超えた。正に平成の国難である。この地震が放出したエネルギーは核爆発に換算すると 487 メガトンに相当する。それが太平洋プレートが北米プレートに沈み込む宮城沖の海底で一斉に爆発したような災害なのだ。だから海岸一帯がどうにもならない被害を受けたのはうなずける。

　しかし、海岸にあって巨大地震と大津波に破壊されなかった建造物があった。それは震源の至近距離にあった東北電力女川原子力発電所、東京電力福島第一および第二原子力発電所である。岩盤上にあって厚さが 2 メートルあまりもあるコンクリート壁からなる格納容器と分厚い鋼鉄製の潜水艦のような圧力容器からなる原子炉を心臓部とする原子力発電所。大振動となる S 波の前に到達する弱い振動の P 波を検知して 1 秒以内に制御棒を炉心に挿入して核反応を自動停止する機能があり、中越沖地震でそれが証明されていた[1]。

　一方、大津波に襲われ冷却機能を失った福島第一原子力発電所では炉心が高温になり溶解し発生した水素ガスが、3 月 12 日に原子炉建屋内で爆発し、周辺環境にヨウ素、セシウムなどの放射性物質が漏洩し、政府の指示で 20 キロメートル圏内の住民およそ 6 万人が緊急避難した。その直後から連日連夜、原子炉の専

門家や NHK のニュース解説員から詳しすぎるほどの装置的情報および、周囲環境の放射線線量率毎時マイクロシーベルトの値による報道の継続する大津波により、ある週刊誌で集団ヒステリーといわれた、政府を筆頭に日本社会の心理の長期間の動揺状態が続いた。

福島は広島にもチェルノブイリにもならなかった

　この核事象の災害レベルは、当初より、核反応が暴走したチェルノブイリ事故と比べて小さな規模であることが、次の三つの事実から明らかであった。1) 巨大地震 S 波が到達する前に P 波検知で核分裂連鎖反応を全停止させていた、2) 運転員らに急性放射線障害による死亡者がいない、3) 軽水炉のため黒鉛火災による汚染拡大は無かった。

　これに対して、チェルノブイリ原子炉事故では、規則違反の試験運転中に核分裂連鎖反応が暴走し一気に爆発、黒鉛火災となった。これにより運転員ら 30 人が急性法放射線障害などで死亡するとともに、半減期が分、時間オーダーの放射性物質が、格納容器の無い破壊した建屋から火災と共に、上空へ舞い上がり、広範囲に高線量の汚染となった。30 km 圏内では、避難までの 10 日間、1 日線量がおよそ 100 mSv で、最大 750 mSv の外部被曝となった[2]。また、放射性ヨウ素で汚染した牛乳が流通したため、最大 50Gy、平均数 Gy の甲状腺線量を受けた。こうして、その後の 20 年間の疫学調査で、子どもたち 4800 人が甲状腺がんとなり、15 人が死亡した[3]。その他の放射線由来の健康被害は顕著ではない。

　広島では、16 キロトン威力の核爆発による、衝撃波と熱線により都市が壊滅し、多くの市民が急死した。その後の 4 か月以内に、14 万人が死亡した。爆発後市の北西方向 30k 範囲に放射性の黒い雨が降り、池の魚が多数死に、子どもの頭髪が脱毛する報告がある[2]。

　一方、福島の 20 km 圏内に、そうした急性放射線障害は 1 件も報告がない。放置された牛や豚などの家畜は、飢えや渇き以外の死亡は無かった。福島第一周辺の放射線レベルは広島・チェルノブイリとは比べ物にならないくらいに格段に低いことを物語っている。

　しかし筆者が恐れていた、安全委員会など事故対策本部の周辺住民ならびに東日本に対する放射線防護科学に基づいた判断と対策本部の意思決定機能が発揮されない事態となってしまった。そのため、過剰で片手落ちな政府介入により、20 キロメートル圏内の病院患者の受け入れ先の未確保や手当てのない搬送により取

第一章　21世紀　人口爆発する文明の危機と核エネルギー

り残された患者数人が死亡した。さらに長期化した避難民の困難の継続となった。そして多数の置き去りにされた牛、豚、鶏の死を招くばかりか、政府は殺処分の指示を福島県にした。

　国際核事象尺度では、福島第一原子力発電所の事象を、当初レベル5との評価を、突然4月12日に、政府はレベル7に変更した。安全委員会と保安院それぞれの放出放射能値の違いがあるばかりか、算定の過程を示す報告書すら公開されておらず、筆者ばかりか国内専門家に疑問を持たれている。こればかりか、政府が飯舘村などの計画避難の根拠とする文部科学省の今後の住民の線量予測は、屋内滞在や放射能の減衰が組み込まれていないずさんな推計で、とても長年核エネルギーの平和利用をしてきた科学立国とは思えない乱暴な論拠である。今回の国内の情報混乱と国内外の風評被害の根源が政府にあるとみる筆者の原点がこれらにある。

　本論文では、日本社会が科学情報で混乱するなか、世界の核被災地を調査してきた放射線防護学の専門家である筆者が、同一手法で、震災一月以内の福島の20キロメートル圏内およびそれ以後の現地東日本の放射線衛生の調査した報告である[4]。その調査結果の上で、福島第一20km圏の農業の再生を目指した復興策を提案する。

その場放射線衛生調査の方法

　筆者がロシア科学者との共同調査の中で開発した、その場で内外被曝の線量を測定する方法＝モバイル・ラボは、系統的で統一的な評価で、核ハザードの健康影響を迅速に定量化できる。これを活用し、3.11震災以後の東日本を調査した。特に、10年前に開発した甲状腺線量計測法を初めて適用することと、震災3ヶ月前に入手していた米国製の2インチのNaI結晶を検出部とする携帯ガンマ線スペクトロメータの活用が、今回の現地放射線衛生調査の特徴である。

　調査項目は、環境のガンマ線空間線量率、調査員自身の積算個人線量、地表面のガンマ線スペクトルによる核種同定と定量、地表面のアルファー線計数、現地住民の放射性ヨウ素による甲状腺内部被曝線量、セシウムの体内線量である。

　放医研NIRS甲状腺ファントムを用いて、ガンマ線サーベイメータ（PDR101）を線量校正した（2001年）。ロシア放射線医学研究センターのセシウムブロックファントムで初代のガンマ線スペクトロメータを校正（1997）し、今回は、二次校正を、Cs137密封線源を用いて新機種に対して行った。

表1　その場線量評価に使用した機材

ポータブルラボ　機材一式

1	ガンマ線スペクトロメータ	Model 702	米国	Ludlum 社
2	アルファ・ベータカウンタ	TSC-362	日本	アロカ社
3	ポケットサーベイメータ	PDR-101	日本	アロカ社
4	個人線量計	RAD-60 S	フィンランド	RADOS Tec.
5	GPSナビゲータ		米国	Magellan

図1　ポータブルホールボデイーカウンター（左）、浪江町の置き去りにされた家畜（右）

　福島では、セシウムは2核種は134と137の複合なので、Cs134シングルピークから放射能分析を行った。9月までの解析では、両者の放射能比を1：1として行った。

　個人の各種線量は、測定値（線量率、ガンマ線ピーク計数率）から、放射能換算、内部被曝線量換算の数表である早見表をあらかじめ作成しており、被験者へ検査直後に暫定値を知らせ説明できるように準備している。線量評価結果は、線量6段階区分2）で表現され、被検者へ伝えられた。

衛生調査結果の概要[4]

　私は4、6、8月に個人線量計を胸に装着して福島県内を、それぞれ2泊3日で調査した。4月に2日間20km圏内に入り、福島第一原発の敷地境界まで計測した総線量は0.10ミリシーベルト。6月の福島―飯舘村―南相馬―郡山―いわき調査では、総線量が0.01ミリシーベルト。8月の白河～会津～福島調査では総線量

表2　福島県民の甲状腺線量評価結果

	甲状腺	ヨウ素131 放射能（キロベクレル） 4月8、9日	初期の量	甲状腺線量 ミリグレイ
浪江町40人	最大	3.6	20.0	7.8
	最小	1.7	9.2	3.6
	平均	2.4	13.1	5.1
二本松市24人	最大	0.5	2.9	1.1
	最小	0.1未満	0.6未満	0.4未満
	平均	0.1	0.7	0.3
飯舘村2人	平均	1.8	10.0	3.9

は0.006ミリシーベルト。最初の1月間で放射能は4分の1以下になり、その後も減衰している。

　個人線量計の積算値から推定する現地の30日間線量は、4-5月、6-7月で、それぞれ、20km圏内と周辺が1.0 mSv以下、会津福島が0.10以下であった。

1　4月6日に陸路、札幌を出発し、青森、仙台、福島、東京と、同月10日まで放射線衛生が調査された。
2　福島20km圏内を含む全調査での調査員の受けた外部被曝の積算線量は0.11ミリシーベルト、レベルE。甲状腺の放射性ヨウ素蓄積は検出されなかった。こうして調査は安全に実施された。
3　札幌および青森では、顕著な核分裂生成物は検出されなかった。仙台、福島、東京でのガンマ線スペクトロスコピーで、ヨウ素131、セシウム134、セシウム137が顕著に検出された。福島から少量持ち帰った土壌を5月に測定すると、ヨウ素131は消滅していた。
4　甲状腺に蓄積されるヨウ素131による内部被曝線量検査が成人希望者総数76人に対して行われた。検査当日の福島県民66人のヨウ素放射能の最大値は3.6キロベクレル、平均1.5キロベクレル。6人は検出限界0.1キロベクレル未満であった。20km圏内浪江町からの避難者40人の平均甲状腺線量は5ミリシーベルト、チェルノブイリ被災者の1千分の1以下程度と、甲状腺がんのリスクは無いと判断する。

5 　浪江町など被災者らは、事故対策本部から安定ヨウ素剤の配布がないばかりか、甲状腺検査も受けていないことが分かった。避難だけしか行わない政府介入における緊急被曝医療に大きな問題が存在していた。ヨウ素剤は、大多数の県民と周辺県民には配布されない現状が証明された。

6 　損傷した炉心のある施設外の隣接地表面でさえ、プルトニウムが放射するアルファ線は毎分7以下と少なく、核燃料物質の施設外環境への漏えいは、顕著ではなかった。プルトニウムの吸い込みによる肺がんなどのリスクは無視できる。なお、セミパラチンスク核実験場の爆発地点周辺が半世紀後においてもアルファ計数が毎分200、西日本の地表面の値が毎分1-2である。

7 　浪江町や東日本各地の空間線量率の値は、最初の2か月間で4分の1以下になるなど、放射能の減衰にしたがって、放射線環境は減衰傾向にある。福島を除く東日本の公衆の個人線量は屋内滞在による遮蔽効果もあって、年間外部被曝線量は1ミリシーベルト以下レベルEである。福島県民の2011年の年間線量はレベルD、多くは5 mSv以下と推定する。瞬時被曝ではないので、小児、胎児への健康影響は心配する位ほどではない。次年度以降も徐々に年間線量は低下していく。特別な除染がなくとも、会津地区などは次の2012年に年間1ミリシーベルト以下になると予想する。

8 　6月以後にセシウムによる内部被曝を、ポータブルホールボディーカウンターで66人検査し、全員が年間線量として、1ミリシーベルト以下と評価された。しかも大半は0.1 mSv以下であった。

9 　放射性セシウムの環境中の半減期は、30年よりも短い。それは、初期に存在するセシウム134の半減期が2.0年と短いばかりか、風雨などによる地域からの掃出しがあるからである。

　平成23年の4〜9月の放射線衛生調査から評価された福島県民の年間線量は低線量であり、チェルノブイリ原子炉事故災害での公衆の線量と比較して、桁違いに低く、県民に健康被害は生じないと判断する。これは、両者の放射線源の根本的違いと一致しており、物理的に理解できる現象である。

福島の低線量は心配ない

　広島は1945年8月6日、米軍の一発の核弾頭の炸裂により壊滅し、その年の12月までに市民14万人が死亡した。その後にも、原爆被災者に白血病などの後障害が発生するなど、市民は今の私たちの想像を絶する多大な物理的精神的苦難

第一章　21世紀　人口爆発する文明の危機と核エネルギー

を経験した。しかし生き残った市民たちはその土地を見捨てることなく、再建の道をたくましく歩んだ[2]。

当時の爆心地付近の放射能測定としては、8月10日の京都帝国大学の荒勝文策等の調査や10月1日からの宮崎友喜雄等の理研物理班により実施されている。それらの調査から、放射能の急速な減衰が確認されている。

福島でも、3月から半年たった時点で、福島第一周辺の放射線は当初の10～20分の1ほどに減衰している。放射能は自然消滅する法則にある通りであり、加えて風雨による浄化作用が助けている。

広島壊滅の年の10月には仮設の住宅が市の周辺部から建ちはじめた。その月の11日には、市内電車の主要路線が復活し、市民を元気づけた。焼け野原の中心部に、11月18日、胡子神社が再建され、翌日にはえびす祭りと復興祈願祭がとり行なわれた。

1946年1月8日、広島復興局が設置され、4月には広島復興都市計画が決定し、5ヵ年計画が着手された。その月には、都市ガスの供給も再開された。5月31日には、市内の水道復旧率は被爆前の70パーセントになった。その年、市の人口は15万人となった。70年間草木も生えないと言われたが、その夏、雑草も芽を出した。深刻な食糧難のなか、多くの菜園もつくられている。

1949年に成立した恒久平和を象徴する都市を目指した平和記念都市建設法が、復興財源の基礎となった。その後、市民の努力により、目覚ましい復興を遂げ、世界に誇れる美しい都市作りに成功した。まさに、不死鳥の如く甦った広島。2000年の人口は110万人を超えている。

被災後半世紀以上経た現在、爆心地周辺の環境放射線の強さは、毎時0.1マイクロシーベルト以下で、他の日本の地域と比べても普通の値である。現在残留放射能の心配は全く無く、市民は平和に暮らしている。

爆心から500m圏内で辛くも生存した78人はレベルBの線量を受け、急性放射線障害となったが、健康を取り戻した。1972年から25年間の追跡調査で、死亡時の平均年齢は74歳と、顕著な寿命短縮は無かった。

平成17年の平均寿命の政令都市比較では、1位が広島市の86.33歳、2位が福岡市86.27　3位、札幌市86.26歳、である。

昭和40年代、隣国中国のシルクロードでの核爆発から噴き出した核の砂の放射能はチェルノブイリの8百万倍で、偏西風に乗って、日本列島全土に降った。食物連鎖により、日本人の骨格に放射性ストロンチウムが蓄積した。その放射能

は放射線医学総合研究所により解剖資料から分析された。そのデータから、筆者は線量を評価した。食物連鎖から日本人の骨格に放射性ストロンチウム（Sr-90）が沈着した。胎児や幼児は1960年代に、成人は1970年代に極大の線量を受ける。これは、テチャ川流域の体内被曝の傾向に近い。

Sr-90による日本人の内部被曝は、1972年あたりに最大の線量となり、その後、1985年頃までゆるやかに減少した。骨格への移行の年間差から、1972年ころまでの中国の地表核爆発影響があったと考えられる。線量は1〜7 mSvの範囲であった。

福島第一の津波核災害による周辺環境のストロンチウムは、セシウム比で約1千分の1であると報告されている。したがって、内部被曝線量はレベルFと検査にかからないほど低いと予想される。つまりストロンチウム被曝では、昭和40年代の方が平成23年よりも圧倒的に高い。おそらく1万倍である。歴史的比較においても、福島を心配するなら、昭和の放射能を心配すべきだった。

当時、放射能の雨にぬれると禿げると大人たちは騒いでいたが、誰一人脱毛しなかった。また、現在（2011年）、平均寿命の世界ランキング：第一位が日本83歳、第20位イギリス80歳、60位中国74歳である。医療放射線ではCTの普及率の高さはダントツで日本が1位である。2005年のデータによれば、人口100万人あたり、1位の日本が93台、2位オーストラリアは45台である。日本人の集団としての医療診断線量は、世界1になるが、寿命から見ると、日本人が健康と言える。こうした事実からも、数ミリシーベルトの低線量では健康被害はないと断言できる。福島の低線量・低線量率は心配いらない。

20 km圏の復興策の提言　堤防公園化と復興記念国際マラソン

福島20 km圏の線量は、今後調査が必要と考えられるが、まず、健康影響はない範囲だろう。しかし浪江町など農業の再建を考えると、農地の除染が必要になるはずだ。仮に表土深さ10 cmの除去とすれば、莫大な量になる。

その解決策として、提案がある。今後の大津波対策のための堤防建設と20 km圏内の除染事業を合体させたアイデアである。圏内の瓦礫とともに、沿岸およそ40 kmの範囲を埋め立てて、堤防公園化するのである。大正時代の関東大震災で、横浜市は、6万戸分の瓦礫で海岸を埋め立て山下公園を建設した。平成の日本に、福島40 km堤防公園は建設できるはずだ。

筆者は、本年10月小名浜での地元県議会議員の勉強会に講師として呼ばれ、

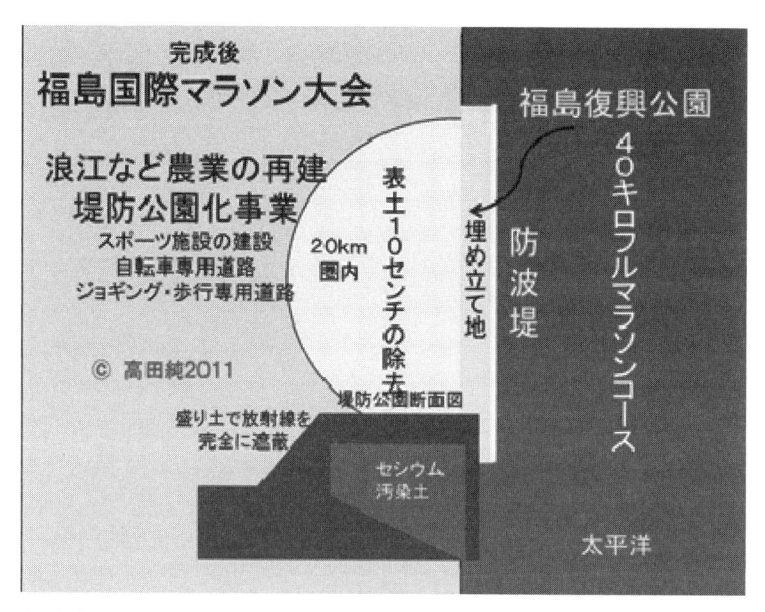

第一章　21世紀　人口爆発する文明の危機と核エネルギー

図2　福島第一原子力発電所 20 km 沿岸の埋め立て堤防公園の概念とフルマラソンコース

この堤防公園化事業を提案した[5]。完成後には、福島復興を記念する国際マラソンを開催するのだと話すと、参加した 200 人の市民から大きな拍手で賛同いただいた。福島は広島にもチェルノブイリにもならなかった事実を、復興という形で世界に発信する意味は大きい。

初出　高田純：放射線防護医療 7　2011

■ 文献 ■

1) 高田純：核エネルギーと地震．医療科学社，2008．
2) 高田純：世界の放射線被曝地調査．講談社ブルーバックス，2002．
3) 高田純：お母さんのための放射線防護知識．医療科学社，2007．
4) 高田純：福島　嘘と真実．医療科学社，2011．
5) 高田純：提言　福島 20 km 圏の復興策　国際マラソン　動画　http://p.tl/oIza　2011．

第二章
核放射線と健康

紫外線量の多い地域では大腸がん死亡率は低い

　紫外線と大腸がんの関係性を日照量、緯度、紫外線量と10万人あたりの死亡率、DALYを元に、県別、国別に調査した。その結果、日本と世界どちらにおいても紫外線量の多い地域では、大腸がんによる死亡率が低い傾向が認められた。日光浴など適度な紫外線を浴びることが大腸がんの予防に有効であることが示唆された。

はじめに

　2000年代以降、欧米の大規模研究から、カルシウムが大腸がんの発生リスクを低下させるという報告が相次いで発表された。日本においても、同じような研究がなされ、カルシウムを多くとっている人は、とっていない人に比べて大腸がんのリスクが36％低下するという結果が発表された[1]。

　体内におけるカルシウム代謝にはビタミンDの存在が必要不可欠である。しかし、ビタミンDと大腸がんの関係は、その傾向が示されているものの、関連は明確ではない。ビタミンDは日光にあたることによって合成される。ビタミンDとカルシウムが相乗して、大腸がんのリスクを低減していると予想されている[2]。

　日光によく当たるライフスタイルの人と、そうでない人の間には大腸がんのリスク低下において差があるということも分かっている[1]。また、日照時間の多い地域ほど消化器系のがん（食道、胃、大腸）のがんのリスクを低下させるという研究もある[3]。

　現在のところ、その機序として考えられているのは、二次胆汁酸にカルシウムが結合することにより無毒化され便中に排出されるという説や、カルシウムとビタミンDが腸粘膜細胞の分化などを正常化するという説などである。しかし、いずれの説においてもその正当性が明らかにされているわけではなく、今後の研究が待たれるところである。

　本論文では、紫外線に注目し、ビタミンD、カルシウムとの関連から、大腸がん発生の抑制の関係性を調べた。皮膚がんや白内障の原因として一般に危険視される紫外線が、太陽放射線レベルの低線量においては、いかに人体に必要不可

第二章　核放射線と健康

欠なものであるかを報告する[4]。

方　法

　日本においては、県の緯度、日照時間、紫外線量と、大腸がんにおける10万人当たりの死亡数の関係を調べた。緯度は都道府県の県庁所在地の緯度とし、日照時間は理科学年表より、1970年から2001年までの30年間の平均値を用いた[5]。日照時間のほとんどの観測点が県庁所在地であるが、埼玉県、千葉県、滋賀県、山口県の観測点はそれぞれ熊谷市、銚子市、彦根市、山口市である。

　10万人あたりの死亡数については、厚生労働省大臣官房統計情報部の人口動態統計による1995年から2011年の部位別75歳未満年齢調整死亡率[5]を用いた。

　世界においては、各国の緯度、紫外線量と大腸がんの障害調整生命年（DALY）との関係を調べた。緯度は各国の人口最大都市における緯度の値とし、分以下は30分以上を繰り上げ、29分以下は切り捨てとした。また、北緯と南緯は無視し、絶対値を用いた。

　DALYは2004年における世界保健機構（WHO）加盟の192の国と地域のColon and rectum cancersの値を用いた[6]。また、DALYとはdisability-adjusted life yearの略であり、WHOや世界銀行が世界の疾病負担の総合的な指標として1993年に公表したものである。以下のように、定義されている。

$$DALY = YLL\ (Standard\ expected\ year\ of\ life\ lost)$$
$$+ YLD\ (the\ Years\ Lost\ due\ to\ Disability)$$

　すなわち、死亡率や患者数といった単純な数値ではなく、疾患による死亡や障害で失われた時間を総合的に定量化したものである。

　紫外線量については、日本、世界の双方とも、UVインデックス（UVI）の値を用いた。UVインデックスは紅斑紫外線量を日常使いやすい簡単な数値にしたもので、一般の人々に紫外線対策の必要性を啓発するためにWHO等で開発された指標である。通常、天気予報等、生活の中で最も目にすることが多い紫外線量の指標である。

　日本では気象庁が、札幌、つくば、那覇の三地点で紫外線量を実測しており、それらをもとに全国各地の推定値を出している[7]。今回は、気象庁が発表している1997年から2008年までの月別の県庁所在地の日最大UVインデックスから、

年平均の日最大の UV インデックスを割り出し、紫外線の指標とした。

　また、世界では WHO が発表している 26 地点の UV インデックスのうち、1 つの国に複数地点ある場合（Australia と USA）は最も人口の多い都市の値のみを採用し、Falkland-Islands については DALY のデータがなかったために削除し、23 地点の UV インデックスを用いた[6]。これも、月平均の日最大 UV インデックスから、年平均の日最大インデックスを割り出し、各地点での紫外線量とした。

結　果

　日本における、緯度、日照時間、紫外線量と大腸がんにおける 10 万人当たりの死亡数のグラフはそれぞれ、**図 1**、**図 2** のようになった。日照時間が増えると、死亡率が低下している傾向が認められたが相関は見られなかった。（$p = 0.10$）。緯度の場合は緯度大きくなるにつれて、大腸がんでの死亡率が大きくなっている傾向がみられるものの、こちらの場合も更にばらつきが大きく、明確な相関があるとはいいきれなかった（$p = 0.45$）。

　紫外線量と大腸がんにおける死亡率のグラフを**図 3** に示す。沖縄において、特異的に、死亡率が高くなっている。それには、沖縄の特別な食生活があり、後ほど考察する。沖縄を除き、相関を調べると、紫外線量が大きくなると、大腸がんでの死亡率が低下している傾向が見られる（相関係数 = −0.41）（p＜0.001）。

　秋田、青森の東北 2 県において大腸がん死亡率が、高くなっている（10 万人あたり、13.3 人と 13.8 人）ことがわかる。北海道においては、紫外線量自体は全国で最小であるが、それに比べて、死亡率は低い様子が見て取れる。

　次に、世界における、緯度、紫外線量と大腸がんについて調べた。**図 5** は WHO 加盟の 192 の国と地域の緯度と大腸がんの DALY のグラフである。緯度と DALY には中程度の相関関係がみられた（相関係数 = 0.56）（p＜0.001）。30 度付近までは、ほぼ横ばいであるが、高緯度になるにつれ右肩上がりに DALY が大きくなっている傾向が見て取れる（**図 6**）（R2 = 0.37）

　次に、世界における、緯度、紫外線量と大腸がんについて調べた。**図 4** は WHO 加盟の 192 の国と地域の緯度と大腸がんの DALY のグラフである。緯度と DALY には中程度の相関関係がみられた（相関係数 = 0.56）（p＜0.001）。30 度付近までは、ほぼ横ばいであるが、高緯度になるにつれ右肩上がりに DALY が大きくなっている傾向が見て取れる（**図 6**）（R2 = 0.37）

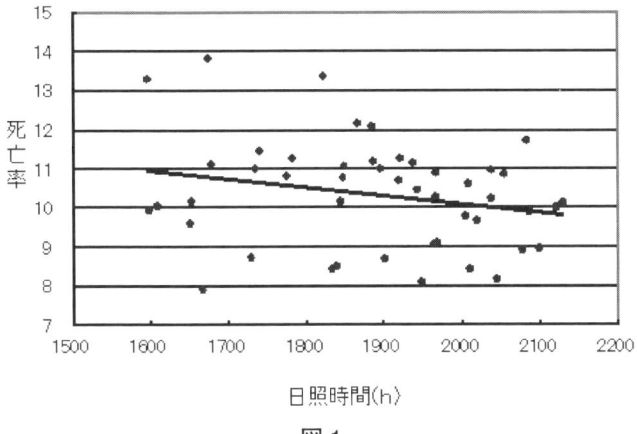

図1

日照時間は理科学年表より 1970 年から 2001 年までの 30 年間の年平均値、単位は時間、日本の大腸がん死亡率は人口動態統計により 1995 年から 2011 年の部位別 75 歳未満年齢調整死亡率。

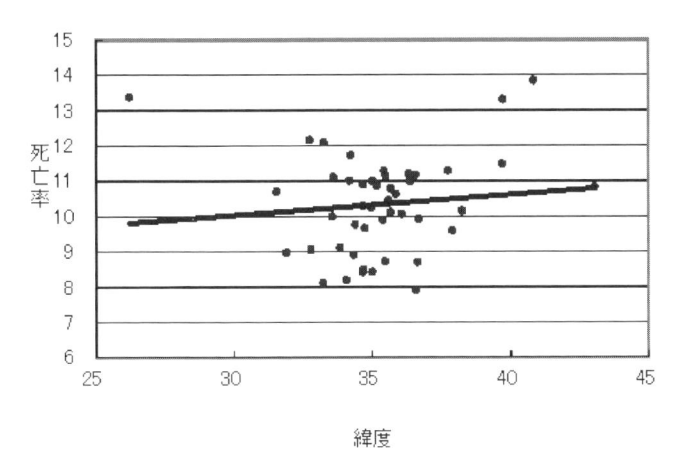

図2　緯度と日本の大腸がん死亡率の関係

　紫外線と大腸がんの DALY とのグラフは図5である。ある。紫外線量が大きくなるにつれ、大腸がんの DALY が下がっている傾向がみられ、中程度の相関が見られた（相関係数 = −0.64）（p = 0.001）

(グラフ内ラベル: 秋田, 青森, 北海道, 富山)

縦軸: 死亡率
横軸: 年平均日最大UVI

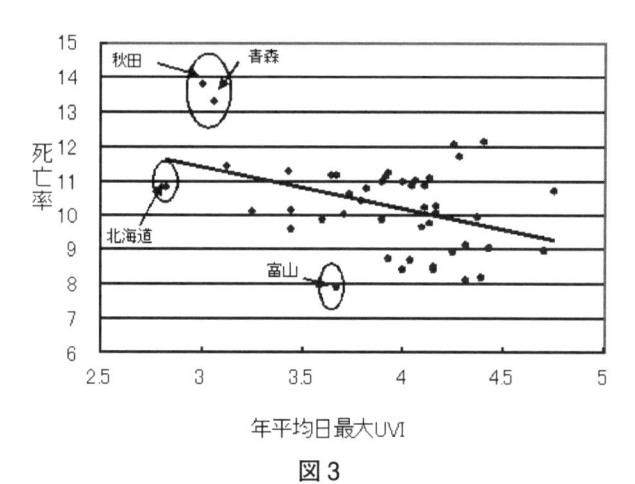

図3

気象庁発表の1997年から2008年までの月別の県庁所在地の日最大UVインデックスの平均の合計を月数で割ったものを年平均日最大UVインデックスとした。大腸がん死亡率は、図1と同じ値。なお、沖縄県のデータは除外した。

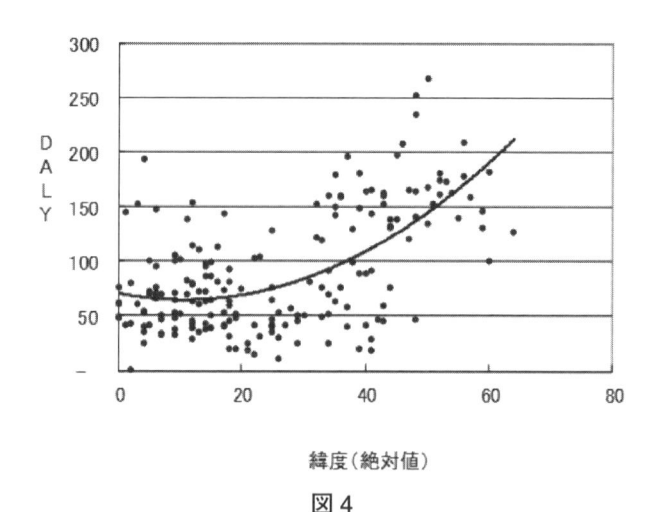

縦軸: DALY
横軸: 緯度(絶対値)

図4

緯度は北緯、南緯を無視し、絶対値で表記した。DARYはWHOが2008年に発表した、2004年のColon and rectum cancersの値。

第二章　核放射線と健康

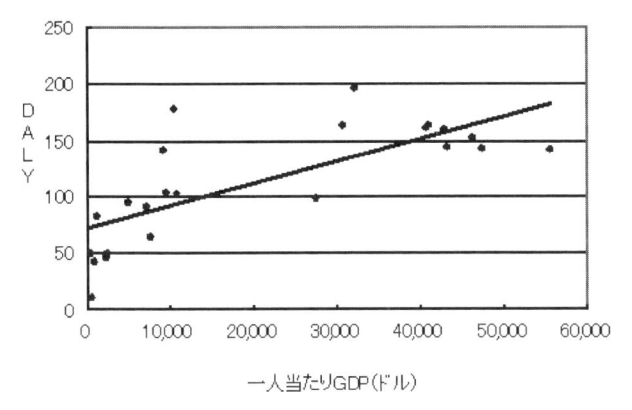

図5

DALYは図4同じ。年平均UVIはWHOが発表している26地点のUVインデックスのうち、1つの国に複数地点ある場合（AustraliaとUSA）は最も人口の多い都市の値のみを採用し、Falkland-IslandsについてはDALYのデータがなかったために削除し、23地点のUVインデックスを用いた。これも、月平均の日最大UVインデックスから、年平均の日最大インデックスを割り出した。

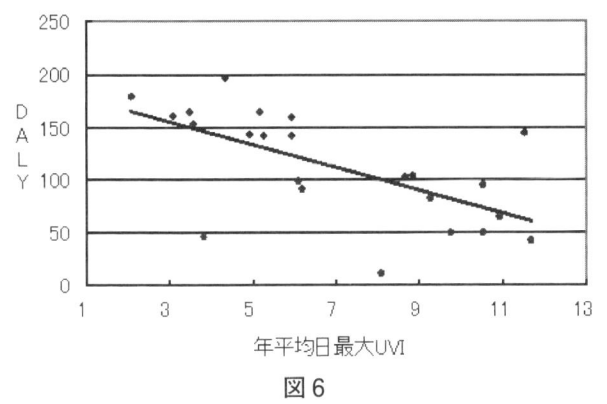

図6

DALYは図4と同じ。一人当たりGDPはIMFが発表した2010年の値。キューバのみCIAのデータを引用した。

考　察

　日本において、日照量と大腸がんの死亡率（図1）、緯度と大腸がんの死亡率（図2）には、相関が見られなかった。日本は南北に長い国土ではあるが、それでも北緯23度～43度の20度の幅しかなく、その中で明確な差は出にくかった

ものと考えられる。

　紫外線量と大腸がんにおいては、沖縄が特異的な値を示した。前述したように、大腸がんの主なリスクファクターは食生活（動物性タンパク、動物性脂肪、及び食物繊維の不足など）であり、またそれに伴う肥満である。沖縄は米軍基地の存在もあり、食の欧米化は他の都道府県に比して早く、その結果、肥満者の割合（BMI25以上の人の割合）が男性で46.7％（全国平均29.3％）、女性39.4％（全国平均26.6％)[8]と、男女ともに突出して全国1位である。更にはファーストフード店舗数は全国平均の3倍（1位）、豚肉消費量全国1位と、他の都道府県とは異質な食習慣であり、その結果がグラフに見られるような、突出した高い値になったと思われる。

　沖縄を除外した図4では、相関がみられた。秋田と青森の東北二県が特異的に高い値を、富山県が低い値をそれぞれそのUVIの割に示したが、原因はわからなかった。

　世界を対象とした、緯度と大腸がんのDALYの関係（図4、5）であるが、その関係性が明確に認められた。また、30度付近までは、ほぼ横ばいであるが、高緯度になるにつれ右肩上がりにDALYが大きくなっている傾向があった。ビタミンD濃度が高くなっても大腸がんリスクが下がるわけではないが、ビタミンDが少ないと直腸がんのリスクが高くなるという報告[6]もあり、今回の結果もそれを裏付ける結果となった。

　緯度の高い国々には北欧をはじめ、一人あたりGDPが大きい国々が多い。一般に一人あたりGDPが3000ドルを超えると、食肉等の動物性タンパクの消費が爆発的に伸びると言われている。前述したように動物性タンパクは、大腸がんの主要なリスクファクターであり、そのことも今回の結果に影響したのかもしれない。事実、今回UVIを調べた32都市での一人あたりGDPの相関を調べたところ、強い相関が見られた（図6）（相関係数＝0.74）（p＜0.001）

　日本国内での比較と世界の国間の比較では、世界の国間での比較の方が、より、緯度、紫外線との相関が顕著であった。これは、日本の方が緯度の範囲も狭く、UVIの範囲も狭い。また、食生活も世界の国々と比較すると、世界ではその経済的な要因や文化によって様々であるのに対し、それに比べると国内ではほぼ似た物である。その結果、国内よりも、世界で比較した方がより顕著な結果が得られたものと思われる。

　また、日本においても世界においても、緯度や日照時間よりも紫外線量のほう

が、大腸がんとの相関は顕著であった。紫外線は、オゾンによる吸収、空気分子やエアロゾールによる散乱、太陽高度、標高、などが影響しており、単純に日照時間や緯度に対応していないので、紫外線量との関係性の方がより直接的な結果が得られたものと考える。

紫外線自体は、皮膚がんを代表として有害な側面ばかり強調されるが、そのことは白色人種に限った話であり、必ずしも日本人において関連性があるとは言えない[9]。紫外線の感受性は人種間で大きく異なり、黄色人種において、紫外線は巷間で言われるほど有害ではない。

結 論

紫外線量の多い地域では大腸がん死亡率が低い傾向が判明した。このことは、人体が適度な紫外線に曝露されることが、大腸がんの予防に大いに寄与するものと示唆している。殊に、北海道は、先に示したUVIを見ても分かるように、その紫外線量は全国的に見て最も低い水準にある。そのことが、大腸がんの死亡率が全国で上位、平成17年の都道府県別標準化死亡比で男性が二位、女性が四位にあることの一因であると思われる。部位別75歳未満年齢調整死亡率（1995年〜2009年）では14位である。

日本における、大腸がんの死亡率の増加を、食の欧米化と結び付けて考えられることも多い。しかし、昔に比べて生活スタイルが屋外から屋内と変わっており、それに伴う紫外線の暴露不足も、その一因と考えてた方がよい。日光によく当たるライフスタイルの人と、そうでない人の間には大腸がんのリスク低下において差があるというのも、太陽放射線のうちの紫外線に主な原因があると考えられる。

カルシウムを程よく摂取し、意識的に屋外での日光浴を心がけ、紫外線に暴露することは大腸がんや、他の消化器系のがんを予防するうえで大変有用である。

初出　村端祐樹、高田純：札幌医科大学医療人育成センター紀要4　2013

■ 文献 ■

1) Tetsuya Mizoue, Yasumi Kimura, Kengo Toyomura, Jun Nagano, Suminori Kono,Ryuichi Mibu, Masao Tanaka, Yoshihiro Kakeji, Yoshihiko Maehara, TakeshiOkamura, Koji Ikejiri, Kitaroh Futami, Yohichi Yasunami, Takafumi Maekawa, Kenji Takenaka, Hitoshi Ichimiya, Nobutoshi Imaizumi：Calcium, Dairy Foods, Vitamin D, and Colorectal Cancer Risk. The Fukuoka Colorectal Cancer. Study, Cancer Epidemiology, Biomakers & Prevention, 2008.
2) カルシウム、ビタミンD摂取と大腸がん罹患との関連について〈http://epi.ncc.go.jp/jphc/outcome/337.html〉
3) Tetsuya Mizoue：Ecological Study of Solar Radiation and Cancer Mortality in Japan. Health Physics November – Volume 87, Issue 5, pp 532–538, 2004.
4) 高田純：人は放射線なしに生きられない．医療科学社，2013.
5) 部位別75歳未満年齢調整死亡率（1995年～2011年）国立がん研究センターがん対策情報センター
〈http://ganjoho.jp/professional/statistics/statistics.html〉]
6) WHO http://www.who.int/en/
7) 気象庁 http://www.jma.go.jp/jma/index.html
8) 食育白書 2008年度
9) Takahashi K, Pan G, Feng Yl, Ohtaki M, Watanabe S, Yamaguchi N：Regional correlation between estimated UVB levels and skin cancer mortality in Japan. J. Epidemiol, 9 (6), 123–128, 1999.

人間と牛に関する福島県放射線衛生調査
低線量で健康被害なし

　2011年3月11日の東日本大震災での巨大津波で引き起こされた福島第一原子力発電所災害に関する周辺の放射線衛生調査を実施した。その結果は、公衆の年間線量が10ミリシーベルト以下の低線量で健康被害は生じないとの結論となった。調査は、その場で線量を評価する方法である。甲状腺中のヨウ素131、全身に分布するセシウム134、137の内部被曝線量評価に注目した。また、福島第一原子力発電所20 km圏内の浪江町の和牛畜産業復興を目指した科学支援を継続し、人と牛の体内セシウムが問題の無いレベルまで低下する傾向を見出した。

地震、原子炉自動停止、津波

　宮城沖を震源とするマグニチュード9.0巨大地震と、それに続く大津波によってもたらされた災害は、東日本の太平洋側およそ500キロメートル一帯の沿岸を壊滅させた。大堤防を破壊して陸域に押し寄せた大量の海水が町や畑は水没させ破壊しながら多くの人々を飲み込んだ。死者行方不明者はおよそ2万、推定経済被害16兆円を超えた。正に平成の国難である。この地震が放出したエネルギーは核爆発に換算すると487メガトンに相当し、広島の核の3万発分のエネルギーである。それが太平洋プレートが北米プレートに沈み込む宮城沖の海底で一斉に爆発したような災害なのだ。だから海岸一帯がどうにもならない被害を受けたのはうなずける。

　しかし、海岸にあって巨大地震と大津波に破壊されなかった建造物があった。それは震源の至近距離にあった東北電力女川原子力発電所、東京電力福島第一および第二原子力発電所である。岩盤上にあって厚さが2メートルあまりもあるコンクリート壁からなる格納容器と分厚い鋼鉄製の潜水艦のような圧力容器からなる原子炉を心臓部とする原子力発電所。大振動となるS波の前に到達する弱い振動のP波を検知して1秒以内に制御棒を炉心に挿入して核反応を自動停止する機能があり、中越沖地震でそれが証明されていた[1]。

　一方、大津波に襲われ冷却機能を失った福島第一原子力発電所では炉心が高温になり溶解し、発生した水素ガスが、3月12日に原子炉建屋内で爆発した。そ

の結果、周辺環境にヨウ素、セシウムなどの放射性物質が漏洩し、政府の指示で20キロメートル圏内の住民およそ6万人が緊急避難した。その直後から連日連夜、原子炉の専門家やNHKのニュース解説員から、詳しすぎるほどの装置的情報および、周囲環境の放射線線量率、毎時マイクロシーベルトの値による報道の休みの無い大津波が、全国の家庭に押し寄せた。こうして、ある週刊誌で集団ヒステリーといわれた、政府を筆頭に日本社会に長期間の心理的な動揺状態が続いた。

筆者は、世界各地で発生した核放射線災害地の放射線影響について線量評価を中心に研究している。広島の黒い雨に含まれていた濃縮ウランの調査が、私の最初の科学論文となり、米国ソ連中国の核爆発災害、チェルノブイリ原子炉災害、南ウラルの核汚染、シベリアの地下核爆発、東海村臨界事故と調査が続いた[2),3)]。現在、これまでの実践的研究成果を背景に、福島県を中心に放射線衛生調査をおこなっている[4),5)]。本論文では、災害元年から2年目8月までの結果を報告する。

冷却喪失事故ながらも原子炉メルトダウンせず

3月11日の大津波により冷却機能を喪失し、核燃料が一部溶解した福島第一原子力発電所は、格納容器の外部での水素爆発により、主として放射性の気体を放出し、福島県と近隣を汚染させた。しかし、この核事象の災害レベルは、当初より、核反応が暴走したチェルノブイリ事故と比べて小さな規模であることが、次の三つの事実から明らかであった。

1) 巨大地震S波が到達する前にP波検知で核分裂連鎖反応を全停止させていた。
2) 運転員らに急性放射線障害による死亡者がいない。
3) 軽水炉のため黒鉛火災による汚染拡大は無かった。

チェルノブイリでは、原子炉全体が崩壊し、高熱で、周囲のコンクリート、ウラン燃料、鋼鉄の融け混ざった塊となってしまった。これが原子炉の"メルトダウン"である。一方、福島第一の原子炉は、その後の調査でも、こうした事態にはなっていないことが分かった。すなわち、潜水艦が立ったような圧力容器内のウランが融け、底を抜け落ち、厚みが2メートルもある格納容器の底を60センチばかり溶かして固まった。これを、原子炉物理の専門家の言葉を使えば、"メルトスルー"である。したがって、圧力容器も格納容器も、構造体としては存在

図1　ポータブルラボ

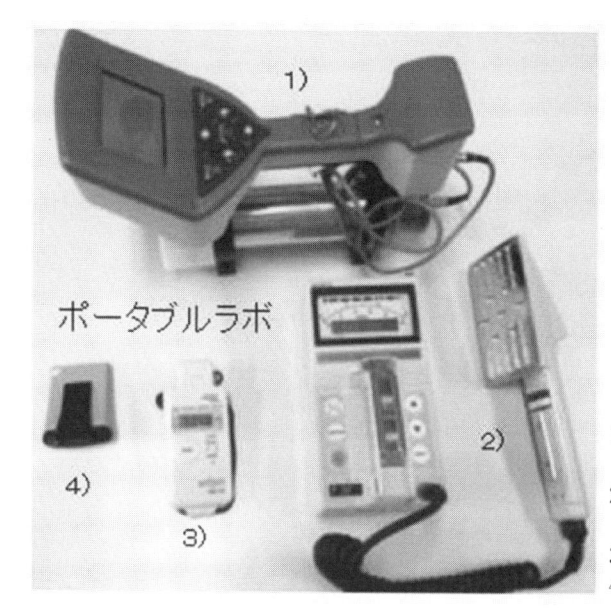

1) ガンマ線スペクトロメータ
2) アルファ・ベータ　カウンタ
3) 線量率計
4) 線量・線量率計

し、大方の放射性物質は閉じ込められているのである。つまり、福島第一は、チェルノブイリにならなかった[6]。

その場放射線衛生調査の方法

　筆者がロシア科学者との共同調査の中で開発した、その場で内外被曝の線量を測定する方法＝モバイル・ラボは、系統的で統一的な評価により、核ハザードの健康影響を迅速に定量化できる。これを活用し、3.11震災以後の東日本を調査した[4),5)]。特に、10年前に開発した甲状腺線量計測法を初めて適用することと、震災3ヶ月前に入手していた米国製の2インチのNaI結晶を検出部とする携帯ガンマ線スペクトロメータの活用が、今回の現地放射線衛生調査の特徴である。

　調査項目は、環境のガンマ線空間線量率、調査員自身の積算個人線量、地表面のガンマ線スペクトルによる核種同定と定量、地表面のアルファー線計数、現地住民の放射性ヨウ素による甲状腺内部被曝線量、セシウムの体内線量である。

　放医研NIRS甲状腺ファントムを用いて、ガンマ線サーベイメータ（PDR101）

を線量校正した（2001年）。ロシア放射線医学研究センターのセシウムブロックファントムで初代のガンマ線スペクトロメータを校正（1997）し、今回は、二次校正を、Cs-137密封線源を用いて新機種に対して行った。福島では、セシウムは2核種134と137の複合なので、Cs-134シングルピークから放射能分析を行った。9月までの解析では、両者の放射能比を1:1として行った。それ以後、セシウムの2核種の放射能比は計算により評価した。

個人の各種線量は、測定値（線量率、ガンマ線ピーク計数率）から、放射能換算、内部被曝線量換算の数表である早見表をあらかじめ作成しており、被験者へ検査直後に暫定値を知らせ説明できるように準備している。線量評価結果は、線量6段階区分[4]で表現され、被検者へ伝えられた。

放射線衛生調査結果

福島第一原子力発電所の津波核事象が発生して以来、筆者は、専門科学者として、どこの組織とも独立した形で現地に赴き、自由に放射線衛生を調査した。最初に、最も危惧された短期核ハザードとしての放射性ヨウ素の甲状腺線量について、4月に浪江町からの避難者40人をはじめ、二本松市、飯舘村の住民を検査した。その66人の結果、8ミリシーベルト以下の低線量を確認した[4]〜[8]。これは、チェルノブイリ事故の最大甲状腺線量50シーベルトの1千分の1である。

それ以後、南相馬、郡山、いわき、福島市、会津を回り、個人線量計による外部被曝線量評価と、希望する住民の体内セシウムのその場ホールボデーカウンターによる内部被曝線量を調査している。

その結果は、県民の外部被曝が年間10ミリシーベルト以下、大多数は5ミリシーベルト以下、セシウムの内部被曝が年間1ミリシーベルト未満であった。チェルノブイリ事故では、30km圏内避難者の最大が750ミリシーベルト[2],[3]、1日あたり100ミリシーベルトであるので、福島は、およそ100分の1程度しかない。セシウムの内部被曝は、年間線量値として、筆者の検査を受けた98人全員が1ミリシーベルト未満と超低線量である[4]〜[7]。

これらの調査結果は、国内外での会議で報告されてきた他機関のデータと、概して整合する[4]〜[8]。グラスゴーで開催されたIRPA13では、各国からは今回の福島事故が自国に及ぼした影響の発表があった。チェコ、フランス、オランダ、ドイツなど、各国とも心配する線量はなかったとの報告である。マレーシアやアメリカの研究者も、自国への影響はほとんどなかったという結論だった。世界の専

門家たちも、福島が低線量であったとすでに認識している。

　本年7月に放医研主催の国際シンポジウムで、甲状腺線量の調査報告が、筆者も参加する中、行われた[7]。線量の最大は33ミリシーベルト。これは、チェルノブイリ事故の最大線量50シーベルトの1千分の1以下である。仮にリスクの直線仮説で、最大に推定しても、福島県民に、福島第一原発由来の甲状腺がんは発生しない。

　放射性ヨウ素のハザードは、既に完全消滅している。数値で言えば、半減期が8日のため、昨年放出された放射能が10万分の1以下になっている。したがって、今の調査は半減期が2年と30年のセシウムに限られる。その結果さえ、体内検査から、福島県民たちは1ミリシーベルト未満との超低線量である。これも健康リスクはゼロである[11],[12]。

福島第一原発20km圏内の和牛業も再建できる

　筆者は、2年目に入り、20km圏内の浪江町に、町内の和牛畜産業者とともに、生存している牛たちの体内セシウム検査をしながら、当該地の放射線衛生状況を調査している[9]。それは、前年4月の最初の調査で偶然、現地で遭った前浪江町議会議長の山本幸男氏との交流から始まった[4]。

　その目的は、政府が全く進めていない、20km圏内の復興を目的とした線量調査と実効性のある帰還対策の確立にある。和牛業の再建が突破口となる。そのために、和牛の体内セシウム濃度を出荷基準内にすること、生活者の線量を基準内とすることである。

　現場重視の科学者としては、当然、現地滞在型の調査を行う。これにより、その地で生活した際の実線量が評価できる。1日の大半は、自宅や牛舎で、そして残りの時間、放牧地や周辺で作業をする。そうした実際の暮らしの中で、個人線量計を装着して線量を評価する。

　米国製の最新型の携帯型ガンマ線スペクトロメータを、人体中のセシウム放射能の量（ベクレル）を体重1キログラム当たりで計測できるように昨年6月に校正した。この機種が3台目で、これまで、世界各地の核被災地で、ポータブルホールボデーカウンターをした。それを、今度は大きな生きた牛を測れるようにすることが最初の問題となった。解答は意外に早く見出すことができた。

　およそ400キログラムの牛の背中、腹、後ろ足の腿を、計測してみた、腿が最適との結論を得た[9]。人体の場合、体重あたりの放射能値の計測の校正定数は、

図2　20 km 圏内浪江町で飼育されていた和牛の体内セシウムを計測する　2012年2月4日

　2011 年 10 月までに、浪江町の 3 牧場にて、延べ 35 頭の和牛の腿部のセシウム放射能を検査した結果、肉 1 キログラムあたり 500 ベクレル以下の牛も多い。傾向として、2 月に比べて、10 月の牛の体内セシウムは、10 分の 1 から 20 分の 1 に減少している。和牛出荷も間違いなく可能にできるとの判断である。

図3　浪江町末の森、山本牧場の元気な牛たち　2012 年 8 月

体重の大きさにあまり影響されないという事実がある。人体計測の場合、検出器を腹部に接触させるが、牛の場合に、形態が近いのが腿だった。セシウムは、筋肉に蓄積するので、腿の計測が合理的である。こうして、腿肉のセシウム密度が、生きたままで、1分間で計測可能となった。そして、それぞれ少し離れた3牧場にて、2年目の2月、牛の体内セシウムの検査を行った。

2011年8月までに、浪江町の3牧場にて、延べ27頭の和牛の腿部のセシウム放射能を検査した結果、9頭は1キログラムあたり500ベクレル以下だった。傾向として、2月3月に比べて、8月の牛の体内セシウムは減少している。和牛出荷も間違いなく可能にできるとの判断である[10]。

乾燥昆布のカリウム放射能が1キログラムあたり1600ベクレルで、それよりも放射能が少ない牛は、福島第一原発20km圏内で生きている。なお、1キログラムあたり500ベクレルの放射能は、3.11以前の原子力安全委員会の食品規制の指標である。愚かにも、現民主党政権は、食品の規制をキログラムあたり200ベクレル以下と、自然放射能以下に強化する非科学の姿勢をとった。これは、国際会議IRPA13で批判された。

3月には、浪江町末の森の放牧地で、セシウムの除染試験を実施した。これは、海外調査からの経験から、深さ10cmまでの表土を削り取ればよいと考えた。その深さまでの表土に、セシウムという元素は吸着する性質があるからである。3地点で、3メートル四方に縄を張り、所定の深さの表土をはぎ取った。その土は、袋詰めし、柵の外に仮置き保管している。

地表のセシウム汚染密度は、校正済みのガンマ線スペクトロメータで直ぐに計測できる。除染の前後の値から、試験的に剥ぎ取った3か所の平均のセシウム除去率は94%と十分な結果となった[10]。こうした表土の剥ぎ取りを、放牧地全体で実施すれば、和牛生産は直ぐに開始できる。

浪江町も帰還可能

2泊3日の現地調査から、実線量がわかる。震災2年目3月の浪江町末の森での2泊3日間、私の胸に装着した個人線量計は、積算値で、0.074ミリシーベルトで、24時間あたり、0.051ミリシーベルト。2種のセシウムの物理半減期（2年と30年）による減衰を考慮して、平成24年の1年間、この末の森の牧場の中だけで暮らし続けた場合の積算線量値は、17ミリシーベルトと推定された[10]。しかも、週に5日間、二本松の仮設住宅から浪江町へ、牛の世話に通っている人

たちのセシウム検査から、内部被曝は年間、最大でも 0.3 ミリシーベルトときわめて低線量である。

　内外被曝の総線量値は、政府の言う帰還可能な線量 20 ミリシーベルト未満。しかも、国の責任で家と放牧地の表土の除染をすれば、直ぐに年間 5 ミリシーベルト以下になる。現状では、政策に科学根拠がなく、20 km 圏内を、政府は、いたずらに放置している。

　筆者の調査した浪江町末の森では、政府の屋外の値に年間時間を掛けて計算する非科学では、96 ミリシーベルトになり、帰還不能という誤った判断になる。しかし、現実の線量では、帰還可能となる。

　この試験研究の申請を、政府は無視し、復興に責任を果たさない、とんでもない事態になっている。それでもなお、私たちは、自発的に、このプロジェクトを進めている。読者のみなさんは、試験研究の意義と復興策をご理解いただけたと思う。20 km 圏内を科学で可視化し、早急に復興させるよう、誤った政策を正す必要がある[13]。

　　　　　　　　　　　　　　　　初出　高田純：札幌医学雑誌 81　2012

▍文献▍

1） 高田純：核エネルギーと地震　中越沖地震の検証．技術と危機管理．医療科学社，1-124，2008．
2） 高田純：世界の放射線被曝地調査．講談社ブルーバックス．1-280，2002．
3） Jun Takada：Nuclear Hazards in the World. Kodansha and Springer, 1-134, 2005.
4） 高田純：福島　嘘と真実．医療科学社，1-90，2011．
5） Jun Takada：Fukushima Myth and Reality. Iryoukagakusha, 1-59, 2012.
6） 高田純：福島は広島にもチェルノブイリにもならなかった　東日本現地調査から見えた真実と福島復興の道筋．第 4 回「真の近現代史観」懸賞論文最優秀藤誠志賞受賞．2011．http://www.apa.co.jp/book_ronbun/vol4/index.html
7） Jun Takada：In-situ dose evaluations for fukushima population in 2011reveal a low doses and low dose rates nuclear incident. 13th International Congress of the International Radiation Protection Association, Glasgow, 2012.
8） Jun Takada：Individual dose investigations for internal and external exposures in Fukushima prefecture. The first NIRS symposium on reconstruction of early internal dose due to the TEPCO Fukushima Daiichi Nuclear Power Station

accident, Chiba, 2012.
9) 高田純:福島の畜産農家との現地調査で分かった野田政権の「立ち入り禁止区域」のデタラメ.撃論4,オークラ出版,133-141,2012.
10) 高田純:福島に"非科学の極み"「帰還困難地域」を設定した政府の悪意.撃論6,オークラ出版,107-113,2012.
11) 高田純:東日本放射線衛生調査と福島第一原子力発電所20 km圏の復興策.放射線防護医療,1-8,2011.
12) 高田純:東日本放射線衛生調査と福島復興に向けて.札幌医科大学医療人育成センター紀要,15-20,2012.
13) 高田純:福島県,放射線量の現状—健康リスクなし,科学的計測の実施と愚かな政策の是正を.Global Energy Policy Research, http://www.gepr.or g/ja/contents/20121001-01/2012.

チェルノブイリ原発事故と東海村臨界事故

　核エネルギー施設事故災害は核戦争における核爆発災害に比べて圧倒的に災害レベルが低いのは、歴史的事象の検証から明らかである。TNT 火薬換算で約 20 キロトン威力の核爆発があった広島・長崎 2 都市は壊滅し、それぞれおよそ 10 万人が死亡した。それに比べて、最大の核エネルギー施設事故となったチェルノブイリ原子炉事故での急性死亡は 30 人である。本論では、チェルノブイリ事故に加え、わが国で起きた臨界事故の核放射線事象についての健康被害を線量とともに振り返り、核エネルギーの平和利用における放射線災害の特徴を理解する。

チェルノブイリ原発事故の発生

　1986 年 4 月 26 日午前 1 時 24 分、ウクライナの首都キエフの北にある旧ソ連邦チェルノブイリ原子力発電所の 4 号炉が爆発した。前 25 日から職員たちが原子炉の安全性に関する試験を実施しており、緊急冷却装置のスイッチが、切られた状態で運転が続けられた。26 日午前 1 時 23 分 40 秒、暴走した原子炉の制御を回復させようとした全ての試みが失敗し、調節棒、安全制御棒を炉心に差し込み始めたが、途中で停止してしまった。そして核分裂連鎖反応が暴走し、1 時 24 分の爆発となった。その後 9 日間に渡り爆発を繰り返し、放射能の環境への漏えいを防止する建屋構造・格納容器の無いソ連の原子炉からは多量の放射性物質が環境へ放出されてしまった[1]。

　消防士たちは原子炉近傍の屋上で、隣接する三号原子炉への延焼防止と、発電所内のデーゼル燃料やガスタンクの燃焼防止を目標とした消火活動をした。その際、隊員たちは、個人用の放射線防護装置や線量計を身につけていなかった。その上、ベータ線から皮膚の被曝を守るためのきめの細かい防水加工の服や呼吸器を守るマスクがなかった。すなわち無防備の状態で、核の地獄に送り出されていた。

　モスクワの生物物理学研究所の病院部門・ソ連放射線医学センターでは、熱傷に対する外科チームが編成し、研究所から線量計測機器を病院に運び込んだ。翌 27 日、消防隊員ら 129 名のチェルノブイリからの患者を受け入れた。初診から 30 人が致死線量に対応する、急性放射線症状が現れていた。各患者の被曝線量

値の情報は、治療方法の決定のため必要であった。そこで、末梢のリンパ球や骨髄の細胞の染色体異常の分析による生物的線量評価により、彼らの全身線量は1-14シーベルト（Sv）と推定された。血液中の放射能測定から、中性子被曝を示すナトリウム24は検出されなかった。死亡した28人中17人が放射線障害が主な死因となった[2]。

シチェルビナ副首相を議長とした事故調査政府委員会が26日に現地に設置された。事故炉から3km離れたプリピアッチ市は、政府委員会がソ連の国家放射線防護委員会の緊急避難基準のレベル（ガンマ線外部被曝250ミリシーベルト（mSv））を越えると判断し、市民4万5千人の避難を決定した。それは、1200台のバスで、27日午後2時に開始し、3時間で完了した。市民たちは、ヨウ素剤を組織的に摂取し、甲状腺への放射性ヨウ素の採りこみを低減させた。なお、5月3-4日に回収されたプリピアッチ市内に設置されていた線量計は、この事故による線量が500 mSvを示した。

5月1日深夜23時から、4号炉（黒鉛減速軽水冷却チャンネル炉）タイプの原子炉事故で放出する放射性物質の量を、最初に理論的に推測したパブロフスキーとイリーンとアバギャンが共同して、溶融した原子炉が水タンクに落下して生ずる水蒸気爆発からの、漏えい放射能量を推測した。その結果、半径30 kmの範囲で避難が必要との結論となった。2日の朝に、この水蒸気爆発の可能性を考慮した30 kmゾーンの緊急避難を勧告するレポートが提出された。その日の政府委員会で、避難の最終決定がされた[2]。

3日10時から午後7時にかけて、38の村7809人の住民のいる10 kmゾーンが避難した。四万二千人いる30キkmゾーンは翌日いっぱいかけて避難が始まった。300台のバス、1100台のトラックが、このために用意された。このとき一万三千頭の牛と三千頭の豚も避難させなければならなかった。これら避難は、6日に完了した。尚、3日、30 kmゾーン境界に沿って、監視ポストを建てて、通行の厳格なコントロールを始めた。

国防省の中央陸軍医療部門は、5月5日から五つの大隊と250人の軍医によって、避難民を一日に、1万から1万3千人を検診した。しかし線量測定のための機材も専門家もいなかった。そこで活躍したのは、生物物理学研究所のロマノフのグループだった。1970年代に開発した車に放射線機器を搭載した移動式放射線医学実験室で、ゾーン内を調査し、15万人を検査した。5月後半にはウクライナの子どもたち11万人の甲状腺内の放射能測定が行われた。

パブロフスキーは、10キロメータゾーンのトルステイ・レス、チストゴロフカ、とコパチの村の住民が避難するまでに、最高で750ミリシーベルトの線量があったと、推定している。避難が、プリピアッチ市と同様に早期に実施されていたならば、住民の線量はもっと低減できたはずである。しかも、30キロメータゾーンで生産されたミルクの消費が禁止されず、ヨウ素予防手段も講じられなかった。

　このため、ゾーン内の住民は、高いレベルで甲状腺に線量を受けてしまった。ベラルーシ側ホイニキ村およびブラーキン村の18歳未満の子どもたちの平均甲状腺線量は、それぞれ3.2および2.2グレイ（Gy）と推定されている。ちなみに、プリピアッチ市から早期に避難した7歳未満の子どもの場合、その平均線量が0.44 Gy、大人で0.15 Gyである。

甲状腺の被曝と甲状腺がんの発生

　チェルノブイリ発電所の火災とともに噴出した核の灰は気流に乗って広範囲な地域に降下した。特にそのときに雨の降った地域は汚染した。30 km圏内で生産された牛乳は放射性ヨウ素により汚染したが、出荷され、周辺の町で消費されてしまった。この事情は、30 km以遠の農産地でも同様である。ヨウ素はホルモンを造るために必須の元素で、体内へ取り込まれると甲状腺へ蓄積される。特に成長期の子どもたちの甲状腺は、放射性ヨウ素で汚染した牛乳により高い線量を受けた。甲状腺線量の80パーセントが汚染した牛乳の摂取が原因だったとロシアの専門研究機関が報告している[1]。

　放射性ヨウ素131の半減期は8日なので、30日も経過すれば、そのリスクもかなり弱まる。ソ連では、当時食糧事情が悪く、汚染した牛乳を流通せざるを得なかったのであろう。広範囲に屋内退避措置がされなかったこと、そしてヨウ素剤が配布されなかったことが重なり、住民たちの甲状腺が危険な線量を受けてしまった。その最大線量は50 Gyである[3, 5]。

　事故当時の子どもたちに、その後甲状腺がんが目立って発生した。事故前には年間10万人あたり1人未満の稀な病気だったが、事故後に徐々に増加し、数人から10人の発生となった。ウクライナ、ベラルーシ、ロシアでの小児甲状腺がんは、世界保健機構（WHO）の調査報告によれば、2002年までの総数は4800人。ただし、治癒率の高い甲状腺がんによる3ヵ国での死亡は、2002年までに15人である。

低線量の健康影響

100 mSv 未満の低線量では、致死がん発生の危険は実効的に無視できる説がある。それは広島・長崎の長年の生存者の調査から、顕著な発がんが見られない事実に加え、DNA の二重螺旋構造による切断箇所の正確な修復メカニズムである[1]。

しかし WHO では、この 100 mSv 以下の線量に対しても、発がん数を計算し、推定数に加えている[4]。汚染地の住民の平均線量は 7 mSv であり、この低線量から 5000 人が、がん死すると計算した。この低線量被災者に対する推定は、2002 年までのがん死亡数 15 人とも矛盾し、はなはだ疑問をもたれる[5]。

リスクを大きめに評価し公衆に説明するのは、緊急時にはプラスに作用する。しかし、事故後 20 年も経過した復興期には、不安を住民に与えるだけである。こうしたマイナス面を、専門家たちは理解すべきである。

東海村臨界事故の発生

1999 年 9 月 30 日に。前日より、東海村にあるウラン燃料加工工場 JCO の転換試験棟にて、作業員 3 名が、核燃料サイクル機構の高速実験炉「常陽」の燃料用として、ウラン粉末から濃縮度 18.8 パーセントの硝酸ウラニル溶液を製造していた。その最中に、臨界事故が発生した[1]。核燃料物質は、ある量・臨界量以上が集合すると核分裂連鎖反応が発生するので、燃料工場ではその取り扱いは厳密に処置されている。しかし JCO 工場では、生産性を優先させた危険な製造方法が採用され、臨界量を超えてしまった。30 日午前 10 時 35 分、バケツ内でウラン粉末 2.4 キログラムを溶解した硝酸ウラニル溶液を、6-7 回沈殿漕へ注入した時に、連鎖反応が発生する臨界事故となった。その後、この臨界状態は、20 時間継続し、周囲へガンマ線および中性子線を放射し続けた。

その瞬間青い閃光を見た作業員の二人は隣室にいたもうひとりとともに、通路でつながっている隣の建屋の除染室まで避難し、そこで意識を失った。ひとりの作業員が外部へ連絡し、10 時 43 分東海村消防本部へ救急車が要請され、3 人の作業員は救出された。

三名は一旦国立水戸病院へ運ばれ、応急処置を受けたが、千葉の放射線医学総合研究所へヘリコプターで転送されることになった。15 時 25 分、放医研緊急医療施設に収容された。作業員たちは、個人線量計を身につけていなかったため、物理的・生物的な方法により線量評価が行なわれた。

最初に、急性放射線症状から推定して3人の線量は8Sv以上、6Sv以上、4Sv以下と考えられた。線量値は、その後の治療を進めるために極めて重要な情報となるため、放医研の専門家の総力を結集して、その推定作業が取り組まれた。その結果、血球・リンパ球の減少、染色体分析、中性子の被ばくで誘導された体内放射能の測定など結果から総合して、三名の線量は、それぞれ16-20、6-10、1-4.5 グレイイクイバレント*と推定された[6]。

総合病院ではない放医研から、二人の高線量被災者は、10月2日と4日に、それぞれ東京大学医学部附属病院と同大医科学研究所附属病院へ転院した。前川和彦博士を委員長とする緊急被曝医療ネットワークにより、末梢血幹細胞移植、臍帯血移植、皮膚移植などの懸命な治療が施された。しかしながら致死線量を被ばくした2名は、83日目および211目に多臓器不全の状態で亡くなった。

公衆は低線量

東海村ウラン燃料転換工場JCOでは、コンクリート建屋内の地表約1mの高さで、臨界事故が発生し、爆発ではないが、20時間にわたってウランが核分裂を継続した。臨界が終息するまでに核分裂したウラン-235の量は、原研や東北大の三頭聰明らの評価によれば、約1ミリグラムである（広島原爆ウラン800グラムの約百万分の一の量）。

それにより発生した放射性物質の内、希ガスやヨウ素等の一部が転換棟の排気口を通じて、屋外へ漏出したものの、その多くは沈殿漕および建屋内に留まった。サイクル機構の推定によると、最も放出量が多いと考えられるヨウ素-134について約5ギガベクレル、放射性ヨウ素としての総放出量は13ギガベクレルである。尚、チェルノブイリ事故で放出されたヨウ素-131の量は630ペタベクレルと比べると、JCO臨界事故で放出されたヨウ素-131の量は、9億分の一である。この量による甲状腺の線量は0.02 mSvと推定されている。つまり全く心配する線量ではない。この東海村臨界事故による周辺住民の被曝の特徴は、住宅街へ漏えいした中性子とガンマ線による外部被曝であった。

臨界発生当日の11時33分にJCO東海事業所から「臨界事故」発生の連絡を

---

*脚注　グレイイクイバレントは高線量被曝における、急性影響に特有な生物学的効果を考慮して影響の程度を表す単位となっている。臨床的にガンマ線を被曝した場合のグレイの単位に相当する。

受けた東海村は、12時15分に、事故対策本部を設置し、直ぐに住民の放射線防護に取り組んだ。事故現場でのガンマ線線量率が最高毎時 0.8 mSv との報告だった。12 時 30 分に、周辺住民へ防災無線で屋内退避を要請した。13 時 0 分、広報車による周辺住民の屋内退避の要請を開始した。

14 時 08 分、JCO 東海事業所から周辺住民の緊急避難の要請を受け、15 時 0 分、東海村事故対策本部は緊急避難を決定した。約半径 350 メータの範囲に対して、15 時 10 分に広報車による避難要請、15 時 45 分に防災無線での避難要請を開始した。住民 161 人が、約 1200 メータ離れた舟石川コミュニティーセンターへ避難した。さらに 22 時 30 分、茨城県が半径 10 キロメータ圏内の住民に対して屋内退避を要請した。

臨界継続中、JCO がサイクル機構の協力のもと、工場境界周囲 14 地点にて、漏えい放射線の線量率が、臨界が終息するまで監視された。当初中性子を計測する機器が JCO になく、ガンマ線のみが測定されていた。中性子が計測器・レムカウンターにより測定がはじまったのは、19 時 9 分からであった。その 19 時台の測定によると、ガンマ線は毎時 0.002 から 0.5 mSv、中性子は毎時 0.015 から 4.5 mSv であった。中性子による線量が有意に検出され、ガンマ線とくらべると、約 9 倍だった。

住宅街は、この敷地境界周囲に道路を隔てて、隣接しており、最も近い住宅は、放射線を放射し続けた臨界状態にあったウランの沈殿漕から約 100 メータの位置である。酢酸ウラニル溶液を製造していた建物は、放射線の漏えいを防止するための特別厚いコンクリート壁で造られていないばかりか、窓ガラスもあるくらいで、放射線防護上問題の施設であった。

高い線量を免れた南西方向の至近住宅街

科学技術庁事故対策本部のもとで、原子力研究究所が測定し、被曝線量の値が距離別で発表された。その後、この値は大幅に下方修正された。方向による差を考慮していない、過大評価に問題はあるが、いずれにせよ、公衆の年間線量限度 1 mSv をはるかに越える線量であり、住民の不安は相当であった。筆者らも、文部科学省の緊急科研費プロジェクトの一員として、現地調査に向かった。

ウラン沈殿槽から住宅街へ漏えいした中性子およびガンマ線の強度は、方向により大きな差があった。工場内の建屋の構造やその配置の差により、放射線が大きく遮へいされたり、逆にほとんど無遮へいで漏えいした方向があったことが、

筆者らの調査から判った。南西方向の至近住宅街は工場の建物にかなり遮へいされていたのは、不幸中の幸いだった。西側350m圏内住宅41軒の屋内線量値の最大は3mSv、平均0.7mSvと推定した。

　公衆の被曝の規模を自然科学的な尺度でまとめると、分裂したウランの量が約1ミリグラムと少なく、村の緊急避難処置や事故対策本部の臨界終息作戦も功を奏して、近傍にいた公衆の被曝線量が最大16mSvと幸いこれまで調査してきた世界の被曝地の値に比べると低線量であった。そのため公衆の健康被害はない。国際原子力事象評価尺度によると、レベル4の事故である。チェルノブイリ原子力発電所事故が最大レベルの7、スリーマイル島原子力発電所事故のレベル5に続く、比較的小規模な核災害だった。

まとめ

　広島・長崎の核爆発災害と比べて、原子炉事故や核燃料臨界事故などの核の平和利用における事故災害は、急性死亡数でも後障害でも圧倒的に小規模である。これを、チェルノブイリならびに東海村の事例検証から確認した。核爆発が瞬時に放出するエネルギーの85%が衝撃波と熱線であり、放射線が15%である事実に加え、公衆の受ける線量率が以上に高いことが、その根本的な違いである。事象発生の初期の公衆の受けた外部被曝の線量でみれば、広島が1分間に100Sv、チェルノブイリ原子炉事故が1日で0.1Sv、東海村臨界事故が1日で数mSvの程度である。本論では扱わなかったが、大津波に誘発された福島の原子炉事故での周辺の公衆が受けた線量は、30日で数mSv程度の極低線量率だった。

　放射線災害における健康被害は、内外被曝の線量の大きさに左右される。チェルノブイリ事故では環境へ放出された大量の放射性ヨウ素の食物連鎖、特に流通した汚染牛乳による甲状腺の内部被曝が顕著な線量となり、4800人もの小児甲状腺がんを発生させた。その線量は最大50Gy、平均で数Gyであった。一方、東海村では、内外被曝ともに、線量は数mSvと低く、公衆の放射線による健康被害はなかった。現在調査進行中の福島の場合は、影響の地理的範囲は広いが、線量レベルは東海村事例に近く、健康被害は無さそうである[7]。

初出　高田純：日本臨牀70　2012

▍文献 ▍

1) 高田純：世界の放射線被曝地調査. 講談社ブルーバックス, 2002.
2) イリーン L. A., 翻訳　山下俊一・他：チェルノブイリ　虚偽と真実.（生物物理学研究所所長が詳細に記述した事故直後の住民の放射線防護や消防隊員、除染作業員の被ばくの事実）. 長崎・ヒバクシャ医療国際協力会, 1998.
3) Jun Takada：Nuclear Hazards in the World. Kodansha and Springer, 2005.
4) World Health Organization：Health Effects of Chernobyl Accidents and Special Health Care Programmes, 2006.
ttp://www.who.int/ionizing_radiation/chernobyl/who_chernobyl_report_2006.pdf
5) 高田純：お母さんのための放射線防護知識. 医療科学社, 2007.
6) 水庭春美・他：Na-24 の体内放射能測定とモニタリングデータを用いた JCO 臨界事故における従業員等の被ばく線量評価. 日本原子力学会誌, 43, 56-66, 2001.
7) 高田純：福島　嘘と真実　東日本放射線衛生調査からの報告. 医療科学社, 2011.

Sr-90の内部被曝と歯に対するベータ線計数

はじめに

　核災害により、核分裂生成物が環境に放出された場合、半減期が数年以上の放射性核種による長期ハザードの監視が必要となる。特に注目する核種は、半減期29年のSr-90、30年のCs-137のふたつである。これらは、食物連鎖により体内にとりこまれる。

　Cs-137は、物理半減期にくらべ、筋肉組織に蓄積されたその元素の生物半減期は、成人で約100日と短い。したがって慢性的な摂取がなければ、内部被曝のリスクは、多くの場合、無視できる。

　それに対し、カルシュウムと同族のストロンチウムは、骨格や歯に蓄積されるため、その生物半減期は長い。ただし、Sr-90は、牛乳などの食物や飲料水などから経口摂取しても、直ちに骨格などに蓄積はしない。これらの組織の成長期と同期した摂取の場合に、高い率で蓄積されるからである。

　本研究の目的は、歯のベータ線計測から長期核ハザードの存在する地域の住民のSr-90による内部被曝を評価する方法開発にある。今回、Sr-90の顕著な内部被曝のあるロシア南ウラルの現地で前歯のβ線計測を行うとともに、比較対象として日本人に対しても、抜歯資料の計測を行い、この種の内部被曝の状況を調査した。

資料と方法

　協力者の前歯ないし抜歯資料に対して、アロカ社のTCS-352シンチレーションカウンターを用い、ベータ線の計数率を測定した。ガンマ線バックグランドは、資料直上に厚み1 mmのアルミ板を置き測定した。その計数率をグロス計数率から差し引きネット計数率とした。

　資料は、ロシアの核兵器プルトニウム製造施設・マヤーク周辺の住民と、対象群として日本人である。前者は、テチャ川への10万TBqの核廃液の放流、7万TBqの大気拡散となったキシュテム事故、22万TBqの大気拡散となったカラチャイ湖事故などによる内部被曝が発生している。特に、1949年～1956年のテチャ川へ放流されたプルトニウム抽出後の核分裂生成物を含む多量の核廃液は、

この流域に暮らす多数の公衆の内部被曝となった。2000年に、この地域のボランテイア披検査住民37名のうち、22人の前歯のベータ線測定を実施した。

一方日本には、こうした環境汚染となる核災害は無いが、海外核兵器実験からのフォールアウトによる食物連鎖が考えられる。1910年代～1990年代に誕生した日本人の49抜歯を資料とした。抜歯位置は種々である。こうした実測定の他、ロシア・ウラル放射線医学研究センター（URRC）による報告も合わせて、検討する。

結果と考察

マヤーク周辺では、テチャ川流域の現在のムスリュモボ村の住民の前歯に対し、歴史的な核汚染と相関したベータ計数率が観察された。核廃液の放流年は、1949-1956年で、特に操業初期の1950年、1951年の2年に最大の放流となった。Sr-90の核種成分は、その内11.6%と報告されている。すなわち、1946年、1950年に生まれた住民の前歯が400 cpmを超えるベータ線計数率を示した。以外の時期に生まれた住民の前歯からは、顕著なベータ線を検出しなかった。その値は30 cpm未満であった。

前歯（中切歯、側切歯）の永久歯は、胎生5ヶ月頃から形成が始まり、完成までに約5年を要する。この成長期が、最大放流年と同期した住民の永久歯の中切歯、側切歯は、大量に放流された核分裂生成物・Sr-90を取り込んだ。その住民の前歯を、2000年に測定し、顕著にベータ線が観測されたということは、歯エナメル質内のストロンチウムの生物半減期が充分長い証拠である。すなわち、Sr-90の人体における実効半減期は15年との報告と矛盾しない。

日本人の49抜歯資料に対するベータ線計数率は20 cpm未満であった（Av＝−0.3 cpm, 1σ＝6.8 cpm）。全体としては、測定場所のバックグランドレベル（Av＝0.6 cpm, 1σ＝6.4 cpm）にあり、顕著なSr-90汚染は観察されなかった。また、戦前生まれと戦後生まれの抜歯資料間に、顕著なベータ計数率の差異も存在していない。

農業環境技術研究所により、長年に渡る日本の水田土壌中のSr-90が分析されている。その調査によれば、海外の大気圏核兵器実験の影響により、1965年の最大汚染の後、年々減衰している。降水量の多い日本海側の新潟、石川、秋田で、Sr-90の汚染密度が1965年時点で、それぞれ2.7、1.4、1.0 kBq/m^{2}であった。水田では、これが環境半減期5-14年で減衰している。食物連鎖し、日本人

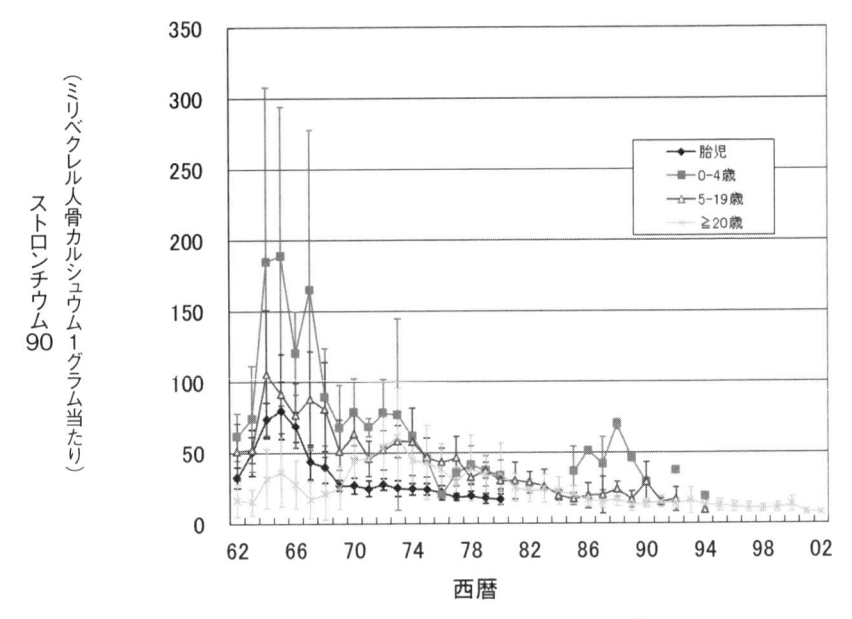

図1 日本人の骨格中に含まれるストロンチウム90
米ソ中の核爆発から環境へ放出された核分裂生成核種が偏西風で輸送され、食物連鎖などで日本人の体内に取り込まれた証拠である（放射線医学総合研究所データ）。

の骨格や歯に蓄積されている。ただし、今回の抜歯資料のベータ線計測では、観測されない程度の微量である。

　ある人口の社会集団が、ある時期過渡的に、Sr-90を体内に取り込む事象となった場合を考える。ある個人に対し、歯のベータ線量率と全身のSr-90の放射能量との間には相関はない。それは、歯の成長期と骨格の成長期に大きな差があるからである。しかし、この特定の社会の集団の被曝を、歯の調査から推定できる可能性がある。それはムスリョモボ村の集団に対する、前歯のベータ計数率とSr-90全身量とを比較することである。特に、最大汚染の年に、前歯の取りこみの最大になった人と、その年に骨格の成長が最大であった人との比較である。今入手しているデータは極限られている。一組のデータ（ムスリョモボ村での1936年生まれ、1946年生まれの人に対するデータ）から、その比の値は48 Bq/cpmとなる。この値は、胎児、乳児、幼児、小児、成人に渡る分布の社会が、1-2年の限られた期間にスパイク的なSr-90の体内摂取があった場合に、

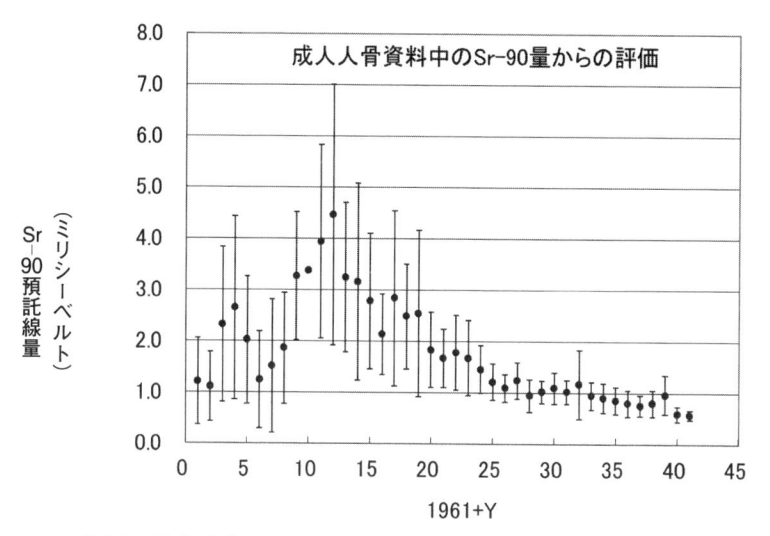

図2 日本成人のストロンチウム90による内部被曝線量

体内 Sr-90 全身量のその集団での最大値を、後年、前歯のベータ線計数率の測定から推定するために有効である。この値は試行的であり、今後統計的な議論が必要であることは間違いない。

日本人の抜歯1本のベータ線計数率の測定値から、日本人の Sr-90 全身量を推定してみる。顕著なベータ線は観測されなかったので、その値の上限値をバックグランドレベルとみなし、1 cpm 以下とする。従って、先の値 48 Bq/cpm から、日本人の Sr-90 全身量は最大 48 Bq 以下と推定される。対応する 50 年間線量としては 4 mSv 以下である。

一方、1965 年における土壌の Sr-90 汚染密度に対し、チェルノブイリ周辺の Sr-90 汚染密度からの線量換算計数を用い線量推定を行う。新潟の汚染密度の値からは、0.14 mSv になる。

まとめ

住民の Sr-90 の内部被曝が顕在化しているロシア南ウラルを 2000 年に訪れ、放射線測定および現地の研究機関より情報を入手した。1950-1951 年にスパイク的に Sr-90 の体内摂取となったムスリュモボ村で、前歯に対する顕著なベータ

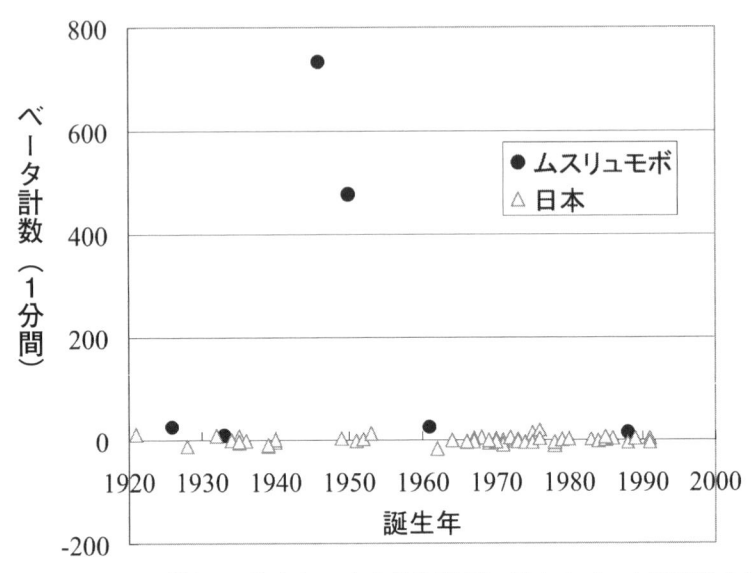

図3 ムスリュモボ村民の前歯と日本人抜歯資料に対するベータ線計数の比較
前者は健康リスクとなる範囲だが、後者はほぼ検出限界以下でリスクはない範囲であった。

計数を観察した。Sr-90は、骨格および歯に蓄積残留している。従って、これら組織への蓄積はその成長期と同期した人に顕著である。

前歯の成長は、胎生5ヶ月頃から形成が始まり、完成までに約5年を要するので、1945-1951年間に誕生した住民にベータ線計数が顕著に高まる。一方、背骨などの大幅な成長期は10歳代半ばであるので、その年代が1950-1951年にあった住民に、数kBqのSr-90が蓄積されている。

この全身測定は、URRCで実施されており、今回の被検査人のデータを入手し、前歯と全身に対する最大取り込みの人のSr-90量（WB）と前歯のベータ計数率の比の試行的な値を得た。この値を用いることで、社会集団の前歯のベータ線計測から、全身のSr-90量を推定可能となる。

今回、1910年代〜1990年代に誕生した日本人の49抜歯を資料に対しベータ計数率を測定し、値がバックグランドレベルにあることがわかった。これから、日本人のSr-90全身量が48 Bq以下、50年間線量として4 mSv以下であると推定した。

初出　高田純、松岡審爾、高田靖司、小木曽 力、大野紀和、寺島良治、酒井英一、花村 肇、V. シャロフ、M.O. デグテバ：
第88回日本医学物理学学術大会　予稿　2004

▌文献 ▌

1) J. Takada et al.：MISSION FOR THE STUDY OF RADIATION PROTECTION AND HYGIEN ON RESIDENTS AROUND MAYAK PLUTONIUM PRODUCTION FACILITIES IN RUSSIA 2000. Proceeding of the International Workshop on Distribution and Speciation of Radionuclides in the Environment. Rokkasho Aomori, 2000.
2) 高橋知之，駒村美佐子，内田滋夫：水田土壌中^{90}Sr の移行に対する2成分モデルの適用．保健物理．35，359-364，2000.

1999年ロンゲラップ島線量調査

歴史的背景[1]と調査の目的

　1946年から1958年の間、米国は太平洋のマーシャル諸島において、66回総出力TNT換算107 Mtの核実験を行った。その中の最大出力は1954年3月1日午前6:45にビキニ環礁で実施されたブラボー実験の15 Mtである。その時の東北東の風により、ロンゲラップ、ロンゲリック、ウトリック環礁の住民の他、我が国の漁船・第五福竜丸もまた、莫大な量の放射性フォールアウトにより被災した。51時間後の3月3日10:00に米軍に救出されるまでに、64人のロンゲラップ島民は全身に1.9 Sv、甲状腺に12-52 Svの線量を被曝した。

　ロンゲラップ島民の環礁への帰還に関する1957年3月の原子力委員会による承認後、その年6月29日250名の島民達がロンゲラップ本島へ帰島した。その6月半ばの空間線量率は0.26 μGy/hだった。しかしその後のDOEの放射線状態に関する調査結果の報告（1982）に恐怖した島民達は、1985年5月ロンゲラップ本島からクワジャリン環礁の小島メジャットへ、自らの意思で脱出した。

　1989年3月、ロンゲラップ再評価プロジェクトは最終報告書を発行し、ロンゲラップ本島は現地食物と輸入食品との混合食を仮定するならば生活上概して安全であると報告した。1990-1994年の5年間、マーシャル諸島共和国政府は29の環礁で放射線状態を評価する独立したプログラムの実施も終え、ロンゲラップ環礁ロンゲラップ島再建計画が作成された。これに基づき、インフラ整備・一部クリーンナップ工事が、1998年より行われている。

　本調査は、帰島後の線量を予測することを目的に、1999年7月に現地を訪れ、その場測定および試料採取を実施した[2]。特に、科学研究費・基盤研究B・「内部被曝線量その場評価法の開発」で開発中の携帯型体内放射能全身量（WBC）測定装置の現地での適用を試みた[3]。

現地調査[2]

　その場測定を主体に現地調査を実施した。海外被曝地調査用に片手で持ち運べる・ポータブルラボを開発した。それは、スペクトロメータ、ガンマ線量率計、アルファ・ベータカウンタ、地球座標測定器（GPS）、測量計（最大400 m）、デ

第二章 核放射線と健康

表1 List of Measurements

On the ground

Physical Quantity		Equipment
Position	GPS	Magellan GPS3000
Distance	m	Lytespeed 400
Radiological Survey	μSv/h	Aloka PDR-101 Hamamatsu C-3475
Dose	μSv	Aloka PDM-101
$\alpha \cdot \beta$ Survey	cps	Aloka TCS-352
α		Nagase Pit film
Cs-137	Bq/m^2	Hamamatsu C-3475
Depth Profile		Hamamatsu C-3475 Aloka TCS-352 Nagase Pit film
Pu-239/240		Soil Sampling, α-ray spectroscopy

Foodstuff

Physical Quantity		Equipment
Weight	g	Yamato Portable mini
Cs-137	Bq/g	Hamamatsu C-3475
$\alpha \cdot \beta$	cpm	Aloka TCS-352 Nagase Pit film
Pu-239/240		Nagase Pit film

Human

Physical Quantity		Equipment
Cs-137	Bq/kg	Portable Whole-body Counter Hamamatsu C-3475

Others

Physical Quantity		Equipment
Picture		Sony DCR-PC10
Voice		Sony M-527
Computing		Sony Vaio PCG-808

表2 Dose Assessment in Rongelap Island

Annual external dose due to	-137 :	
Annual internal dose due to	-137	0.071
Imported and local		

115

ジタル重量計、ノートパソコン一式が機内持込サイズのトラベルケースに収められている（表1）。特徴は、校正された1x2インチサイズのNaI検出器により、その場で、地表面のCs-137汚染密度と人体のCs-137全身量を評価できることにある。

　線量率、アルファ、ベータ計数は各地点で三箇所（一辺が5mの正三角形の各頂点）測定し、その平均とした。Cs-137の面密度測定は地上20cmで一箇所測定した。幾つかの地点では直径5cm長さ30cmのパイプにより土壌コアを採取した。これに対し、金沢大学低レベル放射能実験施設にてプルトニウム分析を行った。調査箇所は、再定住を予定している本島を主とし、食糧採取が予想される北部のカバレ、ボコエンの2島である。

　ロンゲラップ本島における作業員たちは、輸入食品を主に食べており、彼らの内部被曝線量評価は、ロンゲラップ島民の帰島後の線量を予測する上で参考となる。6名の作業員に対し、Cs-137全身量測定を行った。

1999年時点の内部および外部被曝線量[2]

　作業員15名中6名のボランティアに対し、体内に含まれているセシウム137放射能の全身量を測定した。Cs-137体内量は平均で 2.0 ± 0.7 kBqであった。これによる年間内部被曝線量を0.07mSvと評価した。作業員達は主に輸入食品で食事しているが、時々現地の動植物を食べている。また、工事中の土壌粉塵の吸い込みがある。これらにより体内へ放射性核種が取込まれる。しかし全てを現地産の食物で食事するならば、内部被曝は大きくなると予想される。

　島内17地点にて、空間線量率、地表面でのベータ線、アルファ線、セシウム137放射能測定を行なった。その結果、フォールアウトセシウムによる年間外部被曝線量は0.1mSvと評価された。ベータ線およびアルファ線ともに、東日本とくらべても低い計数だった。ちなみにアルファ計数の最大値は1cpmである。これは必ずしもプルトニウムの汚染密度には比例しないことが、これまでの世界各地の測定の経験からわかっている。すなわち、そこにプルトニウムが存在していても、表面に露出していなければ、アルファ線は計測されないからである。言葉を換えれば、多少プルトニウムが存在していても人体影響は少ないことになる。クリーンナップされていない14地点でのCs-137の汚染密度は、平均値で 26 kBq/m^2。クリーンナップされた本島中央部での値は、平均 7 kBq/m^2。

　ロンゲラップ環礁の北方に位置する島、カバレとボコエンの環境を調査した。

第二章 核放射線と健康

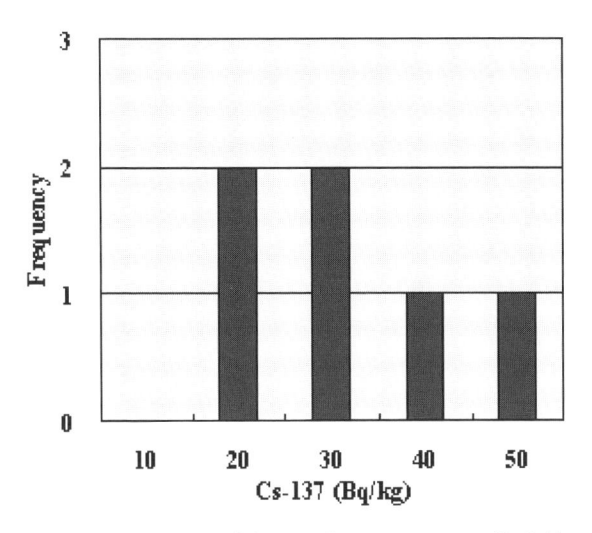

図1 ロンゲラップ本島作業員のCs-137体内放射能

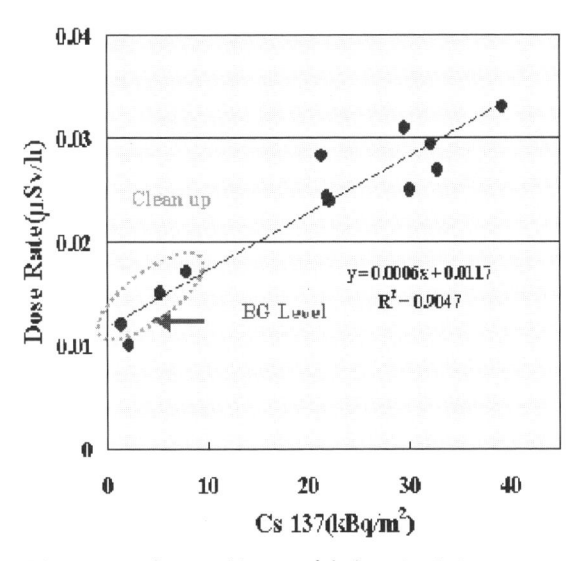

図2 1999年ロンゲラップ本島におけるCs-137汚染密度と空間線量率

表3　内外蓄積線量

	Cumulative External plus Internal Dose (mSv) for Adult from Cs-137		
	1957-1961	1957-1985	1959-1994
Present Work	14 (8-25)	41 (25-74)	38 (23-68)
NWRS Sim on & Graham			70 (30-200)

Present Work Erro 40 + 80%

○　Cs-137 land contamination (kBq/m2)
◆　Cs-137 body burden (Bq/kg)

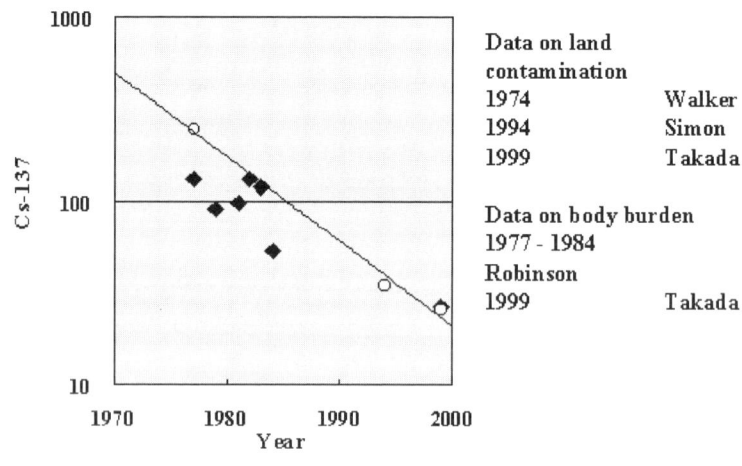

Data on land contamination
1974　　　　　Walker
1994　　　　　Simon
1999　　　　　Takada

Data on body burden
1977 - 1984
Robinson
1999　　　　　Takada

図3　ロンゲラップ本島におけ Cs-137 汚染密度の経年変化

　北方の島々は以前より無人島だが、本島の人々がヤシガニなどの食物を得る大事な場所である。無人島のカバレ島には、多数のヤシガニが生息していた。この島の放射線レベルは、本島と比べて数倍高かった。しかも、1箇所だが異常に高い地点もあった。その地点の Cs-137 の汚染密度は 3400 kBq/m^2。
　ロンゲラップ本島およびカバレ島で採取した土壌試料中のプルトニウムは、本島で、約 3 kBq/m^2、カバレ島で約 16 kBq/m^2 だった。プルトニウム量も北方

Adult Internal Dose from Cs-137

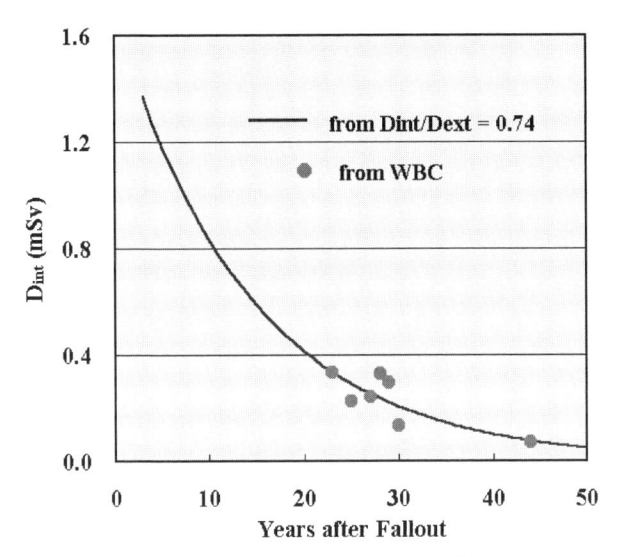

図4　1957年以来のロンゲラップ本島での内部被曝年線量の推定値

の島に多い傾向はセシウムと同じだった。尚、カバレ島のアルファ計数の最大値は2cpmだった。やや本島に比べ高い値だが、プルトニウム汚染値に比例するほどにはなっていない。

1957～1985年間の第二の被曝に関する線量再構築の試み

これまでの報告値であるロンゲラップ本島での空間線量率、表面の放射能密度、ブルックヘブン国立研究所による島民のCs-137全身量測定（WBC）および1999年のデータをもとに、第二の被曝に関する線量再構築を試みる。

1977年以後のCs-137による外部被曝線量に対する内部被曝線量の比は0.74±0.21と推定した。この値は、チェルノブイリ事故汚染地の値0.1～0.3と比べて大きい[3]。ロンゲラップ島民の場合には、内部被曝線源が、外部被曝を受ける本島の線源以上に高い水準で汚染している環礁北部の島からの食料を含んでいることがひとつの原因かもしれない。この線量比と外部被曝線量の年関数とから1957-1985年間のCs-137による内部被曝線量を18 mSvと推定した。

次にSr-90による内部被曝線量を推定する。これに対しては、Cs-137の様な

表4　ロンゲラップ島民のSr90内部被爆線量

	Internal Dose due to Sr-90 in Rongelap inhabitants (mSv) Age at Time of Accident					
	Adult	15	10	5	1	<1
1957-Age 70y	21 (19-35)	21 (19-35)	23 (21-38)	25 (23-42)	23 (21-38)	22 (20-37)

表5　1957-1985年間の放射能と内外被爆線量

	Activity kBq/m² 1957	External plus Internal Dose (mSv) for Adult 1957-1985 (to Age 70y)	
Cs-137*	432	41	25-74
Sr-90	389	21	19-35
Total	821	62	44-109

WBCに対応する直接データは存在していないので、地表面のSr-90汚染密度からその線量を見積もる方法をとった。物理半減期の差が小さいCs-137の汚染密度の推定値とロンゲラップ本島でのSr-90/Cs-137比・0.9とからSr-90汚染密度を推定した。1957年のCs-137およびSr-90の地表の汚染密度推定値は、それぞれ432および389kBq/m²となった。Sr-90による内部被曝に関しては、チェルノブイリ事故汚染地での線量換算係数を近似的に利用する。この際に、ロンゲラップでは輸入食料が供給されていたので、食糧介入処置を受けた場合の換算係数を用いた[4]。しかも半減期100日のSr-89の影響を受けない、1991年以後の値を採用した。これによる1957年での成人が70歳までの内部被曝は21 mSvと評価した。

以上から、成人がロンゲラップ本島で1957年から1985年まで生活した場合のCs-137およびSr-90からの被曝線量を、62 mSv（44～109 mSvの幅）と見積もった。尚、サイモンとグラハムはCs-137からのみの被曝線量を、30年の半減期を仮定して、1959～1994年間で70 mSv（30～200 mSvの幅）と推定している[5]。しかし住民の被曝線量の半減期は、その原因核種の物理半減期とは一致しない。何故なら、局所的に環境中に付加された人工核種は、その地表面近傍で、

垂直・水平方向にマイグレーションするからである。今回の1957年以後の解析における、線量の実効半減期は10年だった。

初出　高田純、山本政儀：KEK Proceedings2001-14　2001

▌文献▐

1) S. L. Simon and R. J. Vetter ed：Consequence of Nuclear Testing in the Marshall Islands. Health Phys. 73, No. 1, 1997.
2) J. Takada and M. Yamamoto：The First Report. Radiological Investigations in Rongelap Island 1999. International Radiation Information Center, Hiroshima University. Hiroshima, 2000.
3) 高田純：内部被曝線量その場評価法の開発．平成10-12年度科学研究費補助金（基盤研究（B）（2））研究成果報告書，2001.
4) J. Takada, V. F. Stepanenko et al.：Dosimetry Studies in Zaborie Village. Appl. Rad. Isotopes, 52, 1165-1169, 2000.
5) V. N. Shutov et al.：Cesium and Strontium Radionuclide Migration in the Agricultural Ecosystem and Estimation of Internal Doses to the Population. The Chernobyl Papers. Vol. 1, 167-218, 1993.
6) S. L. Simon and J. C. Graham.：Summary Report. RMI National Radiological Study, Majuro, 1994.

核ハザードの環境および社会影響

はじめに

　1945年、巨大な核技術が核兵器として、平和利用とは正反対の側面から突如登場した。その直後、物理学者たちは、爆心地には70年間草木は生えないと考えたようだ。しかし、実際には、翌年、広島および長崎の爆心地に雑草は生え、社会としても目覚しい復興を、二つの都市は遂げた。この象徴的な事象にみるように、核災害と、その後の被災地の自然回復や社会の復興に関する認識は、大きな科学的問題である。すなわち、この科学が核技術利用における防災や、緊急時の放射線防護、被曝医療、核ハザードの対処の基礎となるはずである。

　日本では、東海村臨界事故以後、原子力防災体制の確立に力を注いでいる。しかし、めったに発生しない放射線事故や核災害を相手にするため、多くの国では経験値が不足しているのが実情である。わが国も、確かに広島・長崎、第五福竜丸、東海村の経験があるが、事例数は限られている。また、それぞれの災害の特殊性や、公衆の被ばく経路も異なっている。したがって、20世紀に世界で発生した歴史的核災害の科学的調査を基礎に、この核災害の実像とその自然回復や社会の復興に関する科学的認識は、特に有効となる。今回は、この核ハザードに焦点を絞り、その環境および社会影響を考察する。

方　法

　核災害の影響を受けた現地の環境および住民の調査を、1995-2002年間に実施し、データを収集した。調査地は、広島・長崎、ロシア原爆プルトニウム製造施設周辺での核災害地、カザフスタンにある旧ソ連セミパラチンスク核兵器実験場周辺、米国の水爆実験で被曝したマーシャル諸島共和国ロンゲラップ島、産業利用を目的としたシベリアでの核爆発地点、チェルノブイリ原子力発電所事故からの放射性フォールアウトにより居住制限と指定された地区、臨界事故で放射線が住宅街へ漏えいした東海村である。これには、被災者からの生の声も含まれている。現地の科学者による被災国の調査報告資料も、合わせて収集した。

　それらデータの個別の分析および相互比較による総合的な解析、さらに、時間経過による線量などの変化を考察した[1),2)]。

世界の核汚染の状態

　核被災地を筆者が調査した時期は、東海村を除き、災害発生から 10 年以上経過している。チェルノブイリ事故で約 10 年、経過時間の長い被災地は、マヤークの核公害、ビキニ水爆被災、広島原爆被災、セミパラチンスク核兵器実験（ドロンの被曝）などで、40 年以上が経過している。これらから、長い年月の経過により、環境核汚染の地域的な減衰をみることができる。尚、調査地の中で、東海村臨界事故は、周辺地域に顕著な核汚染を生じなかった唯一の例である。

　それぞれは地理的にも地球規模で離れた箇所で発生し、物理的には完全に独立した出来事である。自然環境も大きく異なる。例えば、ビキニ水爆のフォールアウトによる被災を受けたロンゲラップ島は、南太平洋上の海抜約 2 メータしかない小さな島であり、チェルノブイリ事故からのフォールアウトで汚染したザボリエは内陸の農地、地下核爆発のあったサハは永久凍土である。したがって地表ないしそれに近い地中の放射性汚染物質の移動や拡散も、それぞれの環境や気候の差が現われていた。

　長期にわたる残留核汚染で注目すべき核種は、Cs-137、Sr-90、プルトニウムである。何故なら、前 2 核種の物理半減期は約 30 年、Pu-239 は 2 万 4 千年と長いからである。世界の各地でのこれらの核種の地表面での汚染密度をひとつの図 1 に表現してみた。セシウムとストロンチウムの汚染密度をグラフの横軸と縦軸で表し、プルトニウムの汚染密度を円の半径の長さで表した。言わば、残留放射能の密度を軸にした世界地図である。尚、ロンゲラップ環礁の島、ナーエン、カベレ、ロンゲラップについては、米国ロビンソンらが報告した 1978 年の土壌試料からのデータを追加した。ドロン村のストロンチウムの実測値はなくて、単に図中で一番下に記しただけである。図中の円に付けて記された数字は Pu-239、240 放射能密度の値である。記されていない地域は、その値が不明である。

　この図で、核汚染で厳しい環境にある地域は、図中で右上領域や、円の大きな地域である。チェルブイリの居住制限ゾーンやロンゲラップ環礁の北方の島が、核汚染で厳しい放射線環境にあることがわかる。一番右上に位置する地点はテチャ河の川原であるが、ここには人は住んではいない。その河は人の住むムスリュモボ村の中を流れているが、村民はその核汚染した河の水を、1961 年以後飲用に利用していない。

　一方残留核汚染の少ない地域は、図の左下に位置する。ドロンやムスリュモボ

図1

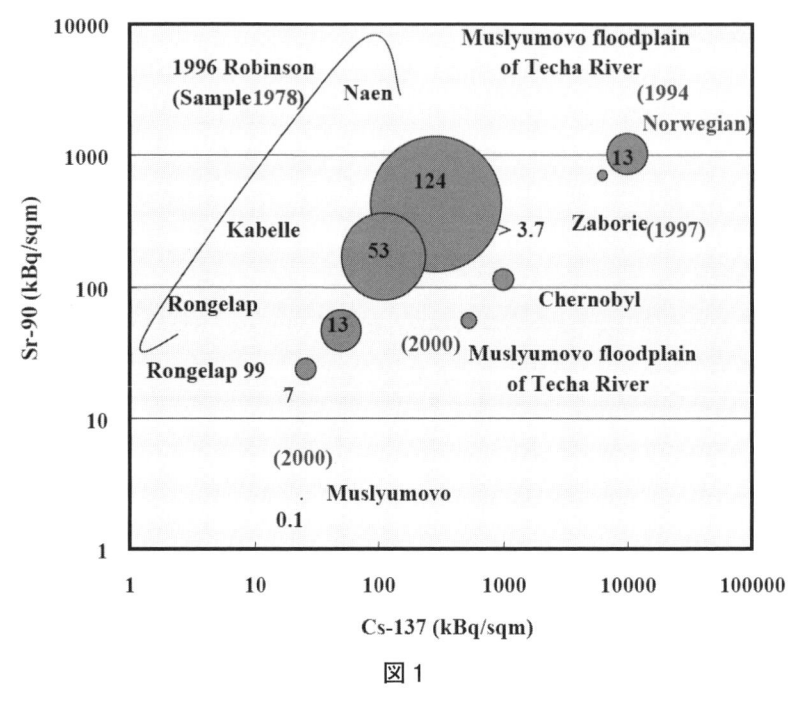

Long-term nuclear hazards map with 3D axis including surface densities of Cs-137, Sr-90 and Pu-239, 240. The density of plutonium (kBq/m^2) is proportional to the radius of circle. Reference data for Muslyumovo (Norwegian-Russian, 1997), three islands of Naen Kabelle, Rongelap in 1996 (Robinson, 1997), 30km zone in Chernobyl (IAEA, 1991), Dolon (Yamamoto, 1999).

村それについでロンゲラップ島がそれに該当する。実データはないが、広島と長崎もこの領域かそれ以下にあると想像する。

ストロンチウムとセシウムの放射能比では顕著な二つの値の地域に分かれる。ひとつは、その比が約1対1であるロンゲラップ環礁であり、その他の地域は、およそ1対10である。その原因は簡単には理解できない。

環境因子による高レベル放射能汚染の減衰

ドロンは地表核爆発からのフォールアウトで当時レベルB[3]の被曝を受けたが、50年後では顕著な残留放射能汚染はない。Cs-137の核崩壊の半減期は30

年なので、この物理崩壊からでは、この極めて少ない残留汚染を理解しにくい。もし、水平方向への核汚染の早い拡散が生じたならば、理解可能である。このカザフスタンの風土は、乾燥地帯で、表土が速い速度で入れ替わっているのかもしれない。

　ロンゲラップ環礁は、海抜2メータくらいしかない小さな島で、島の表面はしばし、太平洋の高潮で洗われている。これが核汚染を洗い流している可能性がある。その他、注目すべき特徴は、この土地が珊瑚が砕けてできた砂から形成されていることである。その主成分の炭酸カルシウムのカルシウムとストロンチウムは同族にあり、化学的性質が近い。フォールアウトしたセシウム、プルトニウムの表土の深さ分布を調べたら、表土深さ15センチメータ以内に90パーセント以上放射能が溜まっていた。一方、ストロンチウムは深く拡散し、30センチの深さでも、表面層と同じくらいの濃度の放射能が存在していた。したがって、表面層に吸着していたセシウムやプルトニウムは高波で洗い流され減少したが、地中深く拡散したストロンチウムは高波でも流されにくいと考えられる。これがロンゲラップ環礁で、ストロンチウムとセシウムの放射能比が他地域よりも大きい原因かもしれない。

　空からのフォールアウトで汚染した地表面は、雨や高潮（島の場合）で洗い流されたり、吸着した土壌とも土塵として風で飛ばされたりして、高いレベルに汚染した土地の放射能も次第に減少していく。したがって、その地の環境放射能の値は、その放射性物質の本来の物理半減期の他に、環境因子によっても減衰する。30年間の間に、核崩壊で半減し、もし環境因子で半減したならば、全体ではそれらの掛け算の効果として、四分の一に減少する。セミパラチンスク核兵器実験場のあったカザフスタンやロンゲラップ島の環境の回復は、この環境因子が大きく作用した例ではないだろうか。

　逆に、内陸の草原やさらには森林の場合には表面に吸着した放射性物質の水平方向の拡散は、相対的に少ないと考えられる。ここでは、人的な行為が、放射性物質の水平移動に係わるかもしれない。そこで育った農作物の収穫や木の伐採からの別所への輸送行為をともなう農業や林業である。さらには積極的な除染作業などの社会因子もある。

核災害地のガンマ線空間線量率

　1995-2000年時点での核災害地での外部被曝の主要な線源は、ガンマ線を放射

図2

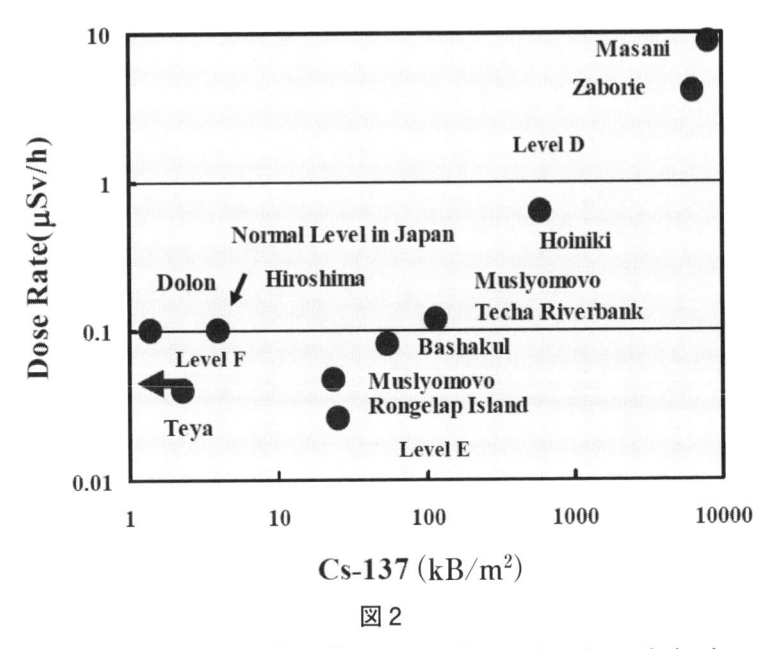

Environmental dose rate and Cs-137 measured in nuclear hazards in the world between 1995 and 2000.

する残留核種である Cs-137 および自然放射線である。そこで、現地で測定した空間線量率を縦軸、セシウムの汚染密度を横軸にして、グラフを作成し核災害地での外部被曝を図2にまとめた。

　セシウムの放射能が顕著に残留しているならば、空間線量率は、その放射能汚染密度にほぼ比例する。しかし、残留汚染が極めて少ない、あるいは無い地域では、自然放射線の寄与が大きくなるので、セシウム量との比例関係はなくなる。こう見ると、ドロン、広島、テヤ村では、顕著な残留汚染がなく、主要な線源としては自然放射線だといえる。

　図2では、残留汚染による外部被曝の厳しい地域が、右上に位置し、逆に、安心できる地域は左下に位置している。図中、最右上に位置する村はチェルノブイリ10キロメータゾーンのマサニ村である。ここには、二人の科学者が2週間交替で常駐している。2番目が、チェルノブイリ事故後に居住制限地区となったザボリエ村である。ここには、自分の意思で、住み続けている人たちがいる。た

図3

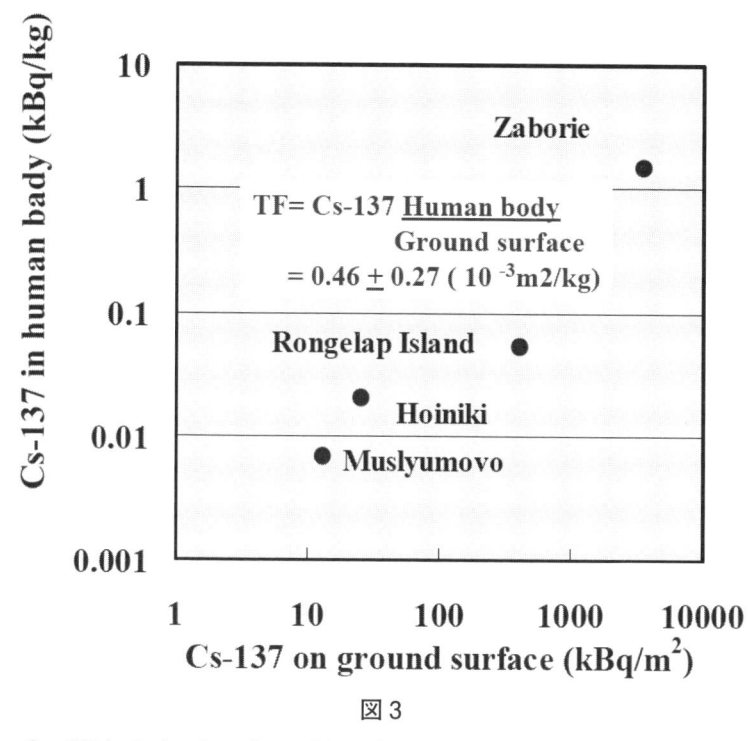

Cs-137 body burdens for resident living in nuclear hazard in the world.

だし子どもたちはいない。三番目は非居住制限地区のホイニキ村である。ここでは、子どもも含め、人々が暮らしている。

次の一群の村は、表面に残留核汚染があるけれども、空間線量率としては低い地域である。図中央下に位置する、バシャークル村、ムスリュモボ村、ロンゲラップ島がこれに属する。これらの地域は、日本やカザフスタンの自然放射線レベルと同程度かそれ以下の外部被曝レベルである。この中で、前2村は人たちが居住している。ロンゲラップ島は、1985年以来、住民はいない。しかし1998年から、再定住計画の工事が始まり、労働者たちが滞在している。

核汚染地住民の体内放射能

核汚染地で暮らす場合、その地で収穫された食物を摂取したり、地表面から舞

上った放射性物質を呼吸により取り込むことで、体内へ残留放射性物質が入りこむ。世界の核災害地で測定した体内セシウム放射能の全身量を縦軸に、横軸をセシウムの汚染密度にとり、図3にまとめた。この場合も、体内放射能量は、環境中の量にほぼ比例する。

　一番低い値のムスリュモボ村は現地の科学者デグテバ等の測定で、その他は、筆者のポータブル測定器および実験車による現地測定値である。このグラフにない調査地は、筆者の測定器では検出できない程少ない量であった。

　図3においても、内部被曝として厳しい地域は、右上に位置する。セシウムの体内量が最大の村は、外部被曝と同様にザボリエ村であった。そこの住民の測定例は、体重1kgあたりCs-137放射能が1.5kBqとなった。これによる内部被曝の年間線量は、約3mSvである。

　体内汚染の原因となる主たる汚染食品は、きのこである。そのザボリエ村よりも汚染が少し高いマサニで採取したきのこのセシウム-137放射能は、生重量1キログラムあたり33kBq含まれていた。ただし、ここに滞在する科学者たちは、現地の食品を食べてはいなかった。

　Sr-90およびプルトニウムの体内量に関しては、Cs-137に比べて実測値が少ない。その理由は、ガンマ線の測定ができる後者に比べ、前者が放射するベータ線やアルファ線は透過力が小さいため、体外からの測定が困難であるからである。そのため、筆者のポータブル測定器では、現地での全身量測定が不可能である。唯一成功したのは、ムスリュモボ村住民の前歯に含まれるSr-90からのベータ線計測だった。

　住民の体内Sr-90量が顕著に高いのは、テチャ河上中流域住民であり、おそらく世界で最も高い値であろう。デグテバ等の報告によると、1952年より少しづつ減少し続けているが、1992年においても尚、全身量の平均値は約4kBq（体重を60kgと仮定すると1kgあたり67Bq）である。放射性セシウムおよびストロンチウムによる骨髄線量は、流域定住者1万4千5百人の半数以上で100から500mGyと推定されている。

　シュブチュック博士はベラルーシのチェルノブイリ事故汚染地のデータとして1993年で、ひとりあたり約100Bqを報告している。その年が極大で、その後減少傾向にある。尚、1992年の汚染地図によれば、ベラルーシの30kmゾーンのSr-90汚染密度は平方メータあたり111kBq以上である。

核ハザード

　核災害の場合、放出された放射性物質、ないし中性子誘導放射性物質が、ある期間環境に残留する。その地に暮らす公衆が、それにより放射線の被曝を受けることに特徴がある。こうした障害（ハザード・Hazard）をもった地域が形成される。これが、核ハザードである。このハザードをもたらす物質は単一ではなく、種々の放射性核種が作用するため、人体へのリスクや環境における継続性が多様である。しかし、この多様な放射性核種を継続性、影響の質的差異から3種のハザードに分類することは、防災上有益だと考えられる。

　第1は、災害発生から1ヵ月間程度の短期的ハザードである。これに関わる放射性物質は、ヨウ素、短半減期核分裂生成物、そして中性子放射化により誘導された物質である。これらは、公衆に急性障害や後障害などの甚大なる被曝の原因となる可能性がある。過去の核災害事例から、致死的被曝、熱傷、脱毛などの急性障害の他、甲状腺ガン、白血病を初めとしたガンなどの後障害を発生させた。

　原子力施設の史上最大事故であったチェルノブイリの場合には、この短期的ハザードによる公衆被曝の最大は、全身で750 mSv、甲状腺が10 Gyであった。甲状腺被曝の80%は汚染ミルク摂取によるものである。事故のあった発電所の労働者が暮らすプリピアッチ市では、ヨウ素剤が配布されたが、それ以外ではなかった。したがって、この短期的ハザードに対する防護としては、屋内退避、汚染ミルクなどの非摂取、甲状腺防護のための安定ヨウ素の摂取である。レベル7の事故であっても一部の近傍地域以外では、これらの対処で、充分な放射線防護が期待できる。

　第2は、半減期約30年の核種であるCs-137およびSr-90の環境汚染による長期的ハザードである。環境中の放射能は、必ずしも、物理半減期とは一致せず、それよりも短い環境半減期でローカルには減衰する傾向にある。実際、ロンゲラップ島の場合のCs-137の実効半減期は約7年であった。長期的ハザードの被曝リスクは初期の10年間くらい無視はできないかもしれないが、次第にこのハザードから開放される傾向にある。

　初期10年以内に発生する顕著な健康被害は、白血病と甲状腺ガンである。前者は広島・長崎で5年後に発生率が極大に、後者はチェルノブイリ事故で小児に10年後、極大に達した。また、広島・長崎ではその他のガンの発生率が十年以後、少しずつ増加傾向にある。これらの健康影響は、長期的ハザードによる低線量率被曝に原因しているのではなく、短期的ハザードによる高線量被曝が原因し

ていることに注目すべきである。

　第3のハザードは、プルトニウムや劣化ウランなどの物理半減期が2万年以上もある、ほとんど減衰しないアルファ放射体によるものである。地上核爆発や劣化ウラン弾被災後のグランドゼロでのハザードである。この種のハザードは他のハザードと比べて、その汚染の面積は小さい。ただし、15 Mtのビキニ水爆事例のように、大型核兵器の地表爆発の場合には、広範囲のフォールアウト地域に、この第3のハザードが発生する。この種の環境半減期も物理半減期よりも短いと想像しているが、まだ不明である。

広島・長崎から恐怖の伝播

　10万人以上が犠牲となり壊滅した広島と長崎。そして多発した白血病。「70年間、草木は生えない」と、物理学者が断言した被災地。とてつもなく大きな恐怖が、世界中を伝播した。核兵器の無差別・大量殺戮に対する恐怖。もうひとつは、眼に見えない、臭いが無い、音を発しない核放射線の持続的核のハザードと後で発症した放射線障害とが複合し、増幅した恐怖である。21世紀の今も尚、その潜在的恐怖心は存在している。

　この恐怖は、米ソ冷戦下の核軍拡競争の中で、継続した。この大いなる恐怖は、大量殺戮兵器使用の抑止力になっている。もちろん、広島と長崎からの平和を希求する大きな声が、その背景にあるのは言うまでもない。一方、広島・長崎発の恐怖は、平和的核技術や放射線利用に対しても、少なからず、心理影響を与えているようである。

　筆者は、チェルノブイリ事故からのフォールアウトによりロシアで最も汚染したザボリエ村の調査をはじめ、世界の核被災地で、この心理影響の存在を幾つか感じた。1999年の東海村でも、それはあった。心理的影響を受ける4つの集団がある。この集団には個人のほかに、企業や団体、政党などの共同体も含まれる。

　ひとつ目の集団は、被災者および家族である。この集団が、最も厳しい被害を受ける。急性放射線障害や緊急避難などで、具体的・体験的に被害を受ける。本人もしくは家族の誰かが深く傷ついたり、亡くなったりする深刻な脅威の体験。家族や職場・学校などの共同体の崩壊。死亡事故などの重大なる場面の目撃。これらトラウマの体験は、心的外傷後ストレス障害の原因にもなる。広島、長崎、第五福竜丸、ロンゲラップの生存者たちは、この集団である。

第二章 核放射線と健康

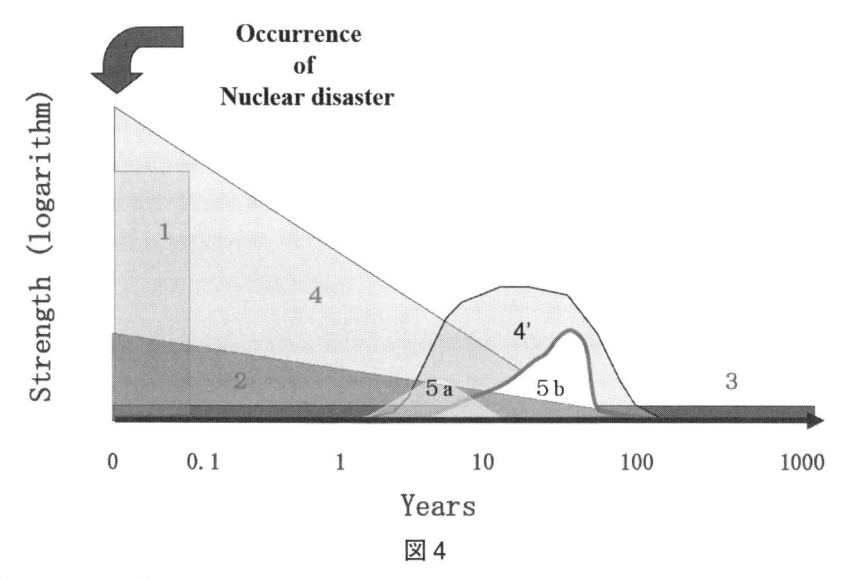

図4

Strength of effects for environment, human body and psychology due to the nuclear hazard and it's time sequences. 1: The short-term nuclear hazard which consists of short life fission products and neuron induced radioactive materials, 2: The long-range hazard which consists of radioactive cesium and strontium, 3: Super long-term hazard which consists of plutonium and depleted uranium and so on, 4 and 4': The occurrence and the continuation of the psychological influence, 5a: The health influence as thyroid cancer or leukemia, 5b：the other cancer. There are remarkable number of acute syndrome or death in case of combat use of nuclear weapon.

　ふたつ目はこれらの集団の周辺にいて、この深刻な脅威の様子を、断片的に知った人たちの集団である。この第二の集団は、核災害の外にいて、被害を直接は受けていない。この集団の一部には第一の集団に同情を示し、その他の一部は、自分達に間接的に被害が及ばないように考える。第二集団は、核災害について発言したり、具体的に行動する人もいる。
　特に、広島、長崎、第五福竜丸事件については、こうした第一および第二集団のことが、様々な文献に記されている。その主要な文献は、被災者の手記や、それをもとにした文学、映画である。これらの文献から、第一集団は、核被災それ自体に加えて、第二集団からの過剰な負の反応を受けていることがわかる。
　第二集団の特徴として、過剰な反応を自分に向ける行動がある。その衝撃的な

事例は、チェルノブイリ事故後のヨーロッパでの、妊娠中絶の一時的な増加である。その際にヨーロッパの婦人たちの被曝がレベルD以下であって、胎児に確定的影響を与えないにも関わらず。この集団は、科学的な判断よりは、非科学的な思い込みによる過剰な行動をしたようである。

　第三の集団は、テレビ、新聞、写真家、作家を含むメディアである。これらは、核災害の緊急報道による情報の拡散として、極めて重要な役割を果す。断片的でありながらも、災害の核心に迫る情報を、地球規模の空間を越えて、伝播させる力がある。これは、時として、政府の把握する情報の範囲を越えるニュースもあるほどである。

　しかし、時として記者やその企業の思惑や心理が、その発信される情報に影響を与える場合もある。それは1次情報というより、特集記事、主張、社説などの加工され2次情報に多い。ここに、核災害に対する心理影響がある。よくわからない核災害に、過去の断片的情報が影響を与える可能性があるのではないか。

　2次的情報発信が、社会へ与える影響は大きい。それには、正負の影響がある。第一集団への支援を第二集団に誘導したり、差別を生み出したり、風評被害を発生し、経済的損害にもなる。東海村臨界事故では100億円の風評被害になった。もし東京で核テロが発生したら、実害以上の計り知れない規模の風評被害に成りかねないのではないか。

　第四の集団は、政治家、政党、自治体、政府などの為政者や政治活動家である。ソ連崩壊後の汚染地住民の強制移住政策には、様々な政治家の思惑が作用したようだ。その土地に居残った人たちを「サマショール（身勝手な人たち）」と呼んでいる。村には、給電、電話、郵便配達がない。

　高速増殖実験炉「もんじゅ」のナトリウムの漏えいでは、この集団の顕著な反作用がある。これには、第三集団も大いに関わっている。しかし、第一集団の被災者は実在しない。将来の仮想的被災者を登場させて、推進側と反対側の猛烈な闘争が8年以上も続いている。日本には、このもんじゅの他に、高速増殖炉がある。それは茨城県大洗にある実験炉常陽である。20年間無事故で運転されていて、世界的に貴重なデータが生まれつつある。

　戦争と平和のどちらの核技術に関しても、その根底に、広島と長崎の人類的恐怖の心理的影響が国民にあるようである。

　　　　　　　　　　　初出　高田純：KEK Proceedings2005-4　2005

■ **文献** ■

1) Jun Takada：Nuclear Hazards in the World. Kodansha and Springer, 2005.
2) 高田純：世界の放射線被曝地調査. 講談社ブルーバックス, 2003.
3) 被曝レベル；レベル A（4 Sv 以上），レベル B（1 Sv 以上），レベル C（0.1 Sv 以上），レベル D（年間 0.01 Sv 以下），レベル E（年間 0.001Sv 以下），レベル F（顕著な核汚染がない）

詳しくは，高田純：核災害からの復興. 医療科学社, 2005.

第三章

核防護と核抑止力

放射線防護医療研究の推進

はじめに

　ソ連の崩壊と冷戦構造の終結以後、予想に反して世界各地で紛争が発生しています。しかも、2001年9月11日以後、非国家組織による国家へのテロ攻撃が多発しています。1945年に核兵器による攻撃を受けた唯一の国でしたが、前世紀後半は平和を謳歌したわが国です。しかし、気がつけば、日本は危険な状態に置かれていたのです。「核」は過去ではなく、現在進行形の問題になっています[1),2)]。

　本研究会の主題は、核武力攻撃事態等に代表されます大規模核災害の防護と医療対処です。特に核兵器につきましてはソ連の崩壊以後、核兵器および関連技術の拡散が問題視されています。大きな問題が2点あります。　第一に、旧ソ連の核兵器技術の管理の不透明さ、核技術者の雇用不安があります。実際、84個の携帯型核兵器が紛失したとの発言があります[7)]。第二には、核兵器開発のドミノ的拡散です。対立する国家間で次々に核兵器が開発されている現状があります。最初の米国の開発の後、ソ連・イギリス・フランスが、次いで、中国、インド、パキスタンなどが前世紀に開発しました。わが国の隣国・北朝鮮も本年になり開発したと宣言しました。しかも、日本を射程圏内にした弾道ミサイルも既に開発済みです。すなわち、日本は核兵器保有国に囲まれている状態です。

　わが国は原子力基本法の枠組みの中で、核・放射線の利用を平和目的に限定しています[22)]。また、国際原子力機関に参加し、核兵器技術の拡散防止に積極的に関わっています[23)]。核兵器と直接関係しない分野では、世界最高水準の技術と科学を有しています。しかし、全ての日本の核放射線技術者は、核爆発の脅威に対抗する学習と研究を積んではいません。防護の意味では、甚だ心もとない状態にあります。ただし、医学分野は、広島・長崎、ビキニ被災に関わった科学者と、その後の第二世代が、今日までも研究活動を継続しています。

　核兵器テロなどの核武力攻撃を受ける潜在的脅威が高まっています[20)]。その事象に対する放射線防護研究および社会の安全対策は、わが国においても2004年の国民保護法の成立と並行して検討が求められています[25),26)]。

大規模核災害に対する放射線防護医療研究の基礎

わが国の防災としての放射線防護の原点は、1999年の東海村臨界事故にあります。それを契機に、翌年、原子力災害特別措置法は施行されました。核エネルギー施設周辺の防災の拠点であるオフサイトセンターの設置や緊急被曝医療ネットワークが形成され、継続的に取り組まれています。それまでは、原子力災害は発生しない、させないとの自信から、取り組みは、実質的に存在してはいませんでした。

原子力防災については、今回の研究会で当事者から、2題の報告をいただくことになっています。ただし、原子力災害特別措置法の中では核爆発事象は対象にはなっていません。それは原子炉で使用する低濃縮ウランでは核爆発は原理的に、絶対に発生しないからです。ただし、これら原子力災害対策の取り組みは、国民保護課題である核武力攻撃事態の対策としても、ある範囲で有効に作用することは充分考えられます。

私からは、核爆発事象を伴う武力攻撃事態に対する防災と放射線防護医療を主題といたします。このためには、核爆発災害の歴史的な事例研究、核兵器保有国からの入手可能な情報の検討が必要です。さらに、現存する核実験場および周辺の調査が有効です。

これまで筆者のグループは広島・長崎の核兵器の戦闘使用（空中核爆発）、ビキニ水爆実験（地表核爆発）、セミパラチンスク実験場および周辺の放射線被曝影響（地表、空中、地下での核爆発）の文献調査および現地調査を実施してきました[6),8),9)]。核爆発災害の科学理解には、米国国防省およびエネルギー省から報告された「核兵器の影響」[4)]が、大いに参考になります。被曝医療としては、ロシアの放射線衛生学研究所の付属病院の科学者を中心に出版された「放射線事故のための医療対処」[12)]や、広島と長崎の医科学者から報告された、放射線後障害としての「原爆放射線障害　1999」[13)]等が有用です。これらを、文献リストとしてまとめましたので、参考としてください。

線量回避から被曝医療へ

放射線防護の目的は、一言でいえば、放射線障害の発生を防止することです。そのための具体的な方法を述べます[10)]。まず線量の測定です。どれだけ被曝を受けるか、その量を線量といいます。それが第1です。次は線量の予測です。今受けていないけれども、こういう事態だったらどれだけの線量を受けるか予測する

ということです。3番目は線量再構築です。災害的な被曝が起こった時に、個人線量計を持たずに被曝した時、被災者の線量を事後再評価する必要があります。これを線量再構築といいます。

測定、予測、再構築が放射線防護の基礎になります。したがって、危険な放射線環境下においても、放射線障害を発生させないように、安全な環境の形成、線量を回避する方法を立案することが、放射線防護の主題になります。

もう1つは、万一被曝した患者がいた場合に、その線量からリスクを評価する。被災者の線量が評価されれば、患者の放射線影響リスクが推定できます。具体的には、急性的な健康影響および、白血病、甲状腺ガン、その他のガンが、将来発生するかもしれない後障害の発生リスクの見当がつくのです。後障害については、そういった大きな病気になる前に早期に発見する方法の研究や診断の取り組みが重要になります。これがある程度出来てはいますが、まだまだ研究する分野がかなり残されています。この課題について、本日一題の報告があります。

核兵器災害は、10万人規模以上の死者、100万人規模以上の被災者を発生させる大規模災害です。希少な災害医療になります。どのように対処すべきかを考察するためには、歴史的事例の検証が有効だと考えられます。また、自然大災害における災害医療事例の研究成果も大いに参考となります。

防災の指針となる分かり易い線量区分の提案

核災害では、線量的理解をなくして、放射線防護はできません。特に核爆発を伴う災害では、膨大な数の被災者が短時間に発生します。屋内退避やそれに続く避難を、被災者自らが速やかに判断し行動しなくてはならない緊急事態です。もちろん、政府および地方の危機対策室の線量評価と判断に遅れは許されません。

線量値は、シーベルト（Sv）やグレイ（Gy）単位とした数値です。しかし、その値の意味するリスクを瞬時に判断できる国民は、まずいないと考えて良いでしょう。従って、核災害発生時には社会的混乱が生ずることになります。至近な事例として、1999年の東海村臨界事故があります。

大規模核災害では、多数の公衆が理解できる線量の情報を迅速に示すことが大切です。2002年以来、提唱している線量6段階区分[6]〜[9]が、この目的にかなう指標の候補です。本研究会で防災上の有効性を討議をして、社会へ発信することになれば、防災上有効な社会的な道具になるはずです。実際、報道機関から、要望の声があります。

本年（2005年）5月に、北朝鮮の核兵器保有宣言に続き、地下実験の動きの情報が米国から発信されました。さらに、IAEAのエルバラダイ事務局長が実験失敗による日本など周辺への放射線影響を懸念する発言により、日本社会の動揺がはじまったのでした。

5月11日、週刊ポスト記者からの核兵器実験の日本への影響についての問あわせに応じて、後述するRAPS0による、失敗実験を仮定した線量予測計算を実行しました[10],[11]。計算結果を6段階区分表に従って、地理的分布図にまとめました。その予測地図は、自ら運営するウエブサイト・放射線防護センターで公開すると共に、週刊誌、新聞、テレビで報じられました。テレビでも、この6段階区分表が放送されたのです。これらの報道により、日本社会の動揺は概ね終息しました。線量6段階区分が、実際に役立った事例です。

放射線防護計算システムRAPSの開発の現状と課題

筆者は、2002年に、米ソの核爆発実験に基づく経験的法則を原理とした準2次元空間・時間計算法RAPS0（Radiation Protection Computer System against Nuclear Weapon Terrorism 0）の基本ソフトを開発しました[10]。最初の線量予測計算は、1キロトン携帯型核兵器による首都東京でのテロを想定したものです[7],[8]。米国大使館近くのホテルの一室での地表核爆発です。

これにより、屋内退避と地下鉄利用による緊急避難の有効性を示しました。現在、当研究グループは、衝撃波、熱線、初期核放射線による最初の一撃と、核の灰降下の第二次被害の防護に加えた予測計算システムを開発最中です。これにより、政府機関などの第三者が、容易にシミュレーションできるようになります。

RAPS0の線量予測計算の原理を説明します。1キロトン地表爆発の風下の基準線量率の距離の関数が計算の基礎となります。これを任意の爆発威力に対し換算します。実効風速毎時24キロメートルの場合の米国の実験結果に基づく関数です[4]。プルトニウムの核分裂で生じた放射能は時間の経過とともに減衰します。それを、減衰の実験則である時刻のマイナス1.2乗とします。これにより、風下の任意の距離、任意の時間間隔で、線量が計算できるのです。任意の実効風速に対しては、核の灰の予想到着時刻を計算し、放射能の減衰式から基準線量率を換算すればよいのです。

RAPS0の線量予測の確度の検証は、前世紀の爆発実験の線量データにより、原理的に可能です。セミパラチンスク実験場での最初の爆発について、これまで

の線量調査があります。グラウンドゼロから風下に 118 km 離れたドロン村の線量が、筆者を含めた複数の報告値があります。この実験場での地表核爆発は全 26 回あり、その内最初の実験 1949.8.29 が主にこの村の線量を与えたようです。爆発威力は 20 キロトンで、当日の村での核の灰の降下時刻から風速を推定すると、時速 26–47 km と考えられます。RAPS0 の計算で、爆発威力 20 キロトン、実効風速を時速 47 km とすると、実測値に近い線量となることが分かりました。実測値の方が計算値よりも少し高い傾向にあります。この村が、他の複数の地上爆発の影響も受けたことが原因とも考えられます。

RAPS による地表核爆発後の風下地域の線量予測では、爆発威力の評価と、風速度の評価を基礎に計算することになります。これを迅速に実行するためには、複数の条件での計算を予め行い、計算結果を用意しておくことです。現在、これに取り組んでいます。

任意の風速に対応できる計算が出来るようになったのは、ごく最近のことです。実効風速度（方向と速さ）は、気象庁がウエブ上で公開している、30 分間隔の衛星観測の赤外画像データから求めることが可能です。

一方、わが国への核爆発攻撃事態で、如何に、迅速に核爆発威力を評価するかが、今後の問題です。現在、その手段はありません。ただし、その原理は幾つか考えられます。最も早く確実な方法な評価を確立する必要があります。この技術の要素であるデータの収集、記録、送信に核爆発の影響を受けないことが前提になります。いずれにせよ、国家的な取り組みが求められています。

RAPS0 では、核の灰が到着してから屋外に無限時間いた場合の線量や、任意の脱出時間内の線量が計算出来ます。また、核の灰は風向と直交する方向に拡散し降下するとして、楕円状の線量等高線を、経験則から求めます。その楕円状の線量等高線範囲を、先の線量 6 段階区分のレベル A からレベル C の地理的分布図で表現します。

グラウンドゼロ周辺では、衝撃波、熱線、そして初期核放射線による被害が支配的です。この被害は、同心円分布となります。ビルが林立する都市部での地表核爆発では、3 原因のうち、特に衝撃波が支配的な致死被害になります。

結局、核の灰の降下による被害とグラウンドゼロ周辺被害とを合わせて、核爆発被害と防護を検討するわけです。複数の爆発威力、複数の風速に対する被害等高線を、あらかじめ計算しパラメータ化したデータベースを用意します。また、国内各都市に対して、周辺の県も対象とした人口密度分布のデータベースを用意

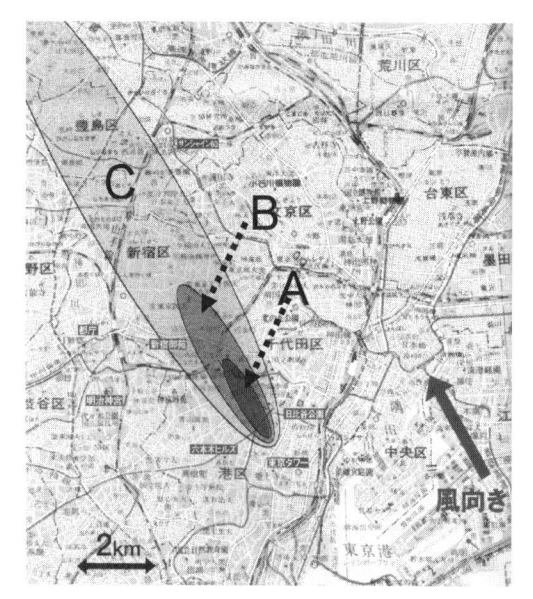

図1　1キロトン核兵器テロ1時間予測線量レベル（文献7より）

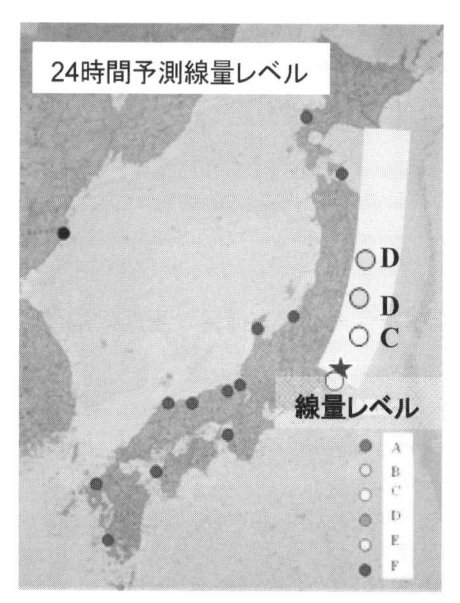

図2　20キロトン弾道核ミサイル攻撃事態シミュレーション（文献10、11より）

します。これにより、迅速な予測計算が可能になるのです。

この進化したRAPS0を使用した被害モデルを基礎に、核兵器テロ災害を想定した屋内退避1時間後のグランドゼロ周辺での地下鉄による脱出の所要時間を予測する数値計算に、当研究グループで、現在取り組んでいます。地下施設は、大地衝撃波に強いことが、米ソの実験で確かめられています。地下鉄路線の真上で、地表核爆発が起こらない限り、破壊されません。虎ノ門付近での1キロトン核爆発テロ後の地下鉄銀座線の例を、今回、報告します[12]（本書173-176ページ）。

3次元空間粒子モデル化した核爆発事象に対応する放射線防護計算機システムRAPS1の開発は、将来の開発課題として、基礎研究を進める予定です。フォールアウト被曝の原因となる地表核爆発後に形成される核分裂生成物および中性子放射化物質からなる線源モデル（RSIM）を開発し、既存の3次元拡散計算機システムに組み込み、RAPS1の原形とします。これをセミパラチンスクなどでの実験値を再現するように修正を加えてRAPS1の確度を高めます。迅速な開発を進めるために、国内研究開発機関と連携します。

注：空中核爆発と地表核爆発の相違

20 ktの核弾頭による首都への空中爆発攻撃では、広島・長崎の歴史的事例から被害が予測されます。この場合、概ね半径2 km内が、衝撃波・熱線で甚大な被害を被ります。また半径約1.2 km以内が初期核放射線により、半致死線量以上の被曝（レベルA）です。

それに対し、20 kt核弾頭が地表爆発した場合には、フォールアウトにより風下7 kmまでの楕円区域がレベルAの甚大な被曝となるとの計算結果を得ています。

インターネットによる線量地理分布情報の迅速な開示と課題

都市部での地表核爆発は、コンクリート建造物等の粉砕物と核分裂物質とが混合し形成する夥しい量の核の灰が、グランドゼロから上空へ舞い上がります。その先端は成層圏に届くくらいです。この核の灰は、核爆発によるキノコ雲の幹の部分となります。上空ほど速い気流に乗って、風下へ輸送されながら、重い粒子から順に降下し、地表を汚染します。その気流の速さは、時速20-50 kmに及びます。従って、爆発の衝撃波が届かないような地点でも、その後、市民が気づかない内に核の灰の降下が始まる恐れがあるのです。そして、危険な放射線被曝を受けます。その地理的分布は広範囲に及びます。

風下地域の公衆の放射線防護のために、迅速な線量予測結果を開示することが求められます。そのために、緊急時には、RAPSによる計算結果を放射線防護情報センターのウエブサイトに公開します。同時に、首相官邸、内閣官房へ通報します。それと連動して、生き残ったテレビ局がその情報を報道します。これが、現時点の私の作るシナリオです。この情報の流れの事例が、本年5月の北朝鮮地下実験対策でした。

さらに、数時間以後、全国の原子力施設周辺に設けられた放射線監視データを編集した線量レベル地図を、同じくネット上で公開していきます[11]。これは本年7月より可能となっています。

この方法論の実施に当たっては、核爆発時の初期核放射線が誘導する強烈な電磁パルスによる、グラウンドゼロ周辺での情報通信機器の破壊や故障、衝撃波による超高層ビルの崩壊に伴う放送局やインターネット設備の消失、東京タワーの歪みによる電波の発信機能の消失などによる困難な問題が存在しています。したがって、これらの対策の検討と、解決が求められています。

核ハザード理論

防災上、核災害の科学的本質の認識が重要です。これなしに、対策は打ち立てられません。世界各地の核被災地の調査結果にもとづき、防災の視点から、筆者はこの問題を長年にわたり考察してきました。個別の事例調査だけからは理解できない核災害の本質です。その結論が核ハザードの理論です[8]。これは、あくまで防災のための理論です。出来る限り単純化した認識を目指しました。

核ハザードは、核の崩壊に伴う放射線が本質です。この当たり前の認識から多くのことが引き出せます。国民保護課題で特に言及されている、核（N）、生物（B）、化学（C）のハザードの特徴を比べてみます。核ハザードは、その線源が崩壊・消滅することに特徴があります。一方、生物ハザードは、線源となるウイルスや細菌が、感染・増殖することにより、ハザードが拡大することに、特徴があります。化学ハザードは、増殖も、消滅もしません。比較的安定し、長期に残留することになります。

ウランやプルトニウムの核分裂が、主な核ハザードの線源になります。これは核分裂の瞬間に生ずる核放射線である初期核放射線と核分裂生成物です。前者は、最初の1分間のみに対処すればよいわけです。しかし後者は、物理半減期が分単位以下から、日、月、年単位以上の長い、およそ200種の核種からなりま

す。対処も複雑となるかもしれません。

　私の提唱する理論では、災害発生の直後である緊急時およびその後のひと月期間、以後数十年間、そして、それ以上の長い期間の核ハザードと、期間で区分して対処します（Chapter 8, Nuclear Hazard and Recovery, Nuclear Hazards in the World, 2005）。核ハザードを、それが持続する期間で区分し、単純化をはかります。

　核災害の場合、放出された放射性物質、ないし中性子誘導放射性物質が、ある期間環境に残留します。その地に暮らす公衆が、それにより放射線の被曝を受けることに特徴があります。こうした障害（ハザード・Hazard）をもった地域が形成されます。これが、核ハザードです。このハザードをもたらす物質は単一ではなく、種々の放射性核種が作用するため、人体へのリスクや環境における継続性が多様です。しかし、この多様な放射性核種を継続性、影響の質的差異から3種のハザードに分類することは、防災上有益だと考えられます。

　第1は、災害発生から1カ月間程度の短期ハザードです。核爆発災害の場合には、これに最初の1分間における初期核放射線が加わります。この短期ハザードに関わる放射性物質は、ヨウ素、短半減期核分裂生成物、そして中性子放射化により誘導された物質です。これらは、公衆に急性障害や後障害などの甚大なる被曝の原因となる可能性があります。過去の核災害事例から、致死的被曝、熱傷、脱毛などの急性障害の他、甲状腺ガン、白血病を初めとしたガンなどの後障害を発生させています。

　原子力施設の史上最大事故であったチェルノブイリの場合には、この短期ハザードによる公衆被曝の最大はレベルC（全身で750 mSv、甲状腺が10 Gy）でした。甲状腺被曝の80%は汚染ミルク摂取によるものです。事故のあった発電所の労働者が暮らすプリピアッチ市以外では、ヨウ素剤が配布されませんでした。したがって、この短期ハザードに対する防護としては、屋内退避、汚染ミルクなどの非摂取、甲状腺防護のための安定ヨウ素の摂取です。レベル7の事故であっても一部の近傍地域以外では、これらの対処で、かなりの線量回避が期待できます。

　第2は、半減期約30年の核種であるCs-137およびSr-90の環境汚染による長期ハザードです。環境中の放射能は、必ずしも、物理半減期とは一致せず、短い環境半減期でローカルには減衰する傾向にあります。実際、ロンゲラップ島の場合のCs-137の実効半減期は約7年でした。長期ハザードの被曝リスクは初期

の10年間くらい無視はできないかもしれませんが、次第にこのハザードから開放される傾向にあります。

初期10年以内に発生する顕著な健康被害は、白血病と甲状腺ガンです。前者は広島・長崎で5年後に発生率が極大に、後者はチェルノブイリ事故で小児に10年後、極大に達しました。また、広島・長崎ではその他のガンの発生率が十年以後、少しずつ増加傾向にあります。これらの健康影響は、長期ハザードによる低線量率被曝に原因しているのではなく、短期ハザードによる高線量被曝が原因していることに注目すべきです。

第3のハザードは、プルトニウムや劣化ウランなどの物理半減期が2万年以上もある、ほとんど減衰しないアルファ放射体によるものです。地上核爆発や劣化ウラン弾被災後のグランドゼロでのハザードです。この種のハザードは他のハザードと比べて、その汚染の面積は小さいのです。ただし、15 Mtのビキニ水爆事例のように、大型核兵器の地表爆発の場合には、広範囲なフォールアウト地域に、この第3のハザードが発生します。この種の環境半減期も物理半減期よりも短いと想像していますが、まだ解明されていません。

放射線防護医療研究会の取り組み

21世紀の日本を取り巻く軍事状況は、周辺国の核兵器およびミサイル開発に象徴されるように危険な方向に向かっています。しかも、相手は国家組織だけではありません。2001.9.11の米国同時多発テロ以後、非国家組織による国家へのテロ攻撃が激化しています。一方、国防のための軍隊をもたないわが国の憲法と平和にたいする危機の増大との矛盾が表面化しています。

本研究会は、原子力基本法における核と放射線の平和利用の枠組みの中で、実践的な放射線防護医療の研究の推進に寄与するものです。武器技術や攻撃的な軍事作戦の研究ではありません。わが国への核武力攻撃事態等の脅威の高まりに対し、国民の生命と健康を護るための研究に関わります。国民保護法および国民保護基本指針における核武力攻撃事態等に代表される大規模核災害に対処する研究です。医療対処するための研究を推進し、実践的な体制を整備することは、国家としての必要な保険ではないでしょうか。

実践的な放射線防護医療の研究には、種々の専門家、複数の組織、複数の省庁、地方の横断的連携と参加が求められています。理論、個別技術、連携について、情報を集約・共有化することは有効だと考えられます。顔の見える付き合い

を通じて、実行性のある成果の誕生が期待されます。また、国民への透明性を保持することは大切です。そのために、研究会のホームページ[11]での情報発信、研究会誌・放射線防護医療の発行、メデイアへの情報発信を行います。研究会にご参集各位の、取り組みに期待します。

初出　高田純：放射線防護医療1　1-8　2005

■ 文献 ■

戦術核兵器および核兵器テロの脅威に関する情勢分析

1) B. Alexander and A. Millar edited：Tactical Nuclear Weapons-Emergent Threats in an Evolving Security Environment. Brassey's, Inc., Washington, D.C. 2003.
2) C. Mark, T. Taylor, E. Eyster, W. Maraman, J. Wechesler：Can Terrorists Built Nuclear Weapons?. Nuclera Control Institute, Washinton, D.C. http://www.nci.or g/k-m/makeab.htm, 1986.

核爆発災害　核戦争、核兵器テロとその防護に関する科学と技術

3) Office of Technology Assessment, Congress of the United State, The Effects of Nulcear War, Allanheld, Osmun & Co. Publishers, Inc., Montclair, 1980.
4) S. Glasstone and P. J. Dolan：The Effects of Nuclear Weapons. United States Department of Deffence and the Energy Research and Development Administration, Washington, D. C. 1977.
5) J. W. Poston edited. Management of Terrorist Events Involving Radioactive Material. NCRP report No. 138, National Council on Radiation Protection and Measurements, Bethesda, 2001.
6) 高田純：世界の放射線被曝地調査．講談社ブルーバックス，2002.
7) 高田純：東京に核兵器テロ！．講談社，2004.
8) Jun Takada：Nuclear Hazards in the World. Kodansha and Springer, 2005.
9) 高田純：核災害からの復興．医療科学社，2005.
10) 高田純：核災害に対する放射線防護．医療科学社，2005.
11) 放射線防護情報センター，http://www15.ocn.ne.jp/~jungata/
12) 加茂憲一，高田純：核兵器テロ時の地下鉄による脱出シミュレーション．放射線防護医療1，2005.

被曝医療、放射線障害、線量、リスク

13) I. A. Gusev, A. K. Guskova, and F. A. Mettler：Medical Management of Radiation Accidents. CRC Press, Boca Raton, London, New York, Washington, D. C., 2001.
14) 放射線被曝者医療国際協力推進協議会：原爆放射線の人体影響1992．文光社，1992.

15) E. P. Cronkite, V. P. Bond, and C. L. Dunham : Ionizing Radiation on Human Beings, A report on the Marshallese and Americans Accidentally Exposed to Radiation from Fallout and a Discussion of Radiation Injury in the Human Being. United State Atomic Energy Commission, Washington, D. C., 1956.
16) J. E. Howard, A. Vaswani, and P. Heotis : Thyroid Disease among the Rongelap and Utirik Population-An Update. Health Physics, 73, 190-198, 1997
17) E. P. Cronkite, R. A. Conard, and V. P. Bond : Historical Events Associated with Fallout from Bravo Shot-Operation Castle and 25 Y of Medical Findings. Health Physics, 73, 176-186, 1997
18) 国際放射線防護委員会の1990年勧告．日本アイソトープ協会，丸善，1991.
19) 青木芳朗・前川和彦・監修：緊急被曝医療テキスト．医療科学社，2004.

対核テロ、核兵器不拡散、対核災害に関する政策

20) NBCテロ対策の推進について．平成13年4月18日　首相官邸ホームページ http://www.kantei.go.jp/jp/kikikanri/nbc/
21) NucSafe（米国オークリッジにある核の安全装置の会社．1999年に設立)，http://www.nucsafe.com/.
22) 外務省，我が国の原子力外交．外務省ホームページ，http://www.mofa.go.jp/mofaj/gaiko/atom/index.html.
23) 今井隆吉：IAEA査察と核拡散．日刊工業新聞社，1994.
24) 外務省，国際科学技術センター．外務省ホームページ，http://www.mofa.go.jp/mofaj/gaiko/technology/istc_1.html.
25) 荒廃した生活環境の回復研究連絡委員会：放射性物質による環境汚染の予防と環境の回復専門委員会報告「放射性物質による環境汚染の予防と回復に関する研究の推進」．日本学術会議，2004. http://wwwsoc.nii.ac.jp/jhps/j/information/gak20050323.pdf
26) 武力攻撃事態対処法　2003年6月，国民保護法　2004年6月

国民保護基本指針

　　http://www.kantei.go.jp/jp/singi/hogohousei/hourei/050325shishin.pdf，2005年3月

核爆発災害　被害予測と政府の課題

はじめに

　広島や海外の実験などの歴史的な事例を分析した研究に基づく核爆発災害の予測と防護法の考察結果を報告する[1]。地表核爆発後の核の灰降下による放射線災害の線量予測計算法は、RAPS を開発し、任意の爆発威力、任意の実効風速の条件で計算が出来るように改善されている[2]。空中核爆発については、広島の災害データに基づく人口および建造物破壊の予測計算法・NEDIPS を、2006 年に新たに開発した。この新計算法で、任意の爆発威力での災害を定量的に予測できる。

　今回は、長崎級の核弾頭による東京の被災シミュレーションを通じて、防護法の課題を取り上げる。小型の核弾頭でさえ、死亡 50 万人を含む 500 万人が負傷し、都心が壊滅する大災害となる。生存者には白血病をはじめとした発がんのリスクが高まるが、顕著な寿命短縮は生じないことが広島・長崎の疫学調査と生命表法[3]から予測されている。最も大事な対処は、核爆発の 5 特性からの初期被害の回避にある[1]。

　首都への核攻撃による情報通信網の破壊は、直接被害を受けない地方へも甚大な情報の影響を及ぼし、全国へ波及する。これは日本社会の情報通信の麻痺状態を作り出すことが予測される。さらに首都に蓄積された情報の喪失は文明の破壊にもなりかねない。

　核爆発を引き起こさない原子力施設への攻撃事態や、核放射線テロの事態は災害レベルとしては数段低い社会影響であることをしっかりと認識し、全体の国民保護の方策を打ち立てるべきである。核爆発災害こそ、日本社会を破壊する最悪の事態である。今回、被害予測と防護の考察を行い、政府の課題を提言する。

周辺国の核兵器開発と配備

　核兵器は前世紀に米ソを中心に開発が始まり、世界に拡散した。2007 年の世界の総量は、TNT 火薬換算で 3227 メガトンで、米国、ロシア、中国の 3 国で、全体の 98% を占める[4]。特に、中国の総量 273 メガトンの核弾頭は注目の点である。今、その配備が北朝鮮に及びつつあり、東アジアの脅威は高まっている。

頑丈な金属容器内で数十グラムから数十キログラムの核物質が一瞬に核反応して、アインシュタインの相対論的エネルギーを一気に発生させ装置を破壊・蒸発させる武器が核爆弾である。最新技術では人が携帯できるほどに小型化した弾頭が開発されている。輸送手段とあわせて核兵器という。

　弾道ミサイルは、ロケットの推進力で大気の無い高高度の宇宙空間に打ち上げられ、敵国の標的を狙う軌道に乗ると同時に、核弾頭を格納した再突入体が打ち出される。以後、砲丸投のように放物線を描いて、音速の数倍から10倍の高速で飛翔し大気圏へ突入する。さらに、複数個の弾頭が搭載された弾道ミサイル技術があり、迎撃を困難にしている。

　再突入体の軌道はニュートン力学で計算できる。吉林省のミサイル基地から発射した場合、弾道ミサイルが東京に着弾するまでの飛翔時間は10分である。北朝鮮からの発射では、10分以内の着弾となる。

　弾道ミサイルの配備には、固定式と移動式がある。前者は陸上の地下サイロであり、後者は潜水艦である。井戸状の竪穴を掘り、弾道ミサイルを垂直に立てて、発射可能な状態で配備する、固定式では偵察衛星に容易に発見される。地下サイロは、近くで核爆発があっても、破壊されないように強化されてはいる。潜水艦は発見されにくいので、強力な弾道ミサイルの発射基地となる。この種のミサイルはSLBMと呼ばれる。ロシアにはこの他、道路移動型と鉄道移動型のミサイルがある。

　中国はソ連の技術を原点として、弾道ミサイルの開発を進めた。1964年に核実験を成功し、1966年には、核弾道ミサイルを配備し、日本を射程圏内とした。1990年代に、20基の対米攻撃用のICBM発射基が配備された。SLBMは1隻である。その他、日本および米軍基地を標的とした、射程5000キロメートル、2800キロメートルの弾道ミサイルが配備されている。日本に近い吉林省の発射基地には、およそ20基が配備されている。射程が2500キロメートルの潜水艦発射核弾頭ミサイルは、1987年に配備された。中国の地上発射弾道ミサイル機数はおよそ100、潜水艦発射弾道ミサイル機数は、およそ10、爆撃機は、およそ100である。

　北朝鮮も、ソ連の技術を原点として、弾道ミサイルの開発を進めた。1993年に、最初の発射実験を行い、日本海に着弾した。米国のコード名は、ノドンである。脱北した技術者が、韓国政府および米軍への証言によれば、1975年に、ソ連のミサイルが北朝鮮に持ち込まれて、ノドンの開発が始まった。ロシアの人工

表1　2007年　世界の核兵器の現状

国名	戦略核弾頭	戦術核弾頭	核弾頭総数 作戦配備	核弾頭総数 保有総数	総メガトン
ロシア	3,340	2,330	5,670	15,000	1,587
米国	4,663	500	5,163	9,938	1,299
中国	145	?	145	200	273
フランス	348	n.a.	348	>348	47
英国	160	n.a.	<160	200	14
イスラエル	80	n.a.	n.a.	80	1.6
パキスタン	60	n.a.	n.a.	60	0.7
インド	50	n.a.	n.a.	50	0.6
北朝鮮	<10	n.a.	n.a.	<10	0.01
合計	8,846	2,830	>11,616	25,886	3,000

n.a.：該当しない
出典　The Nuclear Information Project

衛星からの信号を受信し、軌道を制御するという。1998年に、二段目が三陸沖に落下した、弾道ミサイルの実験が行われた。米国のコード名は、テポドンである。弾道部分は、アラスカまで届いたという。すなわち、北朝鮮の弾道ミサイルは、既に、日本を射程圏内としている。

核爆発の5特性

核が内蔵するエネルギーを瞬時に大量に限られた空間に放出する状態が核爆発である。通常の火薬の爆発もエネルギーを瞬時に大量に限られた空間に放出することでは同じである。これは火薬の原料と周囲の酸素との化学反応がエネルギー発生の素となっている。それに対して、核爆発のエネルギーの素は、原子の中心にある核の反応である。ひとつの核反応から生ずるエネルギーはひとつの化学反応から生ずるエネルギーのおよそ百万倍大きい。そのため、核爆発のエネルギー放出に伴い、爆発物は極めて高温・高圧の気体の状態となる。しかも核爆弾の反応時間は、百万分の1秒と短い。例えば50キログラムの核爆発は、TNT火薬の百万トンの爆発と同じエネルギーを放出する。この高温・高圧の気体は、急速に膨張するので、周囲の空気や構造物などを非常に強い力で押し出し、破壊力となる。これが衝撃波である。

第三章　核防護と核抑止力

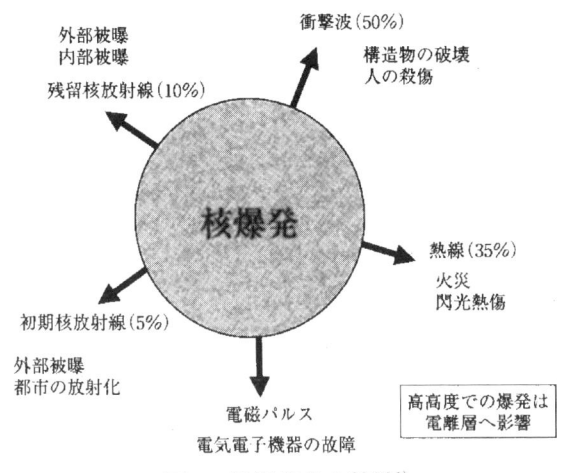

図中:
- 衝撃波（50%）構造物の破壊　人の殺傷
- 外部被曝　内部被曝　残留核放射線（10%）
- 核爆発
- 熱線（35%）火災　閃光熱傷
- 初期核放射線（5%）外部被曝　都市の放射化
- 電磁パルス　電気電子機器の故障
- 高高度での爆発は電離層へ影響

図1　核爆発の5特性[1]

　核爆発時の核反応から、高エネルギーの光子と中性子が放出される。これを初期核放射線という。これは周囲の空気や人体を電離させる能力がある。電離とは、原子や分子を正イオンと電子とに分離させることである。人体に初期核放射線が大量に照射されると、著しい健康障害をもたらす。また核爆発で生じた大量の初期核放射線は、大量の正電荷と負の電荷との瞬時の分離を、大気にもたらし、強力な電磁パルスを誘導する。これが周辺地域における電気電子機器の故障の原因となる。さらに核爆発後に、放射線を持続的に放射し続ける物質が残る。これが残留放射線である。この持続的な放射線の原因となる特性を残留放射能という。爆発の瞬間から始まる、核のハザードが減衰しながらも継続する。

　核爆発の5特性[5]、衝撃波、熱線（光）、初期核放射線、電磁パルス、残留核放射線が、核爆発災害の物理的原因となる。これらが広範囲に、都市の破壊、住民の殺傷と健康被害、電子機器の故障をもたらす。従って、核爆発災害の防護を検討するには、核爆発の5特性の知識が必要不可欠である。

被害と防護の予測計算方式　NEDIPSとRAPS

　わが国が米国の核兵器の傘の下にいて、安心していた時代は終わった。米ソの冷戦終結後、核兵器の拡散に関わる闇のビジネスが横行している。核兵器テロおよび弾道ミサイル、核巡航ミサイルにより、日本が突然に被災する、あるいは、

核攻撃の脅迫を受けるかもしれない21世紀である。実際、周辺には、中国の東シナ海ガス田開発、台湾問題など、紛争の火種がある。

2004年に国民保護法が成立し、日本が武力攻撃を受ける事態に備える法的な基盤が、一部整った。いつ発生するのかわからない、核爆発災害だが、その国家が破壊されるかもしれない災害の規模、範囲、死傷者数を予測し、可能ならば防護対策を打ち立てるのは、政府の責任ではある。台風や地震に対しては、研究のみならず、実効的な対策がなされてきた。ただし、台風と地震では、国家が壊滅することは考えにくい。一方、核爆発災害は、日本壊滅の恐れがある。ただし、唯一の核爆発被災国ではありながら、この種の防護研究は、1945年以後、長年、手付かずであった。

筆者は、広島・長崎の空中核爆発、ビキニ環礁での地表核爆発などの歴史的な事例検証、米ソの核爆発実験から構築された核爆発災害の理論、現存する核兵器技術などの知識を基礎に、核爆発災害の影響の中身を、定量的に予測する方法を開発してきた。最初に、地表核爆発後に生じる核放射線災害の放射線防護計算方式・RAPSを開発した[1]。この手法で、核兵器テロによる災害予測を東京に対して行なった。

この手法は、開発当時、実効風速は24 km/hに固定されていたが、その後、任意の実効風速で計算が可能になった。そのため、歴史的な実験を再現できることを確認した。図2にソ連最初のセミパラチンスクでの20キロトンの地表核爆発後の核の灰降下地域の空間線量のルミネッセンス法の評価結果とRAPSの計算結果の一致を示す。この方法で、2006年10月9日の北朝鮮の実験からの放射線影響を計算し、2007年のIAEAの会議で報告したとおりである[2]。

次に、衝撃波、閃光による初期被害の予測計算方式・NEDIPSを2006年に開発した。特に、広島の空中核爆発災害に対する日米それぞれの研究成果および、その後の米国の実験報告を基礎とし、筆者独自の歴史的データの解析を加えた。NEDIPSおよびRAPSの計算システムにより、任意の威力の核爆発に対して、被害と防護の予測が可能となった。

東京上空で20キロトン核弾頭が炸裂

最初のNEDIPSによるシミュレーションは、核弾頭の空中爆発である。敵国が狙う標的は、国家中枢である首相官邸・国会議事堂であると考えられる。図3は、ゼロ地点を仮に永田町として、同心円を描いた。弾道ミサイルの命中精度

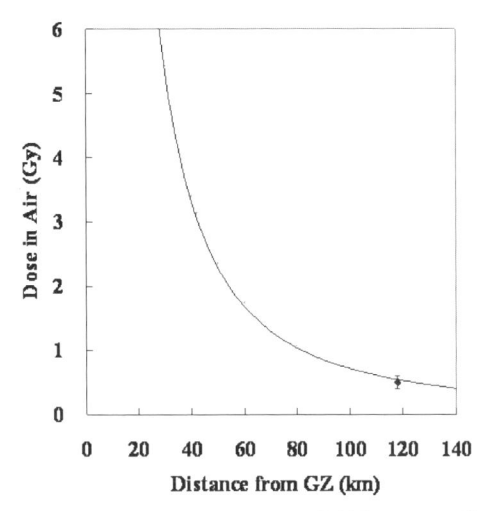

図2 セミパラチンスクでの20キロトンの地表核爆発後の核の灰降下地域の空間線量データ(蛍光線量法によるドロン村の実測値)と、実効風速を47 km/hとしたRAPSによる予測計算(曲線)[2]

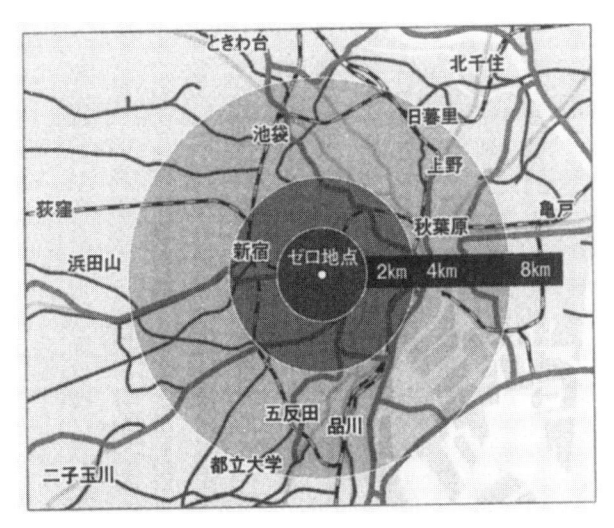

図3 東京地図、想定したゼロ地点を中心とした同心円[1]

は、前章でみたように、巡航ミサイルのように、ピンポイントの精度はない。1-2キロメートルくらいの誤差を生じることも考えられる。

爆発高度を600メートルとし、爆発威力を20キロトンと設定する。直径220メートルの眩しい火球が、都心の上空に出現し、核爆発災害の発生となる。

広島における空中核爆発被害の実データを基礎としたNEDIPSにより、東京の被害を予測する。1945年の広島市とは、建築様式は大きく異なるが、高層建築、プレハブ個人住宅など、耐衝撃波性能、耐熱性能などに大きな改善がないと仮定している。広島では、戦後再利用できた建築物は、直下型大地震に耐える条件で建築された鉄筋コンクリート建造物である。今日の東京には、こうした建築は、国会議事堂など少数である。首相官邸の外壁もガラス面積が大きく、耐衝撃波を考慮された構造にはなっていない。

建造物被害を、広島核被災の調査から得た、建造物生存率の距離関数を、爆発威力20キロトンに換算して、東京の場合を計算した。建築の構造と材質が大幅に異なるが、衝撃波および火災により、再利用不能な被害を受ける建造物の割合を、距離別に予測した。

ゼロ地点から半径2キロメートル圏内にある建造物のうち、99パーセントは、再利用不能に破壊される。この範囲は、なお、2.2キロメートル以内は、全焼区域となる。2-4キロメートル圏内では、88パーセントの建築物が、再利用不能に破壊される。2.2キロメートル以遠では、火災は少ない。4-8キロメートル圏内では、39パーセントの建築物が、再利用できないほどに損傷を受ける。火災はない。9キロメートル以遠では、一部損傷は受けても、大破する建物はほぼ無い。

軽量な外壁からなる高層建築は、衝撃波に対して弱く、近距離では全壊する。ゼロ地点に比較的近い高層建築は倒壊するかもしれない。免震機能により地震には強いが、一方向に作用する衝撃波がもたらす大きな牽引力となるには弱い。その力のモーメントは、高層建築ほど大きくなり、ある程度傾くと、重力も加わり、建物全体の破壊が促進される。ガラス面や外壁が吹き飛ばされるであろう。場合によっては、上空からの衝撃波により屋上から順に崩落し、瓦解するかも知れない。ゼロ地点に近いほど、鉛直方向の力が作用するので、高層ビルの瓦解は、ゼロ地点に近い場合である。後で述べるように、東京タワーすら、衝撃波で倒壊する。

1200メートル圏内にある、軽量の外壁からなる多層階のビルは、完全に破壊

される。一方、鉄筋コンクリートの多層階ビルは、再利用できないほどに大破するが、完全破壊は生じない。

　地下施設は、空中核爆発で破壊されない。構造としては強い。地下に通ずる開口部の面積が小さく、地下内部に衝撃波が入り込みにくいからである。ただし、ゼロ地点近傍の高層建築の地階は、上層部が瓦解した場合には、圧縮されてしまう。

　地上電線は、2キロメートル圏内で破損し、都内は停電となる。ただし、地下ケーブルは破損しない。

　自動車は、2キロメートル圏内で、ガラス破損や横転となる。したがって、都心は、首都高速をはじめ、交通マヒ状態になる。JRなどの電車は、1400メートル圏内で脱線する。したがって、都心を横断する総武線や中央線は、不通となると予想される。また都心を囲む路線であるJR山手線も、ゼロ地点に近い部分で脱線する可能性がある。一方、都内に縦横に巡らされている地下鉄路線は、損傷を受けない。

　硝子窓は、5キロメートル圏内で粉砕・破損する。JR山手線内部の都心は、半径4-6キロメートルの円内に、ほぼ入る。したがって、以上の予測される被害範囲から、20キロトンの核弾頭の空中爆発により、首都は壊滅することになる。しかも、国会議事堂を除く、官邸および各省庁の建物は、外観の如く脆弱である。したがって、こうした核攻撃を受ければ、半径1キロメートル以内に集中した国家機能を、一撃で喪失することになる。それを回避するには、官邸の司令部をはじめ国家中枢重要部を、地下に建造しなければならない。

空中核爆発で50万人が死亡

　次に、20キロトン空中核爆発が、昼間の東京で、発生した場合の急性死亡数を推定する。東京は、郊外や隣接県から来る勤務者で、昼間の人口が夜間に比べて多い地域である。都は、昼間人口密度のデータを公表しているので、それを用いた。

　都内の人口密度に分布があるので、ゼロ地点によって、死亡数に20〜30パーセントの差が生じる。NEDIPSの計算原理は、1945年の広島のデータを、爆発威力20キロトンに換算した死亡率関数を用いることにある[1]。

　熱線・初期核放射線を含む閃光に、屋内外の多数の都民が曝露される。屋外の人の多くは、直射を受け、屋内の多くの人たちも、大面積のガラス越しに照射さ

れる。熱線はビルの外壁に多用された熱線反射ガラスで、一部が反射され、直射されない陰にいた人たちも、反射された熱線を受ける。高層ビル内の人達は、現代建築の薄い板状の外壁材を透過した初期核放射線に曝露される。閃光は光の速さで進むので、街は閃光に曝露された直後、衝撃波で粉砕される。

衝撃波により吹き飛ばされビルの外壁に激突しての即死、弾丸の如く飛ぶガラス片などを受けて動けない状態になる被災者、閃光熱傷で即死ないし動けなくなる被災者、倒壊した建築物の下敷きで脱出できなくなる被災者、高層建築の外壁もろとも屋外に吹き飛ばされる被災者、自動車もろとも首都高速の高架道路から落下する被災者などが、ほぼ即死と分類される死亡者となる。

次に、衝撃波、閃光熱傷、初期核放射線を減じた形で受け、即死は免れ、危険区域から脱出したが、数ヶ月以内に死亡する被災者を、急性死亡と分類する。これらの即死と急性死亡をあわせて、本書では急性死亡と分類する。この他、生存者の受けた線量の値に応じて、発がんによる後障害死がある。ただし、広島の生存者のデータなどが示すように、生存者の平均値としての寿命短縮年数は顕著ではない。

以下の予測計算は、ゼロ地点を、東京ドームのある水道橋付近と設定している。半径2キロメートル以内の平均死亡率は59パーセントで、死亡数を42万人と予測した。前節で、半径2キロメートル圏内の建築物は、全壊・大破・全焼し、再利用できなくなる割合が99パーセントにくらべ、人たちの死亡率は低い。人たちには生き延びる力がある。2キロメートル以遠では、死亡率は14パーセント以下となる。ゼロ地点から4キロメートルでは、死亡率は1パーセントにまで下がるが、まだ危険はある。結局、東京が20キロトンの空中核攻撃を受けると、初期被害により50万人の急性死亡となる。

半径7キロメートル以内の負傷者数は、300万から500万にも及ぶ。特に、半径2キロメートル以内のその日の生存者50万人は、重傷ないし重体である。その生存者の内、およそ20万人は、数ヶ月以内に死亡する。ただし、この数は、先の50万人の急性死亡に含まれる数である。尚、JR山手線内の病院の大半は、壊滅する。被災者の多くは、郊外や周辺県の居住区にある病院で、手当を受けることになる。

放射線災害としての空中核爆発と地表核爆発との違い

同じく威力20キロトンの核弾頭が、東京の地表に激突して爆発する場合の被

第三章　核防護と核抑止力

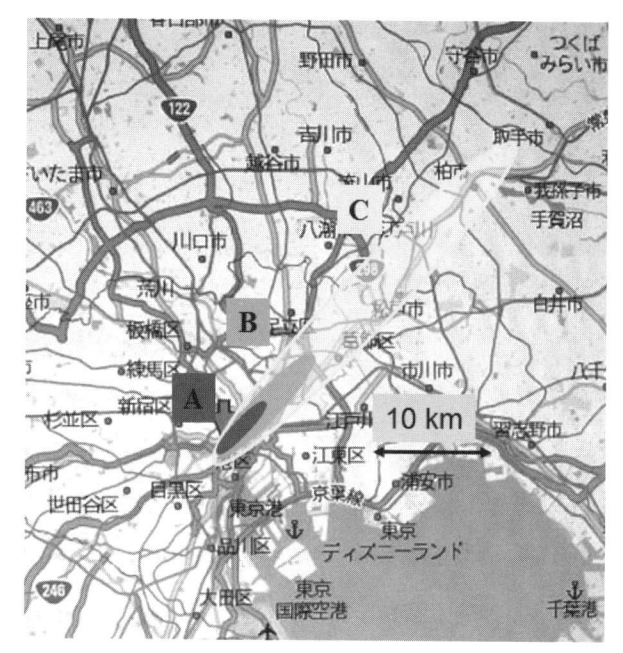

図4　ゼロ地点を永田町とした場合の 20 kt 地表核爆発の線量予測
風速毎時 24 km として、最初の 1 時間屋外にいて脱出した場合。

害をシミュレーションする[1]。この地表核爆発災害の特徴は、熱線と初期核放射線を含む閃光が、多数のビル群により遮へいされるため、その被害範囲は狭まるが、核の灰降下による残留放射線被害が広範囲に発生することにある。

危険区に、核の灰が降下して最初の 1 時間屋外に滞在し、脱出した場合の線量等高線を、図4に示す。被災人口を、線量レベル別に見ると、レベル A が 23 万人、レベル B が 57 万人、レベル C が 92 万人となる。すなわち、核の灰の皮膚への付着による皮膚障害の恐れがある被災者は、170 万にも及ぶ。この後の脱毛は、被災後 10 日以上して、発生する。

半致死以上のリスクのあるレベル A の区域は、風下 6 キロメートル以内である。その範囲でも、ゼロ地点に近い距離では、急性死の恐れがある。4 キロメートル以内は全員が致死リスクとなる 8 シーベルト以上の線量となる。この近距離の屋外被災者は、救命できない。この区域では、嘔吐・下痢の急性症状が現れる。

157

レベルBの区域の線量は1〜3シーベルトで、致死にはならない。しかし、白血病と甲状腺がんの発生の確率が顕著に高まる。前者は、ガンマ線による全身被曝が原因であり、後者は、放射性ヨウ素の吸い込みや汚染水や汚染食品の摂取による甲状腺被曝が原因となる。レベルCの区域の線量は0.1-0.9シーベルトで、レベルBの区域ほどではないが、白血病と甲状腺がんの発生の確率が高まる。これらのがんは、被災の数年以後に発生する。レベルBとCの被災者の内、白血病死数はおよそ3000人と予測する。

　なお、甲状腺がんの発生は、汚染水や汚染食品の摂取を避ければ、大幅に回避できる。また、甲状腺がんは、治癒率が高い。チェルノブイリ原子力発電所事故では、汚染牛乳の流通と摂取により多数の小児が甲状腺がんとなったが、最大の患者を発生したベラルーシでの手術成功率は99パーセントと高い。2002年までに、4000人が甲状腺がんとなったが、死亡数は15人である。

　以上の線量区分の地理的な広がりは、核の灰が降下してから、最初の1時間の予測線量値による推定である。レベルBやレベルCの地域は、ゼロ地点から離れているので、さらに長時間にわたり、その地域に居続けるかもしれない。灰が降り止んで、その地域の屋外にずっとい続けるとした場合、風下135キロメートルまでが、レベルCとなる。例えば、茨城県の水戸市が、都心からおよそ100キロメートルである。実際には、屋外に居ることはなく、屋内退避しているので線量は、数10パーセント減じられる。

情報通信網の破壊と日本社会の麻痺

　国家・社会の財産である情報・通信網は、核爆発災害で壊滅する恐れがある[1]。政府機関や放送事業者などが使用するパラボラアンテナや東京タワーは破壊する。中枢のコンピュータは破壊し、政府および企業は膨大な情報を失うことになる。しかも国民保護に関する情報を、核攻撃を受けた後は、発信できない。

　この事態は、地表だけでなく、地下の施設でも起こりえることだ。その原因が、初期核放射線に誘導される電磁パルスである。これは、核爆発の瞬間に生じる雷のような現象で、これを受信した電子・電気機器が故障する。米国の報告によれば、高高度でメガトン級の核爆発があれば、全米に影響するとのこと。この対策がなければ、仮に地下待避所に隠れても、電気系統が故障して困った事態にもなりかねない。

　爆発後、プルトニウムやウランの核分裂生成物が、継続的に残留核放射線を放

つ。その全エネルギー量は、初期核放射線の3倍もある。ただし空中爆発では、高温のために上昇し、ゼロ地点および周辺に顕著に降下することはない。相対的にリスクは無視できる。しかし、地表核爆発では、核分裂生成物が地表粉砕物と混合し核の灰となって周辺および風下に降下する。しかも、長期間にリスクが残留する。テロ攻撃ではこうした地表攻撃事態が想定され、被災地の復興を困難にする。

政府および大企業の中枢のコンピュータが破壊や使用不能になれば、その影響は全国に及ぶ[6]。コンピュータ情報のリスク分散は21世紀の生き残りのため必要な対策である。本年5月大田区にあるコンピュータの不都合で、羽田空港の旅客と貨物の管理が長時間麻痺した全日空の事態を忘れてはならない。東京が弾道ミサイル攻撃を受ければ、日本社会が麻痺する事態となる。

筆者らのグループでは、電子機器への核放射線の影響を、リニアックや原子炉を利用した実験的な調査を開始した[7]。この研究は、核保有国の迎撃技術の理解のみならず、日本が被弾する際の情報通信網に対する防護法の直接的な研究となる。さらに、平和利用施設である核エネルギー施設における大規模災害発生時のロボット対処技術に必要な知見を与える。

弾道ミサイルの迎撃技術と防護

再突入体は高速で大気圏に侵入するので、大気中の分子との激しい衝突により加熱され高温になる。そのため内臓する弾頭が破壊する恐れがあり、この再突入体の製造には高い技術が要求されている。核弾頭以外にも、多数のおとりが発射されることが想定されている。ただし、おとりの再突入体は、大気圏に侵入後、燃焼してしまう。

敵国から発射されたICBMを迎撃するための核弾頭が開発されている。これは、熱核爆発で生じる高密度の核放射線を、標的となる敵のICBMに照射し、無力化とする技術である。W-65/66は、全長89センチメートル、直径46センチメートル、重量68キログラムで、爆発威力数キロトンの、初期核放射線が強化された核弾頭である。これが、米軍の現在の迎撃ミサイル技術である。1キロメートルくらいの近距離で、核爆発させて、強烈な核放射線の照射により敵のICBMを無力化させるのである。

米国はミサイル同士が、宇宙空間で、物理的に衝突する方式の迎撃ミサイルの開発研究を推進してはいるが、その技術はまだ確立していない。弾道ミサイルの

飛翔の初期段階に対し、艦船から発射する迎撃ミサイルがSM-3である。
　一方、想定される着弾地点から発射する迎撃ミサイルがPAC-3である。迎撃ミサイルの速度の何倍かの速度で落下してくる弾頭に衝突させるために、弾頭の軌道から外れた位置からの迎撃は困難である。しかも、多数のおとりミサイルが同時に飛翔してくるので、有効ではないと考えられている。一発でも核弾頭が炸裂すれば、壊滅的な事態になる。
　2007年、わが国に、迎撃ミサイルの配備が始まった。しかし、安心はできない。核弾頭を搭載する飛車角に対し、槍を配備した格好だが、王将の金銀による護りを忘れてはならない。何はなくとも、防護は第一である。

政府の7つの課題

　核爆発災害の5の特性を理解し、防護対策を実行すれば、犠牲者の数を半減できると考えられる。そのために、政府へ以下の7つの課題を提言する[1], [6]。前記の核爆発災害のシミュレーションなどで、政府の課題は見えてきた。

　これまで、「反核」・「非核」の一言で、避けてきた核問題だが、日本に迫る危機に対し、直視すべき時が来たと思う。特に、防護については多くの国民の理解は得られるはず。国民保護のための7つの課題の実施により、日本全体が大いに学習することになるのである。

1　国民保護警報発令のために、確実な体制を敷く
　　この最初で最重要の情報が、発信されなかったり、遅れた場合には、夥しい犠牲者が発生することになる。テレビ・ラジオとの連携も確実にしなければならない。
2　国家中枢機能の防護
　　国家中枢の重要機能は人も含めて、防護しなくてはならない。将棋でいう王将の防護であるが、現代戦では、最初にミサイルの標的となるかもしれない。地上施設ならば、簡単に破壊される。したがって、それに対抗するには、司令室、情報発信基地と情報幹線の地下化である。地下施設の電子電気系統の電磁パルス対策も必要である。これ防護対策が施された堅牢な地下施設を破壊するのは、地下貫通核ミサイルである。
3　地下街の整備
　　地下街は国民の防空壕との理解で、整備する。その時、停電とならないよう

にする。電子電気系統の電磁パルス対策が求められる。
4 陸上自衛隊員による地下鉄の運転
地下鉄を利用した被災者の脱出の他、陸上自衛隊および衛生隊が、ゼロ地点とその周辺に突入し、被災者を救出する。
5 自衛隊、消防、警察における隊員の線量管理法の確立と訓練
被災者の救出などで出動する隊員の命と健康を防護するための放射線防護法を確実にする。
6 自衛隊病院の付属施設としての除染棟の建設と運用
国家の保険として、日本もフランスのように、核事故・核災害に対応できる除染棟を建設し、運用する。自衛隊病院の民間開放を進め、整備する。
7 全国の放射線監視網の整備
現在ある、発電所等の核エネルギー施設立地県にある放射監視網を、全都道府県に拡大し、インターネット等で公開する。現状では、政府が開示している核エネルギー関連施設立地県のデータを利用し、被武力攻撃事態に備えて、24時間予測線量レベルを、筆者のサイトで公開している。

以上は、核爆発事態への対処の課題であるが、これは通常兵器による被攻撃事態にも通じる。大は小を兼ねるからである。その逆はない。さらに、「大」なる攻撃は受けないと信じる訳にはいかない。過去、保有国は、非保有国へ核武力攻撃の脅迫をしてきた。近未来に、日本がこの種の脅しを受けるかもしれない。

政府および地方は、国民保護基本指針と計画を策定した。しかし、その内容の科学研究がなされていない。この分野は、先進諸国のなかで大いに遅れている。教育にも課題はあろうが、先導的研究を推進させる方策が求められるのではないか。

初出　高田純：放射線防護医療第3　1-9　2007

■ 文献 ■

1) 高田純：核爆発災害. 中公新書, 2007.
2) Jun Takada：Dose prediction in Japan for nuclear test explosions in North Korea, IAEA-CN-145-055, 2007.
3) 加茂憲一, 高田純：核兵器テロ後の発がんによる寿命短縮の予測. 放射線防護医療. 第3巻, 2007.

4) The Nuclear Information Project, Status of World Nuclear Forces 2007, http://www.nukestrat.com/nukestatus.htm, 2007.
5) S.Glasstone and P.J.Dolan : The Effects of Nuclear Weapons, United States Department of Deffence and the Energy Research and Development Administration. Washington, D.C. 1977.
6) 高田純:核攻撃に打ち克つ都市づくりを急げ.諸君!,10月号,68-81,文藝春秋社,2007.
7) 櫻井良憲,加茂憲一,高田純:半導体素子の核放射線による損傷.放射線防護医療,第3巻,2007.

核兵器テロに対する公衆の放射線防護

はじめに

　戦術核兵器の存在が、今日の21世紀の脅威となっている。特に、広島型核兵器の威力の10分の1以下の小型核兵器である。既に1960年代に米ソで開発され、配備されていた。一方では、その100万倍以上の超大型の戦略核兵器が多数開発されている。これまでは、こうした小型核兵器は"ちび"で目立たない存在だった。20世紀は、力の恐怖の均衡のもとで、核兵器自体が使用不能の兵器だった。しかし、テロリストによる2001年9月11日の米国攻撃以後、状況は一変した。

　開発当初のスーツケースサイズの核兵器は現在、さらに"ちび"になり、テロリストがこっそりと持ち運べる大きさとなっているかもしれない。"ちび"の核兵器でも、高性能TNT爆弾の1ktと同じ爆発力があるばかりでなく、広範囲に危険な核の灰をまき散らす。人口密集地を狙えば、10万人を殺傷し、100万人に危険な放射線被曝を与える。

　テロリストはこの可搬型の小型核兵器を手に入れようとしている。しかも米国の専門家は、その可能性は高いと読んでいる[1]。その背景には、ソ連崩壊前に大量にあった戦術核兵器の行方の不透明にあるようだ。すなわち、それらの盗難および不当な売買に対するセキュリティの不安。失業したり、給料が充分支払われていない核技術者の存在が状況を悪化している。この状況が核の闇市や核技術者の闇のリクルートに繋がる。

　2003年5月21日、米国上院は、威力5kt未満の小型核兵器の製造に至りうる可能性のある研究・開発を禁止する条項を廃止することを決定した。下院も5月22日似たような法案を通過させた。これには米国のテロリストへの反撃やテロ支援国家に戦術核兵器を使用する狙いが想像される。戦場での使用や地下壕網や地下通路の破壊だ。もしも、こうした研究開発が実際に行われ、使用されることになれば、21世紀の世界の脅威は一層増大することになるのは間違いない。それは国際的な核兵器不拡散体制の崩壊に至るからである。

　9.11以後、最も危険なハザードとしての核テロリズムが21世紀に発生するかもしれない状況に、一部の人たちは気がついた。それは戦争とは無縁と思われる

先進国の都市で、突然発生するかもしれないという信じたくないリスクである。筆者は、9.11 の事象で、危険な核テロリズムのリスクを直感し、放射線防護の専門家として調査を開始した。

前回の研究会（2003年）では、旧ソ連の小型核兵器の実験跡地の残留核汚染の調査結果を報告した（本書217ページ）。今回は、海外の核兵器実験場とその周辺住民の被曝調査により蓄積したデータと、米国の核兵器影響の報告を基に、1 kt の小型核兵器が都市で地上爆発した場合の物理的および人的被害を予測し、放射線防護を検討した。

小型核兵器の核分裂性物質の量の推定と線量評価の方法

テロリストが入手を熱望する小型核兵器は、携帯可能なほどに小さい。果たして、そのような小型は存在するのか。日本では核兵器を開発しないこともあって、こうした情報が不足している。ここでは、公的な情報源から筆者が得た範囲で、その小型核兵器の大きさを推論してみる。結論的には、携帯できるほどに小さい核兵器が存在していると判断している。

広島核兵器とテロリストが使用する小型核兵器の違いは、威力の大きさ以外に、使用される核燃料にあるようだ。前者がウランで、後者は恐らくプルトニウムである。ただし、それら核分裂性物質の違いから、それらが発生する核災害や放射線障害に大きな差が生じない。プルトニウムの製造は、濃縮に比べ容易であり、大量に製造できる。だから、1945 年以後の核兵器開発では、このプルトニウムが利用されてきた。長崎を攻撃した核兵器は、このプルトニウムを燃料として製造された。

ウランとプラトニウムの間の大事な違いは、実は核爆発に必要な量にある。すなわち臨界質量の差である。この臨界質量の大きさは、核燃料の違いや純度によっても差が生じる。またその塊の周囲に中性子を反射し閉じ込める構造を作れば、臨界質量は、より小さくなる。しかし、中性子の反射材を厚くすると、兵器自体の重量が大きくなりすぎて、携帯できなくなってしまう。

核管理研究所の情報によれば[2]、小型核兵器の臨界質量は、初期の設定で、ウランで 25 kg、プルトニウムで 5 kg。したがって、プルトニウムを使用すれば、小さな核兵器が開発できる。金属プラトニウムの密度は 1 cc 当り、約 20 g と高いので、その臨界質量の大きさは、僅か 250 cc である。これは公式野球ボールより少し小さいくらいだ。1 kt 出力の核分裂は約 3 cc のプルトニウムだ。燃焼

効率が1%しかないとしても、総量300ccの金属プルトニウムの量である。

今回は、この1kt出力の核兵器に対して、被害予測を試みる。もちろん、他のサイズでも、同様に計算は可能である。

地上核爆発の被害・被曝線量予測をするベースとなる科学的知見は、筆者らが実施した旧ソ連実験場であったカザフスタンのグランドゼロの調査および周辺居住区での線量評価、そして米国国防省が出版した「The Effects of Nuclear Weapons（核兵器の影響）」[3]、米国技術評価会議が出版した「The Effects of Nuclear War（核戦争の影響）」[4] である。

大多数の公衆の被曝の原因は、放射線フォールアウトによる。コンクリート建造物の内部で炸裂した小型核兵器から放出される核分裂生成物は、周辺物質とともに、上空数キロメートルへ舞い上がる。冷却とともに、個体化し、様々な大きさの粉塵となって降下してくる。上空の風速は、地上とは比べられないほど速い。計算では、実効速度24 km/hとした。

核兵器テロ災害

1ktの威力の核爆発は、プルトニウムの核分裂連鎖反応により瞬時に直径70 m・数百万度の火球となる。それにより、熱線、ガンマ線・中性子線などの放射線が放射されると同時に、衝撃波となる爆風を発生する。広島原爆災害から類推すると、半径800 mの範囲が、甚大な爆風の影響を受ける。500 m以内が火災の可能性がある。しかし密集した都心部では、コンクリート建造物で、爆風および熱線がかなり遮られるので、これらは一応の目安である。670 mまでの範囲に無遮蔽で熱線を受けると、むき出しの皮膚は第一度以上の火傷を負う。同じく、380 m以内では第3度の火傷になる。

800 m以内での直接放射線被曝は、屋外で無遮蔽の場合にAレベル（半致死線量）以上となる。（被曝レベルは、最大のAから、それが無視できるFの6段階に区分する。付録参照）しかし大多数の人々は、屋内や多数のビルの陰になって、これらの影響をまぬがれるであろう。この種の核爆発による瞬間的被害をこうむるのは、爆心地に極近傍の人々である。大多数の市民にとって危険なのは、爆発後に放出される膨大な量の放射性物質からの被曝だ。

低いビルの室内で爆発すると、火球は建物を粉砕し、地表を覆う。爆風が爆心から外方へ吹いた後に、一瞬風が止み、その後、内方へ向かう風が爆心に流れ込む。爆心地には上昇気流が発生し、おぞましい量の放射能を帯びたコンクリート

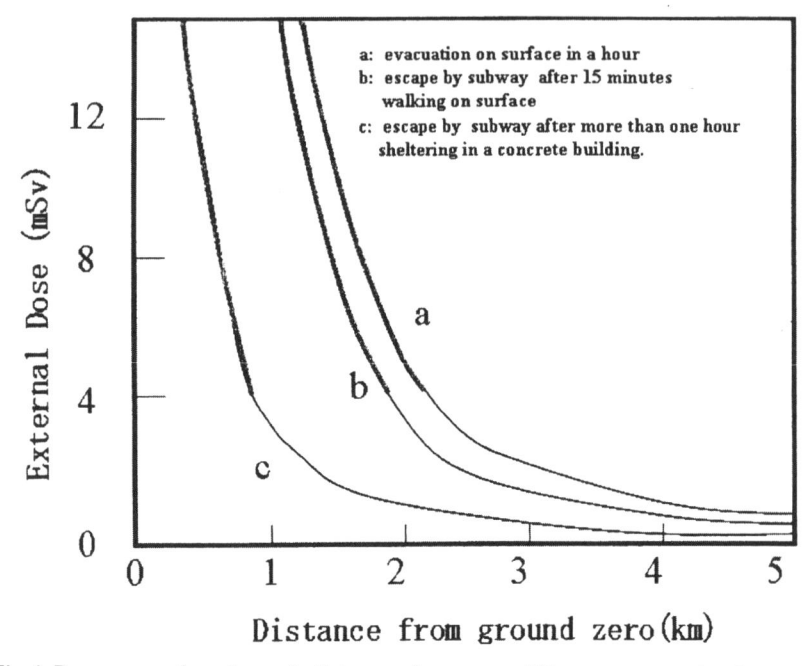

Fig.1 Dose as a function of distance for some different ways of refuge after surface detonation of 1 kt nuclear weapon.

a: evacuation on surface in a hour
b: escape by subway after 15 minutes walking on surface
c: escape by subway after more than one hour sheltering in a concrete building.

などの粉塵からなるキノコ雲が形成される。この正体はプルトニウムが核分裂して生成したものの他に、粉砕されたコンクリートなどが中性子の捕獲で誘導した放射性物質、そして分裂しなかったプルトニウムである。空中核爆発の場合には、中性子誘導放射性物質が幹に含まれる主な放射性核種で、それは核分裂物質の放射能に比べて圧倒的に少ない。

　地上核爆発では、この汚いきのこ雲が風下方向に移動しながら、地表に降ってくる。いわゆるフォールアウトが発生する。極めて危険だ。すなわち風下地域の人々は、この放射性粉塵にさらされて、ガンマ線により全身を被曝し、ベータ線により皮膚や眼球を被曝する。さらに粉塵を吸い込むことで、肺や消化器などの臓器が内側から被曝する。

線量と放射線防護法

　上空の風速は、地表と異なりかなり早い。過去の実験的な地上爆発の事例で、遠方でのフォールアウト発生が予想以上に早いことが分かっている。本計算では、米国の報告にある実効風速・毎時24 kmの場合を考察した。距離風下地域の距離別の基準線量率（1時間後）を使用する。遠方では、放射性物質が到達するまでに時間を要するので、この値は仮想的な量であるが、これを利用して計算する。もちろん、到達時間を考慮する。

　被曝開始後、1時間地上を移動し危険区域から脱出した場合の被曝レベルを予測する[4]～[5]。なお、被曝レベルに関しては、付録を参照のこと。Aレベル（致死線量）区域は、爆心地から2 kmに及び、Bレベル（急性障害）の区域は4キロメートル、Cレベル（後障害、胎児影響）区域は12 kmに及んでいる。爆心が東京港区とした場合、昼間人口密度から被曝者数を推定すると、Aレベル9万、Bレベル15万円、Cレベルは97万人になる。威力が15倍の広島での空中核爆発は、半径2 km以内でCレベル以上の放射線被曝になった。これと比べて、小型にもかかわらず地上爆発では、遠方まで危険な放射線被曝となる。歴史的には、セミパラチンスクでの22 ktの地上核爆発では、100 km以上離れた村でCからBレベルの被曝が発生したことを、確認している。ビキニ環礁での15 Mtの地上核爆発では、175 km離れたロンゲラップ環礁で、Aレベルの被曝が予想された。この場合には、Bレベルの内に島民たちは脱出したのだった。

　NCRP138で、1 kt核兵器の地上核爆発後のフォールアウトの線量を言及している。これによると、4 Svの線量範囲は、5.5 kmである。この値は、今回の推定距離よりも遠方である。彼らの推定で、実効風速の値が明記されていない。そのため、直接の比較はできない。恐らく、この風速の値の違いではないだろうか。

　この種の核災害に遭遇した場合の放射線防護を検討する。

　防護の第一歩は、核爆発に発生の可能性を感じたら、直ちに、コンクリートの建造物内に1時間以上退避することだ。その間に、核分裂生成物および中性子誘導放射能が急速に減衰する。屋内退避場所としては、あなたがいる鉄筋コンクリート多層階ビルで窓から離れた場所か、地下室が良い。ガンマ線は前者で10分の1以下、1 m以下の地下では1万分の2以下に遮蔽される。この屋内退避後に、都心にいる場合、最寄の地下鉄に駆け込み、風向きと直交方向の遠方へ脱出する。風向きがわからなくとも、とにかく、地下鉄で郊外へ避難することであ

る。これにより、AおよびBレベルの被曝が予想される都心の人たちの線量が大幅に、軽減される。

　屋外にでる場合には、ハンカチを八折にし、鼻口を覆い、放射性塵の吸い込みを防止する。眼鏡があれば、眼球のベータ線被曝をある程度軽減できるが、ゴーグルがベストだ。放射性粉塵から眼を守る。ベータ線による火傷が、過去の核災害事例で多発しているので、皮膚の露出をできるだけ少なくすべきである。こうして、できるだけ早く地下鉄に乗り、郊外へ脱出する。

　この脱出法により大幅に被曝線量を低めることが可能だ。爆心に近いAないしBレベルの被曝地区にいる人たちには、特に効果的である。致死線量になるかもしれない人でも、この脱出法ならば、70%の人たちが助かる。この初期の1時間の屋内退避がキーポイントである。これなしに、爆発直後に、屋外にでて地下鉄駅まで15分かけて逃げた人は、Aレベルの被曝となる。

結　論

　今回、1 ktの小型核兵器が、都市部で爆発した場合の放射線被曝の災害を計算上で予測した。小型とはいえ、空中爆発ではありえない、10 km以上の範囲で甚大な被曝となることが判明した。この被曝の原因は、爆発の中心から発せられる直接的な放射線ではなく、粉砕されたコンクリートの粉体に混じった核分裂生成物質である。これが風下地域へ拡散する。都市を攻撃する核兵器テロの最大の被害は、核の灰のフォールアウトによる広範囲な地域で発生する危険な被曝である。東京で発生すれば、100万人以上が致命的な被曝を含む甚大な線量を受けることが予想される[8]。この被曝を大幅に回避する放射線防護法により、70%の被災者を救命できると計算している。また急性放射線障害を回避し、発ガンのリスクを低減できる。

　この種の放射線防護として有効な方法は、直後のコンクリート建造物内への1時間以上の退避と、その後の地下鉄による危険区域からの脱出である。

初出　高田純：KEK Proceedings 2004-8　2004

■ 文献 ■

1) B. Alexander and A. Millar edited : Tactical Nuclear Weapons-Emergent Threats in an Evolving Security Environment. Brassey's, Inc., Washington, D.C. 2003.
2) C. Mark, T. Taylor, E. Eyster, W. Maraman, J. Wechesler : Can Terrorists Built

Nuclear Weapons? Nuclera Control Institute. Washinton, D.C. http://www.nci.or g/k-m/makeab.htm, 1986.
3) S. Glasstone and P. J. Dolan：The Effects of Nuclear Weapons. the United States Department of Defense and the Energy Research and Development Administration, Chapter IX, 387-460, 1977.
4) Daniel D. Simon. Acting Director：The Effects of Nuclear War. Office of Technology Assessment Congress of the United States, 1-kt terrorist weapon at ground level, 45-46, 1980.
5) 高田純：東京での核兵器テロ被曝シミュレーション．科学5月号，岩波書店，614-619，2003.
6) 高田純：1キロトン核兵器の地上爆発による放射線被曝と防護．広島医学，57巻4号，368-370，2004.
7) J.W.Poston edited：Management of Terrorist Events Involving Radioactive Material. NCRP report No.138, National Council on Radiation Protection and Measurements, Bethesda, 2001.
8) 高田純：東京に核兵器テロ！．講談社，2004.
9) 高田純：世界の放射線被曝地調査．第二部第七章，講談社ブルーバックス，2002.
10) I. A. Gusev, A. K. Guskova, and F. A. Mettler：Medical Management of Radiation Accidents. CRC Press, Boca Raton, London, New York, Washington, D. C., 2001.
11) 国際放射線防護委員会1990年勧告．日本アイソトープ協会，丸善，1991.

| 付録 | 全身被曝における線量区分とリスク |

　線量の大きさを表す単位としてシーベルト（Sv）を用いる。この基本的な意味は、体重1kgあたり吸収された放射線のエネルギー（J）である。それに、種類の違う放射線毎に、人体へ与える影響の度合いが異なるので、そうした生物的な要素も加味している。

　1Svの被曝線量を基準とすると、事故的な被曝や核兵器テロなどの災害被曝のリスクが理解しやすい。それは、この1シーベルトの線量以上で放射線を全身被曝すると、急性放射線障害が発生するからである。

　私たちは、シーベルトという言葉を用いて生活していないので、あまり細かく数字をだされても、判断しにくい。そこで、放射線障害の発生する区切り（しきい値）で分類した、最も危険なAから、核災害の影響が無視できるFの6段階の被曝レベルを、筆者は提案している[9]。この分類法は、最初に、拙著「世界の放射線被曝地調査」で使用した。今回、詳細な議論を付して、少し修正した。

　この区切りの線量値は、これまで多くの科学者が関わった、様々な放射線事故や災害での放射線障害に関する研究成果から見出されてきた[10],[11]。区切りの線量としては、上から、4、1、10分の1、百分の1、千分の1Svである。これらの区切りの多くは、急性放射線障害、胎児影響、後障害に関して特徴的な線量値となっている。

　4Svの線量は、被曝者の内、半数の人が60日以内に死亡する線量で、半致死線量と呼ばれる値。そこで、4Sv以上の被曝を最も危険なレベルAとする。そのリスクを表現すれば致死。次は1Sv。この線量以上の全身被曝で、急性放射線障害が生じる。この障害を受けた人たちには、同時に、その後悪性腫瘍が発生するリスクが高まる。そこで、1Sv以上の被曝を、2番目に危険なレベルBとする。10分の1Sv以上の被曝では、胎児に重大な影響を与える可能性がある。広島と長崎の生存者の長年の調査から、10分の2Sv以上の被曝で、ガン発生の増加が認められている。これらから、10分の1シーベルト以上の被曝を、3番目に危険なレベルCとする。

　日本の法律では、放射線を扱う職業人に、このレベルCの被曝は普通業務ではありえない。レベルCの被曝は許可されない。あったとしたら、事故被曝である。ただし、現在建設中の国際宇宙ステーションに、半年以上滞在すると、レベルCの被曝を受ける。将来の宇宙飛行士は、この被曝を承知している。超法

規的な措置。もし、この被曝の情報を知らされていないなら、違法行為となる。

　もっと読者が驚く話を、筆者は知っている。ある科学者が、数年間にわたり、何度も、事故を起こしたチェルノブイリの原子炉建屋に入り調査を続けた。彼は、総線量として、レベルAの被曝（半致死線量の2倍以上）を受けた。しかし、その後も元気にしていると聞いた。

　一度に瞬間的な線量と、少しずつや分割被曝の線量では、人体影響に差が生じるようだ。

　瞬間的被曝が危険である。なんとなく理解できる話だ。例えば、真夏の太陽光の下、海辺で数時間、背中を焼いたら熱傷になる。同じ太陽光線の量を、百日かけて少しずつ日光浴しても、熱傷にならない。

　4番目以下の区切りの線量値は、今のところ困難な面がある。その最大の理由は、線量が低いため、顕著な放射線障害が確認されていないからだ。放射線防護の専門家たちは、ガン発生などの確率的影響、すなわち線量と障害との間の因果関係が、10分の2 Sv以下の低線量に対しても、高い線量と同様に、成り立つ仮定して、推定しているに過ぎない。

　国際放射線防護委員会は、放射線業務従事者や公衆の安全を考えて、防護上の基準を勧告している。その防護上の被曝限度の線量値は、この4番目の領域の低線量である。1990年の勧告で、放射線業務従事の年間線量限度として、20分の1 Svを勧告した。ただし、5年間の平均線量としては、50分の1 Svにしている。これが職業被曝に関するものである。一方、放射線の取り扱いを職業としない公衆に対し、年間線量限度を千分の1 Svと勧告した。

　千分の1 Svの全身被曝のリスクは、10万人の公衆がこの被曝を受けた場合、その内5人が将来致死ガンを発症する確率になる。このリスクを他の種類のリスクと比べるのは意味がある。タバコ50本の喫煙による将来に致死ガンの発症や、自動車5千キロメートルで死亡する確率と、この線量のリスクが等しいと考えられている。毎日20本のタバコを喫煙する人が30年間続けると、22万本の喫煙となり、放射線換算で4.3 Svの半致死線量に相当する。

　医療診断でも、放射線が盛んに利用されている。日本はかなりの医療先進国で、病巣を的確に発見できる。平均寿命が世界一長いのは、その理由は日本人の健康的な食生活の他、先進医療も一因だと思われる。この診断放射線の線量は、概して百分の1 Sv以下。

　これらの国際放射線防護委員会の勧告値や医療検診の線量値を勘案して、やや

安全な線量の目安として、百分の1Svを被曝レベルの区分の値とする。そこで、4番目の被曝レベルとして、百分の1Sv以下をレベルDとする。このレベルは、レベルC以上と違い、安全な被曝の目安の意味がある。

　ここで区分されない空白の被曝線量が存在する。その線量範囲は、百分の1から10分の1Svの間である。これは、安全だとも、危険だとも言い切れない線量範囲である。筆者はそう考えている。

　この線量は、概して職業被曝の範囲にある。全ての職業には、それにより受ける利益があり、一方、それにより失うかもしれないものがある。例えば、プラス面では収入による経済効果、生きがい。これによる波乃効果は、本人を含む家族の幸せ、健康的な暮らし。マイナス面では、例えば、仕事中の事故、怪我、過労による病気がある。これらの均衡をはかりながら、仕事をしている。

　この安全だとも、危険だとも言い切れない線量範囲を、レベル付けするならば、一応レベルD＋と呼ぶ。

　レベルDよりもさらに安全なレベルとして、千分の1Sv以下をレベルEとする。この線量値は、およそ自然放射線による1年間の外部被曝線量と同じである。また国際放射線防護委員会が1990年に勧告した、公衆の年間被曝限度である。

　これで充分安全な線量レベルと思われるが、もうひとつの安心レベルを設けた。線量としていくら以下との表現はしてはいない。もし言うならば、1万分の1や10万分の1Sv以下であろうか。筆者の真意は、別にある。それは核災害を想定していて、その災害地の核汚染が無くなり清浄化した状態をさしている。すなわち、核災害影響が無視できるような状態。安心できる自然環境ともいえる。この例は、今の広島や長崎である。

核兵器テロ時の地下鉄による脱出シミュレーション

導　入

　米国における9.11テロ以降、様々な形態のテロを未然に防ぐ事、やむを得ず発生した場合には被害を最小限に食い止める事は国民の安全を保障するための最重要課題である。その中でも小型核兵器によるものの被害・危険度は著しい事が予想される。核兵器の小型化が可能となった現在、我が国において核兵器テロが起こらない保障は無い。

　小型核兵器によるテロが発生した場合、初期被害を逃れた人にとって最も効果的な防護方法は、爆発後1時間以上の屋内退避である[1]。なぜなら、この間に屋外においては核分裂生成物および中性子誘導放射能が急速に減衰するからである。その後に人々は移動による避難を開始しなければならない。核兵器テロの標的となる多くの大都市には地下鉄が存在している。地下空間は大幅な線量回避が期待され、衝撃波に対する強度が高い事から、地下鉄による脱出が最適であると考えられる[1]。

　そこで今回、東京都心部における核兵器テロの発生を想定し、初期被害を逃れた都民は地下鉄により、どの程度の所要時間で脱出可能なのかの数値シミュレーションを行った。

資料と方法

　核兵器テロが発生する場所・規模は高田[1]におけるシミュレーションと同じ状況を設定した。グランドゼロ（以降GZと略する）を米国大使館付近の某ホテル（東経139.44.55、北緯35.39.50）とし、爆発規模はTNT火薬換算で1キロトンとした。また、爆発後の一定時間、時速24kmの風が北西方向に吹いていたとした。

　都心部の人口分布は区市町村別昼間人口密度[2]を、区市町村役場座標[3]によって平滑化したものを使用した。また、地下鉄を含む鉄道の駅座標は地図センター提供[4]を用いた。

　上記の核爆発に対して、避難・脱出の必要がある領域をGZが中心となる1辺約10kmの正方形領域と設定した。この領域を10メートル四方のメッシュ（約

173

21世紀 人類は核を制す

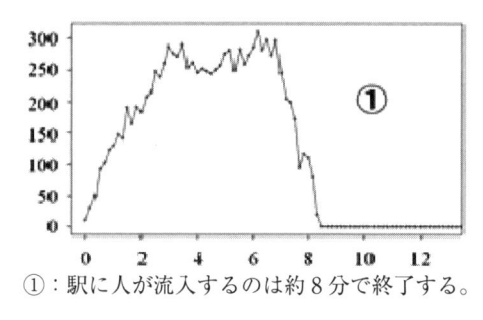

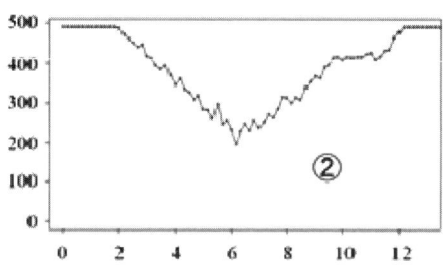

①：駅に人が流入するのは約8分で終了する。

②：虎ノ門駅の人の流入が、遅れて新橋駅に伝播する状態を表している。

③：6分〜8分の間は地下鉄の空き容量を流入

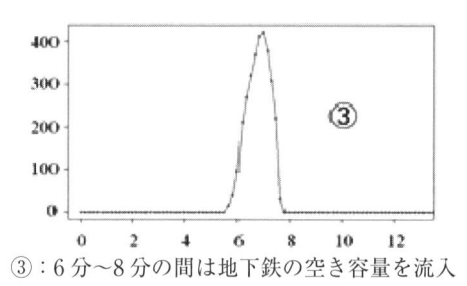

図1. 東京メトロ銀座線新橋駅の結果

　東京メトロ銀座線新橋駅は、GZから約1kmと比較的近く、周辺の人口密度も高い駅である。
　グラフは上から①駅に流入する人数、②地下鉄の空き容量、③地下鉄に乗れず駅で待つ人数、の経時変動を表す。縦軸は10秒あたりの人数、横軸は時刻（単位は分）を表す。横軸の時刻0は避難開始時刻（爆発後1時間）である。

65万地区）に分割する。メッシュ毎に得られた人口密度に対して、初期被害（死亡）人数、生存人数をRAPS0[5), 6)]の理論を用いて算出した。初期被害としては爆風・衝撃波・熱線等の直接的なものと、爆発後15分以内のフォールアウト

表1. 東京メトロ銀座線の結果

駅名	脱出所要時間（分）	流入総人数（人）	流入時間（分）
浅草			
田原町	37	16721	20
稲荷町	31	13167	13
上野	29	6753（12）	12
上野広小路	26	1358	6
末広町	24	10214	9
神田	20	7380（4）	6
三越前	18	11300	8
日本橋	14	11173（2）	8
京橋	7	10473	7
銀座	10	5152（3）	8
新橋	8	10476（7）	8
虎ノ門	10	16723	10
溜池山王	8	1438（2）	8
赤坂見附	14	15394（2）	14
青山一丁目	14	19761（3）	14
外苑前	21	28360	15
表参道	27	30004（2）	20
渋谷			

銀座線においてGZに最も近いのは虎ノ門駅・流入総人数における（　）内の数は複数の線が乗り入れている駅における線の数を表す。

を対象とし、生存率の空間分布を考察した。前者はGZを中心とした半径約500mの円領域、後者は風向き・風力に依存する長軸約2kmの楕円領域を考察対象とし、生存率を決定する暫定パラメータを求めた。

生存者は全員地下鉄により脱出する事を想定し、駅毎に流入してくる人数の経時変化を算出した。駅に流入する人数が増加すれば、その駅を発する地下鉄の空き容量は減少する。そしてこの現象は次の駅へと伝播してゆく（図1参照）。全ての駅に対して人の流入分布を算出し、考察対象地域の人全員が地下鉄に乗り込んだ時点で避難が完了したとみなしてその所要時間を求めた。表1はこの方法により求めた、東京メトロ銀座線（GZ近傍かつ、都内でも人口密度の高い地域を通る）における結果である。

結　果

　東京メトロ銀座線において脱出に要する時間は全駅対象で40分未満と推定された（表1）。一方で、GZに近く危険度の高い駅（京橋、銀座、新橋、虎ノ門、溜池山王）においては10分以内に全ての生存者が脱出出来ることも分かる。他の線においても大きな変化は無く、初期生存者は適切な対処（屋内退避＆地下鉄による移動）により危険地域を1時間以内には脱出可能であることが分かる。つまり、地下鉄は脱出手段として十分に機能する事が予想される。

初出　加茂憲一、高田純：放射線防護医療1　2005

■ 文献 ■

1) 高田純：東京に核兵器テロ！．講談社，2004.
2) 東京都総務局HP　http://www.toukei.metro.tokyo.jp/tyosoku/ty-index.htm.
3) 全国都道府県市町村・緯度経度位置データベース　http://www.vector.co.jp/soft/data/home/se156040.html（2002）.
4) 緯度経度付き全国沿線別駅データファイル（東京都版）．地図センター，2004.
5) 高田純：核災害に対する放射線防護．医療科学社，2005.
6) 高田純：放射線防護医療研究の推進．放射線防護医療1，2005.

核兵器テロ後のがん死亡被害予測

はじめに
　我々は核兵器テロにおける防護のシミュレーションに取り組んでいる[1]。2005年度の研究会では、小型核兵器テロが東京で発生した場合における生存者の脱出に関する数値シミュレーション結果を報告した[2]。爆発後1時間の屋内退避後の地下鉄による脱出が、放射線防護で有効であると分析していたが[1]、この方法による脱出が可能であるとの結論を得た。
　昨年度の報告は核テロによる初期被害と脱出に関する結果である。核兵器テロ時におけるもう1つの問題は、生存者における後障害である。外部被曝における後障害は、殆どの場合がんの発症である。そこで、数値シミュレーションにより東京で、TNT 火薬換算で1キロトンの小型核兵器テロが発生した場合の超過がん死亡リスクを推定した。

方法と資料
方法
　後障害リスクの指標として「生涯がん死亡リスク」を考察する。これは一生涯の間にがんで死亡する確率の事であり、その危険性を直感的にとらえられる指標としてWumら[3]により提唱された。生涯リスクの推定方法は、生命表の概念の拡張である。生命表におけるエンドポイントは単因子であるが、ここに複数の因子や競合リスクを組み込めるように拡張したのがWumら[3]のアイデアである。この方法に修正を加え、日本のがんデータに適用した結果に加茂ら[4]がある。推定方法の詳細はWumら[3]、加茂ら[4]を参照頂きたい。

シミュレーション
　核テロ発生の設定は高田[2]におけるシミュレーションと同じとした。すなわちゼロ地点（以下 GZ と記述）を米国大使館付近（東経139.44.55、北緯35.39.50）とし、爆発後の一定時間時速24 km の風が北西に吹いていたとした。これらの設定は、加茂ら[1]による脱出シミュレーションとも同様である。
　被害地域の形状を、GZ を1焦点とする楕円とし、高田の線量予測計算結果[1]に従い以下の3レベル（A、B、C）に区分した（図1参照）：

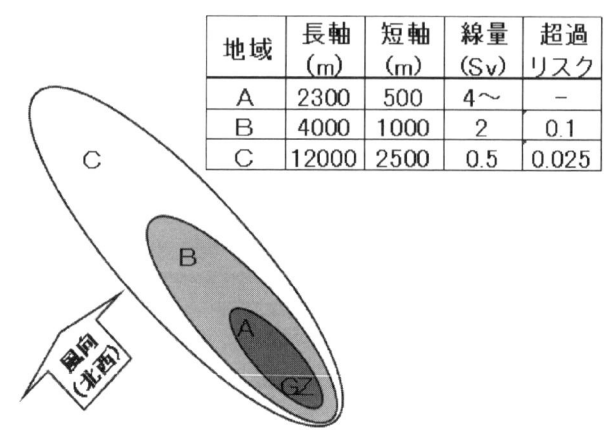

地域	長軸 (m)	短軸 (m)	線量 (Sv)	超過リスク
A	2300	500	4〜	−
B	4000	1000	2	0.1
C	12000	2500	0.5	0.025

図1. 被害地域のイメージ

・地域A：長軸 2300 m 短軸 500 m。
　　　　線量は 4 Sv 以上。
・地域B：長軸 4000 m 短軸 1000 m。
　　　　線量は 1〜3 Sv で、平均線量 2 Sv。
・地域C：長軸 12000 m 短軸 2500 m。
　　　　線量は 0.1〜0.9 Sv で、平均線量 0.5 Sv。

　地域AはB・Cに比べると領域面積が狭く、加えて生存率が非常に低いと想定される。一方地域Cの外部の低線量領域（0.1 Sv 未満）に対し後述のリスク評価を適用するには疑問が残る上、リスク自体も非常に低い。以上の理由により、これらの領域における超過がん死亡は今回の解析において無視出来ると仮定した。また地域B・Cにおける超過がん死亡リスクは、ICRP報告[5]に基づき 1 mSv あたり 5×10^{-5} とした。

　考察対象地域の人口分布については、核テロは日中の発生が予想されるので、区市町村別昼間人口密度[6]を区市町村役場座標[7]により10メートル単位で平滑化したものを用いた。地域A・B・Cの人口はそれぞれ、地域A：5万人、地域B：11万人、地域C：69万人であった。以上の設定に加え、生涯リスク推定には年齢階級別データが必要であるので、人口動態統計における2000年東京都5歳階級別人口とがん死亡数を用いた。

Male

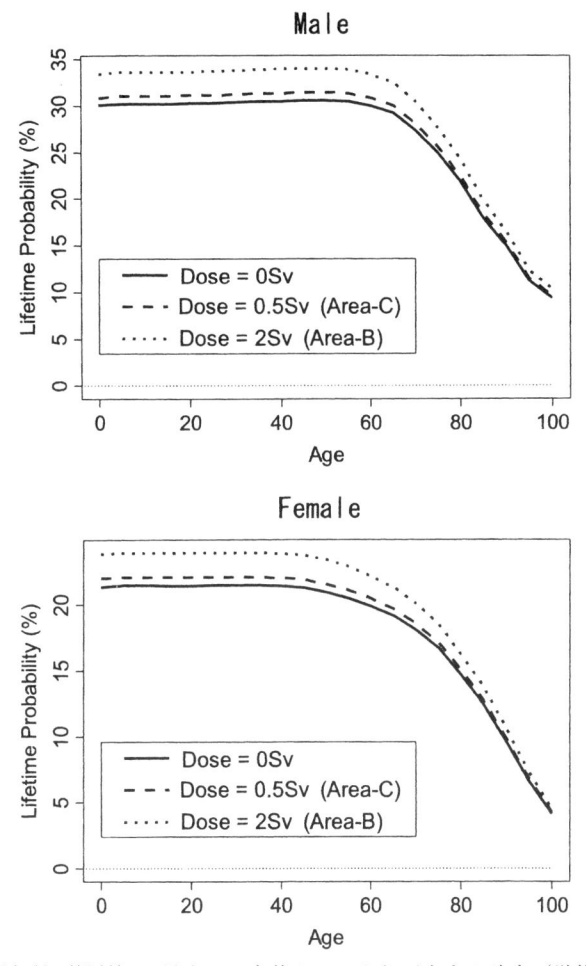

Female

被曝年齢（横軸）に対する、今後がんにより死亡する確率（単位は％）。

図2　生涯がん死亡リスク

結果と考察

　生涯がん死亡リスクは、東京都において男性30.06％、女性21.34％であるのに対して、地域Cで男性30.90％、女性21.96％、地域Bで男性33.44％、女性23.84％であった。つまり地域Bで0歳被曝した者は約3％の超過がん死亡リスクを背負う事になる。被曝年齢別の生涯がん死亡リスクは**図2**と**表1**を参照頂

きたい。

また、超過がん死亡数は約 9,000 人と推定された。(尚、2000 年東京都がん死亡数は約 27,000 人である)。内訳は、地域 B、C における超過がん死亡数はそれぞれ約 3,100 人(人口 10 万対 2,800 人)と、5,100 人(人口 10 万対 743 人)であった。この過剰がん死亡数は、核爆発時の衝撃波・熱線・初期および残留核放射線による急性死亡数よりも圧倒的に少ない。

これらの結果から、降下した核の灰による残留核放射線被曝により短縮される余命を推定した(図 3)。東京都における平均寿命は男性 78.3 歳、女性 84.65 歳であるのに対して、地域 C における推定寿命は男性 78.21 歳、女性 84.58 歳、地域 B における推定寿命は男性 77.94 歳、女性 84.36 歳であり、地域 B で約 0.3 歳の寿命短縮が推定された。すなわち、地域 B および C からの生存者たちの予想される寿命短縮は、4 ヶ月以内である。

被災地を東京都とした 1 キロトンの地表核爆発後の核の灰の残留核放射線被曝による生存者の寿命短縮は、顕著ではないと予測された。この予測は、1945 年 8 月 6 日広島の 16 キロトン空中核爆発でのゼロ地点周辺 500 m からの生存者 78 人の結果と一致する[8]。これら 78 人の被災時年齢は、小児の 3 人から 59 歳までである。奇跡的に衝撃波と熱線を回避した彼等の線量レベルは B であると推定されている。1972 年から 25 年間の、広島大学原爆放射線医科学研究所の鎌田らの調査[9]では、死亡時の平均年齢は 74.4 歳であり、顕著な寿命短縮は見られなかった。

今回の核兵器テロの生存者の発がんによる寿命短縮は、平均値で 4 ヶ月以内と予測された。すなわち、衝撃波・閃光、および残留核放射線による初期被害での急性死亡の甚大なる被害に比べれば、後障害は大きな被害ではないことがわかった。したがって、核兵器テロ発生時に、いかに生存を図り、危険区域から脱出するかが、最大の課題であると結論する。

初出　加茂憲一、高田純：放射線防護医療 2　2006

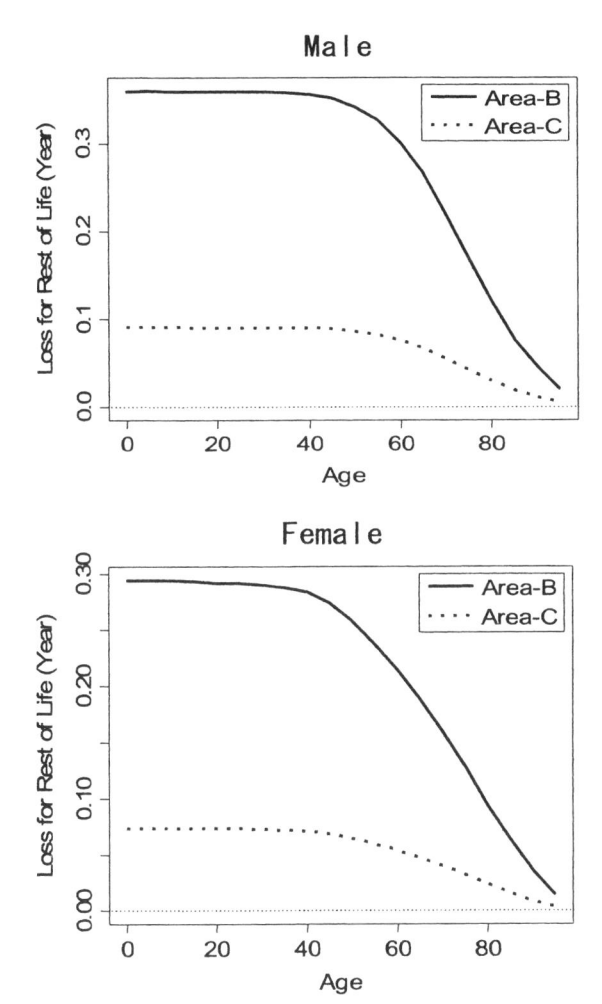

(余命短縮)＝(被曝しない場合の推定余命)－(地域 B 又は C の推定余命)。横軸は被曝年齢。

図3　余命短縮

表1　被曝年齢別・到達年齢別リスク

男性	20歳	40歳	60歳	80歳	100歳	生涯
0歳	0.04 0.04 0.05	0.22 0.22 0.24	3.11 3.22 3.54	18.26 18.86 20.69	29.90 30.74 33.28	30.06 30.90 33.44
10歳	0.02 0.02 0.02	0.19 0.20 0.21	3.10 3.21 3.53	18.34 18.94 20.78	30.05 30.89 33.44	30.21 31.05 33.60
20歳	− 0.18 0.19	0.17 3.20 3.52	3.09 18.96 20.80	18.36 30.94 33.49	30.10 31.10 33.65	30.26
40歳	−	−	2.96 3.06 3.37	18.46 19.06 20.91	30.36 31.21 33.79	30.52 31.37 33.95
60歳	−	−	−	16.87 17.42 19.09	29.83 30.65 33.11	30.00 30.82 33.29

女性	20歳	40歳	60歳	80歳	100歳	生涯
0歳	0.05 0.05 0.06	0.26 0.27 0.30	2.55 2.64 2.95	10.47 10.84 11.95	21.09 21.71 23.58	21.34 21.96 23.84
10歳	0.03 0.03 0.03	0.24 0.25 0.28	2.54 2.64 2.94	10.50 10.87 11.99	21.17 21.79 23.67	21.42 22.04 23.93
20歳	− 0.22 0.24	0.21 2.61 2.91	2.51 10.85 11.97	10.48 21.78 23.66	21.17 22.04 23.93	21.42
40歳	−	−	2.32 2.41 2.69	10.35 10.71 11.82	21.12 21.73 23.60	21.37 21.99 23.87
60歳	−	−	−	8.38 8.66 9.52	19.61 20.15 21.81	19.87 20.42 22.09

　性別の被曝年齢（行）別、到達年齢（列）別、がん死亡リスク（単位は％）。各セルにおいて、上段から、被曝無し、地域C、地域Bのリスクを表す。【例】20歳で被曝した男性が80歳までにがんで死亡する確率は、地域Cなら18.96％、地域Bなら20.8％である（被曝しなければ18.36％）。

■ **文献** ■

1) 高田純：東京に核兵器テロ！．講談社，2004．
2) 加茂憲一，高田純：核兵器テロ時の地下鉄による脱出シミュレーション．放射線防護医療 1，42-43，2005．
3) Wum LM., Merrill RM., Feuer EJ.：Estimating lifetime and age-conditional probabilities of developing cancer. Lifetime Data Anal. 4, 169-186, 1998.
4) 加茂憲一，金子聰，吉村公雄，祖父江友孝：日本におけるがん生涯リスク評価．厚生の指標，52-6，21-26，2005．
5) ICRP Publication 60：国際放射線防護委員会の 1990 年勧告．日本アイソトープ協会．
6) 東京都総務局 HP．http://www.toukei.metro.tokyo.jp/tyosoku/ty-index.htm．
7) 全国都道府県市町村・緯度経度位置データベース．
http://www.vector.co.jp/soft/data/home/se156040.html
8) 高田純：世界の放射線被爆地調査．講談社ブルーバックス，2002．
9) 鎌田七男・他：近距離被爆者生存に関する総合医学的研究．第 25 報　25 年間の追跡調査結果．広島医学，51，355-357，1998．

核兵器テロ後の発がんによる寿命短縮の予測

はじめに

我々は核兵器テロにおける被害評価の数値シミュレーションに取り組んでいる。2006年の研究会では、東京での核テロを想定し、その際の生存者におけるがん死亡被害予測を行った[1]。その手法は生命表法である[2,3]。外部被曝における後障害の殆どはがんの発症であるので、がん死亡解析は被害程度の予測において重要な意味を持つ。昨年度は、超過がん死亡数は約9000人、0歳被曝に対する一生涯の間にがんで死亡する確率（今後「生涯がん死亡リスク」と呼ぶ）は、2 Svの被曝で3%増加、平均寿命は0.3歳短縮する事を報告した。従って生存者における後障害被害はそれ程甚大ではなく、核テロ防護においては「如何にして初期被害から免れるか」が最重要課題であると結論づけた。今年度は、生命表による被害予測シミュレーションを、がん罹患を考察に導入した方法に改良し、特に超過死亡に着目した結果を報告する。実解析においては、20～25歳での被曝者を考察対象とし、がん罹患も含めた生命表を作成した。

数値実験

方法

放射線後障害リスクの指標として、生命表法により推定された「生涯がん死亡リスク」並びに「寿命短縮」に着目する。昨年度の報告では、超過リスク係数を死亡率に直接組み込んだ解析を行った。しかしICRP勧告60で提唱されているリスク係数[4]の定義は「致死がんの発症」であり、死亡率でなく罹患率に組み込まれるべきであろう。ここで問題となるのは、がん罹患は人生のエンドポイントでは無いので、罹患に関する生命表が理論上作製不可能となる点である。しかし、罹患率と死亡率の関係に適切な仮定を付加することにより罹患に関する生命表が作成可能となり、リスク推定も可能となる[2,3]。その結果、死亡リスクの増加を、罹患リスクの増加に付随するものとして捉える自然な解釈が可能となる。すなわち、外部被曝による後障害リスクの増加は、がんの発症にのみ関与し、発症後の死亡率には間接的に影響を与えるモデルが構築される。すなわち、今回の

罹患を含む生命表による解析において、被曝による超過死亡とはがん超過死亡のみならず、がん罹患に依存する全ての超過死亡を意味する。

設定

被害対象地域の形状（線量に関する等高線）は、風向とゼロ地点に依存する楕円領域となることが想定され、以下の3レベル（A、B、C）とその外部領域に区分される[5]（参考までに、（　）内の数値は、実効風速24 km での楕円領域の規模を表す）：

- 地域 A：線量は 4 Sv 以上。（長軸 2.3 km、短軸 0.5 km）
- 地域 B：線量は 1～3 Sv で、平均線量 2 Sv。（長軸 4.0 km、短軸 1.0 km）
- 地域 C：線量は 0.1～0.9 Sv で、平均線量 0.5 Sv。（長軸 12 km、短軸 2.5 km）

地域 A は B・C に比べると領域面積が狭く、加えて生存率が非常に低いと考えられる。

また地域 C の外部（0.1 Sv 未満）に対し後述のリスク評価を適用するのは微妙である上にリスク自体も非常に低い。以上の理由により、今回の解析では B、C 領域のみを考察対象とした。がん罹患に関する超過リスクは20歳人口に対し ICRP60 勧告[4]における成人作業者の値である 1 mSv あたり 4×10^{-5} を適用した。つまり、地域 B、C の超過リスク係数はそれぞれ 0.08、0.02 である。このリスク係数は小児においては更に高い値である。

生涯リスク評価においては人口動態統計における 2000 年全国人口とがん死亡数、また国立がんセンター公表の 2000 年全国がん罹患数推値[6]を用いた。

結果と考察

2000 年データに基づき 20 歳人口を 10 万人とした生命表（被曝なし、地域 B、C）を作成した（表1）。20 歳における生涯がん罹患リスクは、男性 48.4％、女性 36.1％、がん死亡リスクは、男性 28.1％、女性 17.6％ であるのに対して、地域 B においては男性罹患リスク 50.6％、女性罹患リスク 38.2％、また男性死亡リスク 29.4％、女性死亡リスク 18.6％、地域 C においては男性罹患リスク 48.9％、女性罹患リスク 36.7％、また男性死亡リスク 28.4％、女性死亡リスク 17.9％ であった。罹患リスクに関しては、地域 B では男性で 2.2％、女性で 2.1％、地域 C で

表 1　20 歳を 10 万人とした、20 歳における被曝レベル・性別の生命表

男性

	被曝なし				地域 B				地域 C		
age	人口	CF	癌死亡	癌罹患	人口	CF	癌死亡	癌罹患	人口	CF	癌死亡	癌罹患
20	100000	100000	107	304	100000	100000	115	328	100000	100000	109	310
35	98920	98724	714	1690	98912	98699	770	1824	98918	98718	728	1724
50	96087	94928	4455	8815	96022	94772	4784	9467	96071	94889	4538	8979
65	85517	80216	13198	22239	85123	79439	13926	23472	85418	80021	13384	22553
80	53916	42209	9625	15322	52858	40578	9759	15491	53649	41795	9663	15372
計	―	―	28098	48371	―	―	29354	50583	―	―	28421	48938

女性

	被曝なし				地域 B				地域 C		
age	人口	CF	癌死亡	癌罹患	人口	CF	癌死亡	癌罹患	人口	CF	癌死亡	癌罹患
20	100000	100000	116	649	100000	100000	125	701	100000	100000	118	662
35	99487	98955	751	3098	99478	98903	809	3339	99485	98942	765	3158
50	97994	95127	2494	6277	97925	94835	2678	6740	97977	95054	2540	6393
65	93187	86657	6400	11614	92928	85915	6811	12364	93122	86471	6504	11804
80	75344	64872	7884	14491	74681	63537	8225	15088	75177	64536	7972	14646
計	―	―	17645	36129	―	―	18648	38232	―	―	17900	36664

列 "CF" は Cancer free の略で、がんに罹患していない生存者数を意味する。地域 B、C の列はそれぞれ各地域において 20 歳階級で被曝した 10 万人に関する生命表である。

は男性で 0.6％、女性で 0.5％増加し、死亡リスクは、地域 B では男性で 1.3％、女性で 1.0％、地域 C では男女共に 0.3％増加した事になる。つまり地域 B、C で 20 歳被曝した者はそれぞれ 1.2％、0.3％程度の超過がん死亡リスクを背負う事になる。生命表を基に算出した 20 歳人口 10 万人対の超過がん死亡数は**図 1** の通りであり、男性で 70 歳前後、女性で 80 歳前後に超過死亡のピークが現れる。つまり、超過死亡数は単調増加とはならない。その原因は、被曝群は非被曝群に対して人口の減少が早く、高齢に達する人口自体が少なくなる事にある。

　また、これらの結果から、被曝により短縮される余命を推定した。**図 2** は被曝によって短縮される余命の分布を表すものである。2000 年における 20 歳平均余命は男性 58.2 歳、女性 65.1 歳であるのに対し、地域 B における推定余命は男性 58.0 歳、女性 64.9 歳、地域 C における推定余命は男性 58.2 歳、女性 65.0 歳であったので、地域 B、C それぞれの地域で 0.2 歳、0.1 歳程度の余命短縮が推定された。超過死亡群における余命短縮の最頻は 10〜20 歳であるが、全人口での平均的な余命短縮は 2 ヶ月程度である。

　昨年度の報告[1]で用いた方法と今回の方法の違いは、リスク係数を直接死亡に施していたのを、罹患に施した事にある。このことによりリスク増加が罹患というクッションを経て死亡に影響を与え、結果として昨年度より死亡リスクは低く推定されると考えられる。一方で昨年度報告と同じテロ発生状況（ゼロ地点は東京都の米国大使館付近-東経 139.44.55 & 北緯 35.39.50、TNT 火薬換算 1 キロトンの地表核爆発、爆発時の実効風速時速 24 km）において 20〜25 歳で被曝する人口は、東京都全体の人口密度がこれらの地域と等しいと仮定すると、地域 B で 9075 人、地域 C で 56927 人と予想される。この両地域で被曝後にがんに罹患してから死亡する超過人数は 334 人（20〜25 歳人口の約 0.5％）である。これらの結果は 20〜25 歳での被曝者のみが対象であるが、全ての年齢階級における被曝に関する生命表による解析並びに被害予測は今後の課題である。

　データの特性を考えると、現在報告されている「全国がん罹患数[6]」は 2 割程度の過小評価の可能性を指摘されている点[7]も問題である。今回の解析は罹患をベースにしており、結果として超過死亡を過小評価している可能性がある。更に、現在の罹患報告では高齢における丸めが 85 歳以上となっている。最高齢階級においては指数分布を仮定しているが、この階級の人口が多数存在する場合（特に日本のような高齢化社会において）は、無視できない誤差が発生する可能性があり注意が必要である。

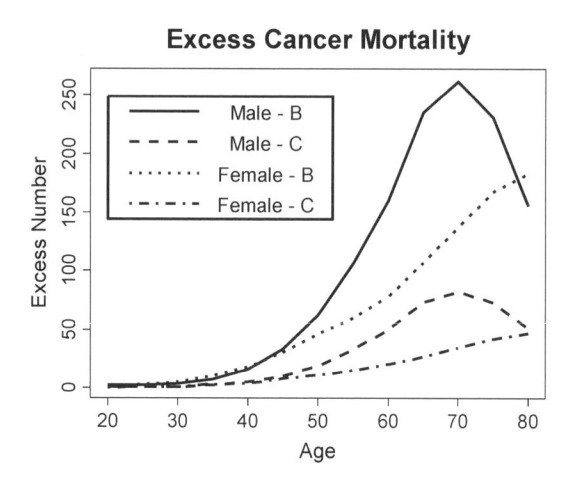

Excess Cancer Mortality

図1 B・C 地域における超過死亡数（人口10万人対）

20歳において、地域B、Cにおいて被曝した10万人に対する、がん超過死亡数。横軸は到達年齢、縦軸は10万人対の超過数を表す。

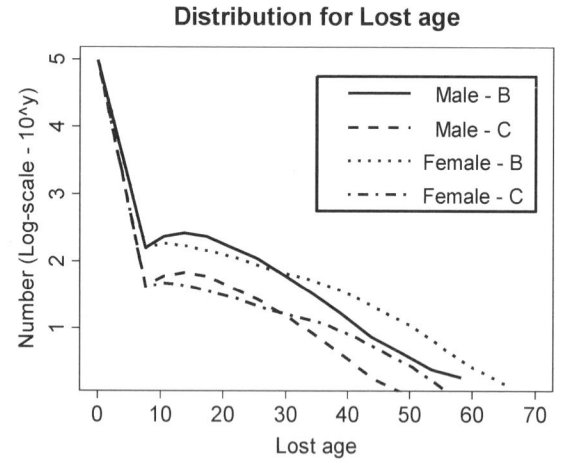

Distribution for Lost age

図2 B・C 地域における余命喪失分布

喪失余命の分布。横軸は喪失した余命、縦軸は10万人対の数（対数スケール）。縦軸の目盛りは「10のy乗」におけるyを示す。つまり縦軸目盛りにおける5は10の5乗で10万人の意味である。

以上のような問題点は存在するものの、今回のシミュレーションにより、1キロトンの地表核爆発の核の灰の残留核放射線被害による生存者の寿命短縮は顕著でない事が確認された。これは広島16キロトンの空中核爆発の生存者78人に関する結果[8],[9]とも一致する。

　謝辞：本研究は、国立がんセンター提供の「全国がん罹患数推定値[6]」を用いて行った。

初出　加茂憲一、高田純：放射線防護医療3　2007

■ 文献 ■

1) 加茂憲一，高田純：核兵器テロ後のがん死亡被害予測．放射線防護医療 2, 30-32, 2006.
2) Wum LM., Merrill RM., Feuer EJ.：Estimating lifetime and age-conditional probabilities of developing cancer. Lifetime Data Anal. 4, 169-86, 1998.
3) 加茂憲一，金子聰，吉村公雄，祖父江友孝：日本におけるがん生涯リスク評価．厚生の指標 52, 21-26, 2005.
4) ICRP Publication 60. 国際放射線防護委員会の1990年勧告．日本アイソトープ協会．
5) 高田純：東京に核兵器テロ！．講談社，2004.
6) Marugame T., Kamo K., Katanoda K., Ajiki W., Sobue T.：Cancer incidence and incidence rates in Japan in 2000： estimates based on data from 11 Population-based cancer registries. Jpn. J. Clin. Oncol. 36, 668-675, 2006.
7) Kamo K., Kaneko S., Satoh K., Yanagihara H., Mizuno S., Sobue T.：A mathematical estimation of true cancer incidence using data from population-based cancer registries. Jpn. J. Clin. Oncol. 37, 150-155, 2007.
8) 鎌田七男，早川式彦，峠哲哉，木村昭郎，星正治：近距離被爆者生存に関する総合医学的研究．第25報25年間の追跡調査結果．広島医学, 51, 355-357, 1998.
9) 高田純：核爆発災害．中公新書，2007.

地表核爆発を例とした大規模核災害と日本の課題

はじめに

　北朝鮮は核兵器の実験予告を、2006年10月3日に声明し、その翌週の10月9日に、実施した。前年の核兵器保有宣言以来、実験準備が進められていたに違いない。既に、日本を射程にとらえた弾道ミサイルが開発されているので、この実験の実施は、わが国の脅威が一段と高まることを意味する。今後の実験を中止させる国際的な外交努力が求められてはいるが、こうした核兵器の脅威に備える国内の取り組みは、前進させなくてはならない。

　今回の報告では、最初に、北朝鮮の実施した第1回目の地下核爆発実験の日本への放射線影響の予測と監視結果について、報告する[1,2]。昨年の国際原子力委員会 IAEA の事務局長エルバラダイ氏の発言「日本にも放射線の影響が懸念される」以後、日本社会に動揺があった。そうした心配は、過去の実験調査で、明らかだったので、そうした心配からの風評被害を押さえ込むために、一連の取り組みを展開した。歴史事例[3,4]の放射線防護医療の視点から検証が、大切であることを、今回も、改めて実感した。

　本質的に異なる種類の事象があることの認識は、災害に対応する医療従事者としては大事な点である。核爆発か非核爆発、空中爆発か地表核爆発、放射性物質の環境放出か非環境放出、核汚染か非核汚染、高線量か低線量は判断すべき点である。

　歴史的事例を検証すると、異なる種類の核災害が存在し、その対応する医療も異なっていたことがわかる。貴重な歴史的事例を学習することで、現代の課題が明確になってくるはずである。そのためには、個別の歴史的事例について防護と医療の対応はどうすべきであったのかを考察する必要がある。

　第二回放射線防護医療研究会の主題は、防災隊員の線量管理と被災者受け入れのための除染施設である。これに対し、その注目すべき歴史事例として、ビキニ被災を考察し、核の灰の降下現象、放射線急性障害、放射線調査と救出の判断、救出後の除染と医療対処、急性放射線障害と後障害をまとめる。今後の参考となる、フランス軍病院の除染棟の概念について言及し、独立した除染棟を自衛隊病院の付属施設として建設することを提案する。

北朝鮮の第一回目の核実験の日本への放射線影響

　筆者は、2005年に、北朝鮮の事故的な地下核実験を仮想した。それは、旧ソ連の1978年のシベリアでの地下核爆発の事故規模と考えた[3),4)]。500 mの地下で20 ktの核爆発が行われたが、線量として、6.4％が漏洩するような事故となった。ゼロ地点から3 kmで、5 Gyの線量となるほどに、核分裂生成物が大気へ噴出した。こうした事故的地下爆発が、北朝鮮の実験場・吉州で発生した場合に、実効風速毎時24 kmの気流で、風下の日本へ核の灰が輸送され、降下する条件を仮定し、放射線影響を、RAPS0でシミュレーションした[1)]。計算では、10％の線量漏洩を仮定した。

　その計算結果は、予測線量レベルが、日本本土で、E-Fと安全な範囲であることを示した。また、日本海は、レベルDと予測された。ただし、海上に長期に滞在するとは考えにくいので、日本の漁師の線量もD以下と考えられる。事故地下実験で、危険となるのは、北朝鮮の実験場の風下であり、レベルはA-Cと予想されている。

　筆者は実験実施が予想された10月7日より、気象庁の赤外気象データに注目した[2)]。日本の太平洋側に強い低気圧があり、10月7日は、想定されていた実験場吉州を通過する気流は真南方向である韓国・九州を向いていた。翌日は、それが関西方向となり、実験のあった9日には、東北を向いていた。北朝鮮は、風向きを考慮していたかも知れない。こうした傾向は、ソ連時代のセミパラチンスクでの実験にもあった。すなわち、モスクワ・ロシア方向の風向きを、避けての実験が多い[3),4)]。

　全国の原子力発電所立地県にある放射線監視データは、実時間でネット公開されている。筆者は、それを利用して、日本各地の24時間予測線量を線量6段階区分で表示し、主宰する放射線防護情報センターのホームページ開示している[2)]。今回のような事態を想定して準備していた。北朝鮮の10月9日の核実験に対し、漏洩したかもしれない核分裂生成物の気流による輸送と降下による、日本への放射線影響を調査し、ウエブ上で迅速に開示した。その結果は、20-40時間以後の線量は、全国でレベルFであった。すなわち、放射線影響は無かったとの結論を、実験2日後に得た。この結果は、テレビを通じて報道された。

ビキニ被災

　放射線災害の発生を、私たち日本人が意識したのは、ビキニ被災である[5)]。広

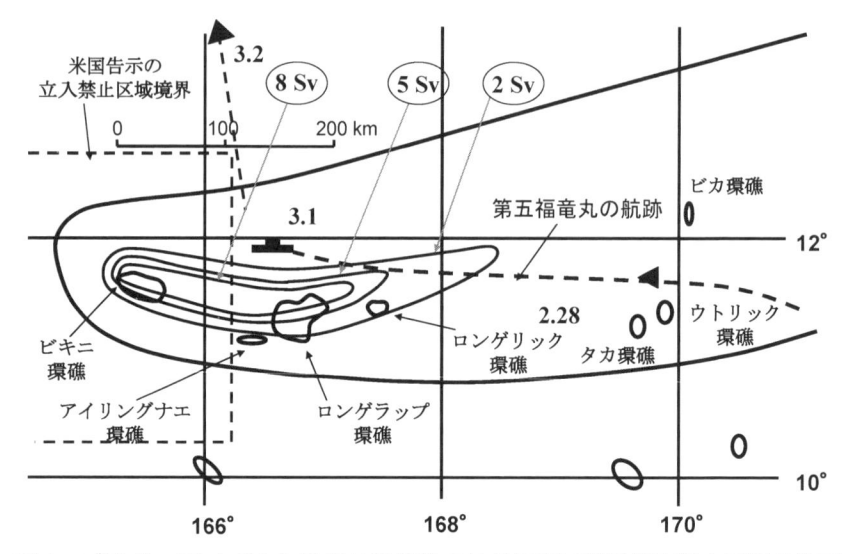

図1 ブラボー15メガトン地表核爆発後の核の灰降下線量等高線と周辺の海図

島・長崎の空中核爆発災害では、衝撃波と熱線が都市を壊滅させた。放射線は、主として後障害としての健康被害となり、追加的であった。ビキニ被災では、核爆発による衝撃波と熱線の被害が顕著にはない160 km以遠で発生した放射線災害である。この原因は、核分裂生成物を含む多量の核の灰の降下現象にあった。ここで、ひとつの重要な歴史的事例として、取り上げる。

1954年3月1日午前6：45に太平洋ビキニ環礁で、米国は広島で戦闘使用した兵器のおよそ1千倍の威力の熱核爆弾の実験・ブラボーを行った[6]。環礁の北西部の岸辺の浅い水中の架台の上に核爆発装置が設置された、地表核爆発である。15メガトンの核爆発が作り出す巨大な火球が、珊瑚環礁の島を覆った。環礁は衝撃波で瞬時に粉砕されて、火球の中に呑み込まれた。火球の上昇と共に、海水を巻き込みながら、核分裂生成物と粉砕された珊瑚粉末とからなる、核の灰を含む巨大な水柱が上空へ昇る。

当時、米国は大型核兵器の実験海域として、ビキニ環礁周辺への侵入を禁止していた。しかし、禁止海域の外とはいえ、近くで操業していたマグロ漁船・第五福竜丸が、爆発時の閃光を目撃した。その時、ゼロ地点から東方、およそ150 kmの位置にいた[5]。およそ4時間後には、甲板上に核の灰の降下が始まっ

第三章　核防護と核抑止力

表1　ビキニ核被災の時系列

	第五福竜丸 150km 日本人　23	ロンゲラップ 190km マーシャル人　64	ロンゲリック 250km 米国人　28
ゼロ地点からの距離 人口			
現地時刻 1954.03.01	爆発からの 経過時間		
6:45	0	閃光目撃	閃光目撃	
10:30	3:45	降灰開始		
11:30	4:45		降灰開始	
13:45	7:00			降灰開始
14:00	7:15	脱出開始		実験本部へ通報
?				放射線調査
3:02				
12:45	30			救出開始
16:45	34		放射線調査	
3:03				
7:00	50		救出	
8:00			除染	
3:04				
7:00?	D＋3		避難地到着　除染	
3:06	D＋5		軍医の診察開始	
3:08	D＋7		専門医の診察開始	
			以後　観察	
3:14	D＋13	帰港 診察		
3:15	D＋14	2人　入院		
3:16	D＋15	21人　入院		
3:26	D＋25	23人 東大病院等へ入院		

た。

　ビキニ地表核爆発実験では、熱核爆発の威力の半分が核分裂によると仮定すると、3×10^7 EBq 相当の核分裂生成物が発生したと推定される。この50〜80％が地表に降下したと考えられる。このビキニ実験の放射能は、1986年のチェルノブイリ原子力発電所事故時に環境へ漏洩した放射能2 EBq のおよそ1000万倍である。

　一方、広島・長崎の空中核爆発では、核分裂生成物のほとんど全てが火球とともに上空へ昇ったので、周辺へ降下することはなかった。ただし、ゼロ地点周辺の中性子誘導放射性物質が火災により舞い上がり、降雨とともに落下する現象があった。線量レベルとしてはC以下と推定されるが、皮膚へのベータ熱傷の発

193

生はあったかもしれない。広島のウラン爆弾16キロトンが、地表で炸裂したならば、3万EBqの核分裂生成物が生じ、その降下により広範囲な致死的な放射線災害となったはずである。ビキニ被災は、15メガトンと核爆発規模が大きいばかりか、地表核爆発のために、多量の核の灰が生成され、風下に降下したのであった。上空の気流の速度は、この時、およそ毎時40 kmであった。

第五福竜丸の遭難と肝炎ウイルス感染

　第五福竜丸は、2月7日にミッドウェー島付近から南下し、同月下旬にマーシャル諸島の東端海域に入った。航海の記録と海図を照合すると、**図1**に見るように、27日から28日にかけて、船はウトリック環礁の北側を通過し、3月1日未明にはロンゲラップ環礁の北側に位置していたことになる。船長らは米国が核爆発の実験のために、危険区域を指定し、日本漁船の立入を禁じているのを知っていた[5]。ただし、3月上旬に実験が行われるのは知らなかっただけである。

　3月1日、爆発の閃光を目撃した瞬間は、投縄後10分くらいだった。夜明け前だが、日の出のような太陽を、西の空に目撃した。ゼロ地点から東方150 kmの位置である。ただし、米国が指定した立入禁止の境界の外ではある。およそ8分後に爆音を聞く。この時、船長、漁労長らは、爆発地点はビキニ環礁と推察した。衝撃波と熱線による船の初期被害は無かった。船は、この後直ぐに、揚げ縄を開始した。

　西方にはキノコ形の雲が目撃され、それが次第に広がった。閃光の3時間40分後、白い灰が空から降り出した。そして、多くの船員たちは目が痛くなった。第五福竜丸は7時間後に、揚げ縄が完了するやいなや、危険海域からの脱出を開始した。その後、23人の乗組員は全員、脱毛を含む皮膚障害、嘔吐、めまい、下痢、脱毛などの急性放射線障害を発生し、3月14日に、焼津へ帰港した。

　保健所の検査などを受けた後、全被災者は東大病院に7人、国立東京第一病院に16人が入院した。ベータ熱傷による顕著な皮膚障害の他に、ガンマ線による全身被曝があった。その後、白血球の減少が顕著になり、全血輸血などの治療が行われた。

　入院中、多数の患者に肝機能障害が発生し、被災の半年後に、ひとりが死亡した。その後の放射線医学総合研究所の追跡調査で、肝炎ウイルスの陽性率が高いことが判明した。輸血時の感染が指摘されている。

特別対策本部の放射線調査と隊員の線量

　ゼロ地点から東方256 kmのロンゲリック島にあったガンマ線検出器が核の灰の降下による放射線を最初に検知した。この島には28人の米国の気象台職員が勤務していた。降下は爆発後約7時間に始まり、その30分後には測定の上限値を振りきるほどに核放射線の危険が高まった。この事態は直ぐに実験本部へ通報された。空中偵察隊が放射線調査を行い、本部は救出を判断した。爆発30時間後に、航空機による退去が始まり、50時間後に完了した[6]。

　一方、ゼロ地点により近いロンゲラップ環礁には、事前の避難はなく、島民たちは放射線防護の対策無しに、普段の生活をしていた。ゼロ地点からの距離は190 kmで、閃光を目撃し、爆発音を聞いている。核の灰の正体を知らずに、急性の皮膚炎、下痢、嘔吐などの、急性放射線障害を発生していた。水上飛行機が、礁湖に着水し、島の放射線調査が行われたのは、爆発34時間後である。この調査時には、既にロンゲリックの退去が始まっているので、遅いと言わざるを得ない。特別対策本部に、何らかの判断の誤りがあったに違いない。放射線調査隊は、防護服に身を包んでいた。空間線量率と井戸水を測定し、結果を記録し、「井戸水を飲むな」と言って、20分間で立ち去った[7]。この時の隊員の線量を、米国が報告したロンゲラップの空間積算線量の時間変化のデータから[8]、筆者は9 mSv（レベルD）と推定した。米軍には、こうした線量管理を含む、放射線防護訓練があるのではないか。

ロンゲラップ島民の救出、除染と、米軍の医療対処[7]

　3日目午前7時頃に、米国の駆逐艦がロンゲラップ環礁の礁湖に入り、ロンゲラップ本島の前に錨を下ろした。その時に、水上飛行機も着水した。マリオン・ワイルズ太平洋信託統治領政府代表の手紙と通訳をともなってきた。政府代表は通訳を通じて、「島民は一刻も早く島から出ていかなければならない」と告げた。さらに、自分たちの体にまとっている衣服以外は、いっさい持っていってはならないと命令した。村長と保健衛生士らは、老人、妊婦、赤ん坊とその母親、病人ら16人を選び、水上飛行機に乗せた。残りの48人の住民は軍艦に乗ることになった。こうして、核の灰で汚染し危険な状態にあるロンゲラップ島民は全員が救出された。この救出は爆発の50-51時間後のことである。ロンゲラップの放射線調査のおよそ16時間後であるので、調査結果から本部は救出の判断を直ちに下し、駆逐艦フィリップを派遣させたと考えられる。

乗船後、直ちに被災した島民たちは、後部甲板で、ホースから水をかけられ体を洗われた。その後、シャワー室に行き、石鹸で体を洗い、除染が行われた。
　島民のなかで、女性たちは、支給されたズボンやシャツに着替えることに、かなり抵抗し、島民たちの置かれている状況を理解させるのに、ずいぶん時間がかかった。こうした緊急時の混乱の原因は、米軍が実験前に、こうした核の灰降下の危険を島民たちに全く説明しなかったことにあると考えられる。別な言葉では、放射線防護に関する基本知識の欠如である。
　アイリングナエ環礁はロンゲラップ本島から西方35キロメートルにある無人島だが、ブラボー実験の2週間前に、18人のロンゲラップ島民が食料調達のために島に渡っていた。アイリングナエはロンゲラップ本島よりも核実験場のビキニ環礁に近いため、心配していた。島に着くと何人かの島民と水兵らが捜索のため上陸した。幸い18人全員が見つかり、救出された。
　艦はアイリングナエを出発し、クワジェリン環礁に向かった。翌4日の日の出のころに、クワジェリン本島の米軍港に到着した。島民の宿舎として用意されたのは兵舎だった。そして、到着後間もなく、再度、除染が義務づけられた。
　クワジェリンに着いた二日後、軍の医師が島民の診察を始めた。島民たちは、吐き気、やけど、下痢、頭痛、目の痛み、脱毛などに悩まされていた。とくに子供たちはひどかった。胴、足、頭、首、耳にひどいやけどを負い、苦しんだ。
　3月8日、アメリカ本国から医師や技術者が到着し、検査を開始した。しかし、医師はそれぞれに名札をつけて写真を撮り、皮膚の検査をしただけで、日本の医師たちが第五福竜丸の被災船員たちに処置したような特別の治療を行わなかった。
　被災後一週間たつと、多数の島民は脱毛し、火傷の跡のようになった。体が痛むので「薬をくれ」と言うと、医師たちは「どうしていいかわからない」と言って薬は出さず、ただ海で体を洗うことだけを勧めたという。

ロンゲラップ島民の放射線急性障害

　核の灰降下により放射線曝露された被災者の初期の臨床的知見は、米国の担当医師・N. R. シュルマンらによって、以下にまとめられた[8]。より症状の重い被災者は初期に拒食症、嘔吐、下痢を示したが、特別な処置なしに2日間で沈静した。その同じ被災者は、白血球および血小板の減少が進展した。その他の顕著な症状は皮膚障害と脱毛である。より重症の患者の感染症と非感染症の発生率は、

軽症の患者よりも特に高くはなかった。放射線被曝後、血小板や白血球が減少しても出血が起こらないなら、特別な予防処置は必要ない。予防処置は状況に応じて検討されるべきである。血液状態が悪化すれば、より有毒な病原体に対する感受性の増加の可能性はある。

ロンゲラップの被災者には4人の妊婦がいた。二人が最初の3分の1期、ひとりが3分の2期、そしてもうひとりが3分の3期だった。ひとりとして妊娠に関して異常な徴候はなく、正常な様子で妊娠は続いた。アイリングナエの被災者にもひとりの妊婦がいた。彼女は3分の2期だった。その後、全員が出産した。結果はひとりが死産であり、その他3人の赤ちゃんは正常だった。

R. A. コナード博士らは、長年継続して被災者の医学検査を実施し、後障害の影響を報告した。ベータ熱傷は約20人のマーシャル人に斑痕化や色素変化を残した。しかし、慢性の皮膚炎や悪性の皮膚障害はなかった。ただし、1997年に、最近、皮膚がん1例が以前の障害の部位に見つかったと報告している。血液検査では白血球数や血小板数の低下があり、造血機能への残留効果を示した。

被災後4年間は、被災した婦人の流産や死産の頻度が高かった。32人が妊娠し、うち13人が流産と死産である。島田氏はジョン村長から、「タコのような頭をした子や、頭や手のない子が生まれた」との当時の異常を聞いている[7]。ただし、それ以後は顕著な頻度は認められなかった。被災した片親ないし両親から生まれた子どもたち、すなわち二世が調査された。その結果、遺伝学的に引き継がれる欠陥の証拠は見つかっていない。

ロンゲラップ島民の線量と後障害[9]

ロンゲラップで1歳時に被災した19歳の少年が急性骨髄性白血病を発症し、死亡した。ビキニ被災で唯一の白血病事例である。被災者数67人中1人なので、発生率は1.5%と高い。これは広島の2.5 km圏内の生存者の発生率0.35%に比べても高い。

幼児期に被災した少年には成長障害がみられた。特に二人の少年には甲状腺の萎縮する顕著な甲状腺機能低下症を示した。胎内被曝後に出生した3人を含むロンゲラップの被災者67人中、17人には良性の結節性甲状腺腫が発生し、5人が甲状腺がんとなった。この発生率は7.4%と高い値である。ただし、これら甲状腺障害を発生した人々の9割は、被災時年齢が10歳以下であった。

甲状腺障害の原因は、甲状腺組織に取り込まれた放射性ヨウ素（I-131）によ

表 2 ビキニ核爆発災害の線量と後障害

被災者群	人数	ゼロ地点からの距離 (km)	降灰開始時刻	避難時刻	外部線量 グレイ	白血球減少%	白血病	年齢	甲状腺線量 グレイ	甲状腺がん
ロンゲラップ	67	190	4−6	50−51	1.8	55 44日	1	1 9 成人	50−200 2−8 1−4	5
アイリングナエ	18	140	4−6	58	0.69	−	0	1 9 成人	13−52 5−22	−
ロンゲリック	28	250	6.8	28.5−34	0.78	−	0	成人	3−11	
ウトリック	167	500	22	55−78	0.14	84 44日	0	1 9 成人	7−27 3−12 2−6	5
第五福竜丸	23	150	3.5	7	1−3	15−50 28日	0	18−39	−	0*

時刻は爆発時刻からの経過時間
マーシャル人と米国人の外部線量は、被災の7−9日後の線量率測定と12時間降灰モデルから計算された又、ロンゲリックにあったフィルムバッジ線量計の値と一致が確認されており、確度は高い
甲状腺線量の2数値は左が平均値で右が最大値
第五福竜丸の外部線量は、臨床症状から筆者の推定。
* 放射線医学総合研究所の検査では甲状腺機能は正常で甲状腺腫は見つかっていない (1998年度)
本表は巻末のE. P. Cronkite 1956の文献をもとにしている

る内部被曝である。核の灰に含まれていたこの核種で汚染した水や食糧を体内へ取り込んだためである。一部は呼吸時の吸い込みも含まれた。救出されるまで、島民たちには汚染した水と食糧しかなかった。この放射性ヨウ素の半減期は8日と短いので、3年後にロンゲラップへ帰島した時には、既にこの放射線の危険は消失していた。だから、甲状腺が放射性ヨウ素を体内に取り込む危険は、最初の51時間までであった。

一方、第五福竜丸の船員たちも、13日間、汚染した魚を食糧の一部とした。これにより甲状腺が内部被曝したと考えられる。ただし、被災者全員が18歳以上だったので、マーシャルの少年たちのようには影響を受けにくかった。日本での医学検査が放射線医学総合研究所により長年継続されているが、顕著な甲状腺障害はなく、甲状腺がんも1998年まで発生していない。

同じブラボー実験で、米国人28人とマーシャル人252人が、核の灰降下で被災している[4]。ベータ熱傷による皮膚障害は、第五福竜丸と同様に発生した。

当時数 GBq/m^2 で島は汚染した。島民の外部線量は、0.1-1.8シーベルトである。放射性ヨウ素による甲状腺線量は、小児に特に高く、最大200グレイであった。ロンゲラップ島民67人中5人に甲状腺がんが発生した。またひとりが白血病で死亡した。放射線障害としての特別な治療はされなかった。すなわち輸血はなく、肝機能障害も発生していない。特筆すべきことは、米軍の放射線調査にもとづく救出の判断と実行、そして、救出後の被災者の除染、患者の線量評価に基づく治療計画である。

この核災害に、放射線防護と医療に関わる者は、学ぶべきことが多い。

地表核爆発が生じる広範囲な放射線災害[9]

ブラボー実験から、大型核兵器を想定した、線量範囲を予測する。すなわち、15メガトンの地表核爆発の線量レベルA、B、Cの空間範囲を、線量等高線を楕円として予測した。核の灰は、偏西風で輸送され降下する。以下は、特別な放射線防護なしに、4日間で避難することを想定した線量予測である。

致死リスクのあるレベルAの、楕円の長軸は330キロメートル、短軸は70キロメートルとなる。レベルCの長軸の長さは、680キロメートルにも及ぶ。大阪・東京間の距離が、およそ400キロメートルなので、甚大なる放射線災害になることは明白である。

チェルノブイリ原子力発電所が史上最大の事故と言われているが、3キロメー

トルの距離にあったプリピアッチ市は、線量レベルCであった。読者には、大型核兵器の地表核爆発の脅威の程が理解されたであろう。15メガトンの地表核爆発では、チェルノブイリ事故の1千万倍の放射能のある核の灰が環境に放出され、その50～80パーセントが、地表に降下してくるのである。

今世紀の潜在的脅威

　国家の大きな脅威となることが予想される放射線災害は2種類に大別される[5)～7)]。核兵器の戦闘使用と核エネルギー施設への武力攻撃である。ただし、前者は単なる放射線災害ではなく、衝撃波と閃光による破壊と殺傷が初期被害となることを忘れてはならない。この2大災害の発生リスクの背景には、ソ連崩壊後の核兵器技術の流出と核の闇市、核兵器のドミノ的拡散、中東問題と関連する国際テロなどがある。

　核兵器開発のドミノは、隣国まで及んでいる。北朝鮮は、2005年に核兵器保有を宣言した。そして、2006年10月9日、吉州郡豊渓里の山中で、第一回目の地下核実験を実施した。同国は、日本を射程圏内にした弾道ミサイルを開発している。

　核爆弾の小型化による、核弾道ミサイル開発に、このまま進めば、わが国にとって、大いなる脅威となる。弾道ミサイルが、発射されれば、日本への着弾は10分以内である。

　国家的脅威にはならないが、社会への衝撃にはなると予想される事象は、軽水炉等の核エネルギー施設の事故と放射線テロである。前者の例は、スリーマイル島事故である。公衆の線量レベルはEで、健康影響はなかった。後者は、ダーテイーボムやRI輸送車への攻撃である。ただし、これによる被害は交通事故や交通事故災害程度である。これに対しては、日本社会が確かな放射線防護学の知識をもち、適切に対処すれば、社会影響を最小限とすることは可能である。

　一方、チェルノブイリ事故のようなソ連型黒鉛炉の炉心事故は重大事故になる恐れがある。ただし、この種の事故は、日本を始め欧米の軽水炉では、まず起きない。あるとしたら、発電所へのミサイル攻撃である。しかし、可搬型のミサイルや、旅客機による体当たりでは、分厚いコンクリート防護壁は破壊されないと、予想されている。より大きなミサイル攻撃に対しては、防衛が必要となる。

わが国の課題　防災隊員の線量管理と除染棟の建設

　ビキニ被災の検証から、核の灰が降下する災害では、被災地の放射線調査と被災者の救出の判断、被災者救出直後の除染作業が、緊急時の措置となる。これらが迅速に実行できる体勢を作らなければならない。ただし、日本が核兵器の地表攻撃を受けた場合には、ゼロ地点を中心に、風下の広範囲が、直ぐに危険となる。従って、避難・救出は困難が予想される[1),9),10)]。

　第一に、放射線調査隊の編成である。隊員の放射線防護法、線量管理法の確立、線量測定法の確立、そして、これらの訓練である。国民保護課題としては、自衛隊が、その任務を負うものと考えられる。それ以外に、各都道府県の消防、警察、および海上保安庁の組織においても、それぞれの任務の遂行上、放射線防護法と線量管理法の確立、放射線調査法の確立、そして、これらの訓練が必要と考えられる。災害時に対処する隊員の安全確保は、第一に考えておかねばならない。

　第二は被災者や隊員の除染である。特に、大量の核汚染患者の発生を想定した施設を建設するべきと考える。一部の病院に、院内に設置された除染室では、複数の患者を、同時に処置できない。また、多数の汚染患者を収容する場合、院内の二次汚染を、防ぐのは困難でもある。したがって、フランスのように、病院の敷地内に、独立した除染棟の建設が望まれる[11)]。フランスでは、軍の病院の付属施設として、全国に建設されている[12)]。この病院は、国民に開放されているので、核放射線に関する種々の事故に対応できるのである。わが国も、自衛隊病院の民間開放が計画されている現在、各地の自衛隊病院の付属施設として、除染棟が建設されれば、国民保護課題のほかに、平時の原子力施設事故等にも有効である。

　　　　　　　　　　　　　　　　初出　高田純：放射線防護医療2　3-10　2006

■ 文献 ■

1) 高田純：核災害に対する放射線防護. 医療科学社, 2005.
2) 放射線防護情報センター. http://www15.ocn.ne.jp/~jungata/index.html
3) 高田純：世界の放射線被曝地調査. 講談社ブルーバックス, 2002.
4) Takada, J：Nuclear Hazards in the World. Kodansha and Springer, 2005.
5) 第五福竜丸平和協会・編集：ビキニ水爆資料集, 東京大学出版会, 1976.
6) M. Eisenbud, Monitoring distant fallout：the role of the atomic energy

7) commission health and safety laboratory during the pacific tests, with special attention to the events following bravo. Health Physics. Williams & Wilkins 73, 21-27, 1997.
 7) 島田興生：還らざる楽園. 小学館, 1994.
 8) E. P. Cronkite, V. P. Bond and C. L. Dunham：Some Effects of Ionizing Radiation on Human Beings. A Report on the Marshallese and Americans Accidentally Exposed to Radiation from Fallout and a Discussion of Radiation Injury in the Human Being, US Atomic Energy Commission, 1956. 米国のブラボー実験事故の急性放射線障害に関する医学報告書.
 9) 高田純：核爆発災害. 2007.（予定）
10) 高田純：チェルノブイリ原子力発電所事故から20年. 原子力eye, Vol. 52, 27-29, 2006.
11) 高田純：東京に核兵器テロ！. 講談社, 2004.
12) 高田純：フランス・核燃料サイクルの安全と防災調査. 原子力eye, Vol. 51 30-33, 2005.

北朝鮮の核実験が日本へ与える放射線影響の
予測と監視

　北朝鮮は核兵器の実験予告を、2006年10月3日に声明し、その1週間後の10月9日に、実施した。前年の核兵器保有宣言以来、実験準備が進められていたに違いない。既に、日本を射程にとらえた弾道ミサイルが開発されているので、この実験の実施は、わが国の脅威が一段と高まることを意味する。今後の実験を中止させる国際的な外交努力が求められてはいるが、こうした核兵器の脅威に備える国内の取り組みは、前進させなくてはならない。

　今回の報告では、最初に、北朝鮮の実施した第1回目の地下核爆発実験の日本への放射線影響の予測と監視結果について、報告する[1), 2)]。昨年の国際原子力委員会IAEAの事務局長エルバラダイ氏の発言「日本にも放射線の影響が懸念さ

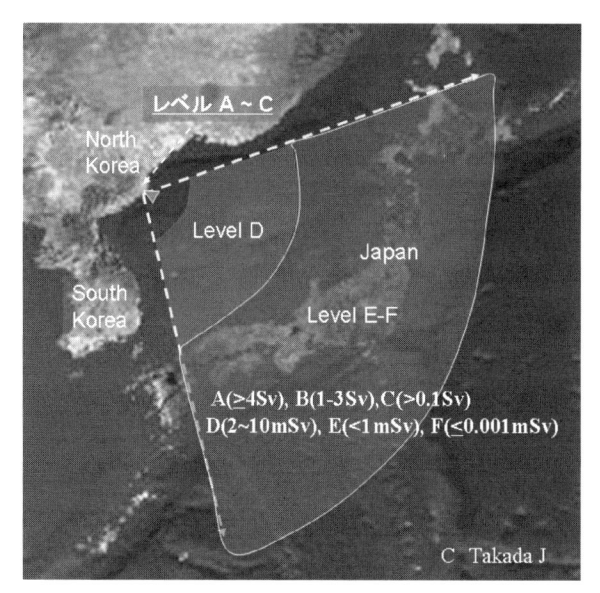

図1　事故的な地下核実験が日本へ与える予測線量分布
　TNT火薬換算20ktの地下核爆発から、環境へ10%線量が漏洩する事故を想定する。実効風速を24km/hと仮定して、核の灰降下による残留放射線を計算した。

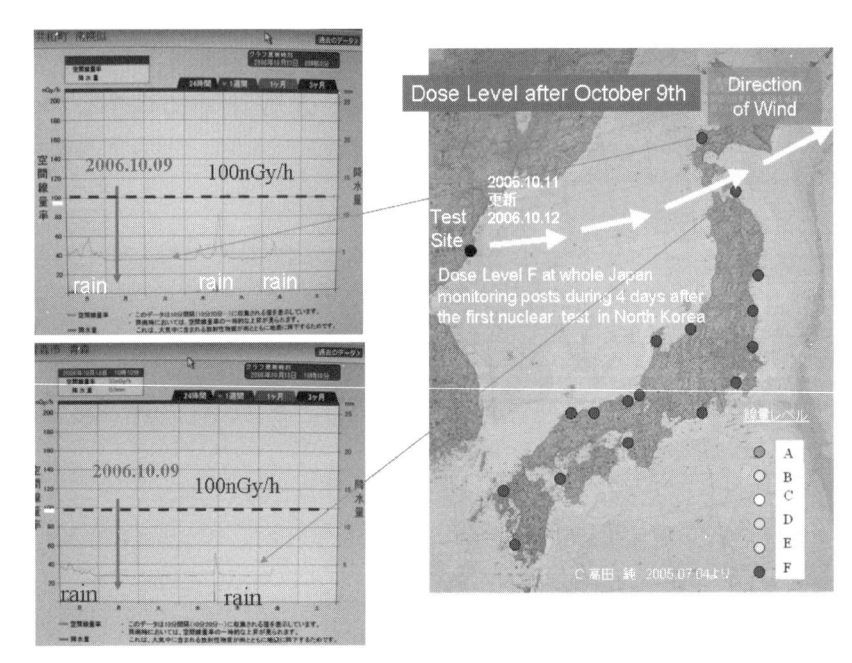

図2　2006年10月9日以後の、日本各地の線量監視結果

右図は、実験場吉州郡豊渓里の上空、を通過した気流が既に、日本へ到着したと考えられる45時間後の各地の空間線量率値から、予測した24時間予測線量値、影響が無いと判断されたレベルFであった。左図は、実験日から4日間の、気流が通過したと考えられる北海道および青森の空間線量率で、影響は無かった。

れる」以後、日本社会に動揺があった。そうした心配からの風評被害を押さえ込むために、一連の取り組みを展開した。

　筆者は、2005年に、北朝鮮の事故的な地下核実験を仮想した。線量予測計算では、TNT火薬換算20キロトンの地下核爆発から、10％の線量が、地表へ漏洩するような事故を想定した。それは、旧ソ連の1978年のシベリアでの地下核爆発の事故規模である[3]。北朝鮮の実験場・吉州で、核分裂生成物が漏洩した場合に、実効風速毎時24 kmの気流で、風下の日本へ核の灰が輸送され、降下する条件を仮定した。

　その計算結果は、予測線量レベルが、日本本土で、E-F（1〜0.01 mSv以下）と安全な範囲であることを示した。また、日本海は、レベルD（10 mSv以下）

と予測された。ただし、海上に長期に滞在するとは考えにくいので、日本の漁師の線量も D 以下と考えられる。事故地下実験で、危険となるのは、北朝鮮の実験場の風下であり、レベルは A（4 Sv 以上）−C（0.1 Sv 以上）と予想されている。

　筆者は実験実施が予想された 10 月 7 日より、気象庁の赤外気象データに注目した[2]。日本の太平洋側に強い低気圧があり、10 月 7 日は、想定されていた実験場吉州を通過する気流は真南方向である韓国・九州を向いていた。翌日は、それが関西方向となり、実験のあった 9 日には、東北を向いていた。

　全国の原子力発電所立地県にある放射線監視データは、実時間でネット公開されている[4]。筆者は、それを利用して、日本各地の 24 時間予測線量を線量 6 段階区分で表示し、主宰する放射線防護情報センターのホームページ開示している[2]。北朝鮮の 10 月 9 日の核実験に対し、日本への放射線影響を調査し、ウエブ上で迅速に公開した。その結果は、20−40 時間以後の線量は、全国でレベル F（0.01 mSv 以下）であった。すなわち、放射線影響は無かったとの結論を、実験 2 日後に得た。

初出　高田純：放射線防護医療第 2　1-2　2006

▌文献▌

1) 高田純：核災害に対する放射線防護．医療科学社，2005.
2) 放射線防護情報センター．http://www15.ocn.ne.jp/~jungata/index.html
3) Takada, J：Nuclear Hazards in the World, Kodansha and Springer, 2005.
4) 環境防災 N ネット　http://www.bousai.ne.jp/

ソ連と中国の核兵器開発に学ぶ放射線防護

　ソ連および中国の核兵器開発過程および核軍事演習の歴史的事象のリスク検証から、保有国の核兵器使用を想定した危険な姿勢を見定める。安全保障上の核抑止力を保有しないわが国の核放射線防護および核兵器防護の手ぬるい対策に警鐘を鳴らす。

日本を取り巻く危険な事態
　米国の広島・長崎への核攻撃から始まった核武装は、米ソの冷戦下の核軍拡競争、英国・フランス、中国、イスラエル、インド、パキスタン、そして、世界で最も貧しい北朝鮮にまで及んだ。米ソの核兵器の独占支配にはならず、敵国の核攻撃を予防する抑止力として核兵器を保有する核のドミノ現象が生じた。今、世界の総核弾頭威力は 3000 メガトン、広島核のよそ 20 万発分である[1),2)]。
　大国同士が核兵器を打ち合う人類最終戦争は、この 65 年間避けられている。

しかも、1次2次と続いた世界大戦は、これまで、3次の大戦を生み出していない。これは、核兵器保有国同士が相互に、その戦闘使用を避けてきたことが大きな原因と考えられる。

しかし、核兵器国が、非保有国と戦争状態になった場合には、核兵器使用の抑止力はないはずだ。その例が米国からの日本への核攻撃の事例だ。さらに、2001年9月11日の米国中枢へのテロ攻撃以来、非国家組織からの国家への核兵器テロの可能性を除外できない。この種の脅威は、わが国へも向けられている[3]。これが、今の日本の置かれている状態である。

東アジアの安全保障は、軍事力拡大で留まるところを知らない共産党独裁国家中国と、同じく戦時体制下の北朝鮮により極めて不安定である。前者の国境での紛争や、南シナ海、東シナ海での覇権主義、そして後者の拉致事件にみられるテロ工作など未解決事案に、その脅威が見える。

中国は総威力270メガトンの核ミサイルを配備し[4]、北朝鮮も核武装のための実験を進めている[1]。中国海軍は、米国にも達する大陸間弾道ミサイルの実戦配備を背景に、東シナ海、南海の日中境界線を突破し、太平洋支配を狙っている。東シナ海の海底ガス田の強硬開発や、平成22年9月の日本領海である尖閣諸島で多数の漁船侵入事件に、そうした中国政府の狙いが実際に表れている。

一方、北朝鮮の軍事力は小さいものの、日本人が多数拉致された事件も未だに解決されない事態である。さらに韓国との軍事衝突の危険も少なくない。北の核兵器開発の脅威は、核弾頭の闇市での商売にある。国際テロリストに、携帯型核弾頭が密売されたなら、世界は恐怖の底に突き落とされるのである。

本論文では、この2年間にまとめた、ロシアおよび中国の核兵器開発などの歴史に見る核放射線問題の研究を防護学の視点から報告する[5]～[7]。

ソ連の核兵器開発と問題点

大戦中、独日英米ソの各国が水面下で核兵器の研究を、それぞれ独立に展開した。ただし、各国の諜報機関は、他国の核開発の情報を必死で収集していた。勿論、わが国も例外ではなく、1943年昭和18年に海軍および陸軍が核兵器研究を開始した[4]。

ソ連の共産党書記長スターリンは、科学者イーゴリ・クルチャトフを指導者に任命し、核兵器研究を1943年に開始した。ただし、その速度はかなり穏やかであり、スターリンは緊急性を全く理解してはいなかった。もちろんドイツ戦で大

きな損害を受けたていたソ連には、当時、核兵器開発に注力する余裕もなかった[7]。

ただしソ連の科学陣は、米国の核兵器開発計画の決定の鍵となった1941年のモード委員会の秘密報告書の入手など、諜報機関からの情報を最大限利用して、プルトニウム爆弾の研究を少しずつだが進めた。なお戦後、ソ連はドイツ領であったチェコ・スロバキアのウラン鉱山からウラン鉱石の供給の権利を確保した。

1945年7月16日、チャーチル、スターリン、トルーマンが日本の戦後処理を討議するポツダム会談開幕の前日に、米国はアラモゴールドで最初の核爆発実験を実施していた。それが成功したとの電報を受けたトルーマンは大いに元気付けられた。トルーマンは、全体会議の中で、核実験の成功を語らなかったが、絶大な威力の新型爆弾を保有したことをスターリンに告げた。これが、ソ連の核兵器開発を一気に活発化させることとなった。しかし、8月6日までは、スターリンの気持ちはまだまだ煮えきってはいなかった。

スターリンは8月6日の米国の広島核攻撃ではじめて、戦後の世界の軍事力の均衡の破れ、すなわち米国の圧倒的な優位を理解した。米国の軍事力の象徴となった核兵器は、米国経済と技術力の象徴でもあった。そうして日本の戦後処理で不利益を避けるために、ソ連は8月9日に、対日戦争を急遽宣言し、満州の日本軍へ攻撃を開始した。

9月2日、日本が降伏文書に調印した時には既に、スターリンは、優先度の高い核計画を組織することを決定していた。ソ連は戦後の破壊的な経済状況にあったが、それでもこの計画の推進は絶対的な強い意志で実行されるべきものであった。

ソ連は米国のマンハッタン計画の大量の機密情報を入手し、それを手本としたソ連版の計画を練ったのである。そこには米国のプルトニウム爆弾の構造に関する詳細な情報、すなわち爆弾の部品、材料の成分など、爆弾製造に必要な全ての情報を、ソ連のスパイは入手していた。その情報を、ソ連の科学者たちは、あらゆる点で確認作業を行なった。すなわち、同じ計算、理論および実験的検証を実施した。

ウラル山脈の南部にソ連は、プルトニウム生産拠点・チェリャビンスク40を1948年に建設した。核爆弾の設計と開発のために、モスクワから南東400キロメートル離れた地に、研究機関・アルマーザス16を設置した。

最初に長崎核爆弾のコピーを製造した。そして、カザフスタンの北部に建設し

た四国ほどもある広大な面積の実験場で、1949年8月29日、プルトニウム爆弾威力20キロトンを炸裂させた。米国が広島を核攻撃した5年後のことである[8]。

ソ連は、プルトニウムの製造や、核爆発実験の過程で、労働者、兵士、周辺住民にかなりの犠牲を払いながら、核兵器開発を継続した[7]。ソ連体制の崩壊後の情報開示や、国外の専門家の調査の受け入れなどで、その間の環境汚染や健康被害の実態が明らかにされてきた[8]。

トーツク核軍事演習における兵士の線量

ソ連は、地上軍、防空軍、海軍の各地方軍管区からあらゆる軍種の指揮官を参加させ、核戦争を全軍に徹底させることを目的に、1953年9月、中部ロシアのトーツクの森林地帯で大規模の核軍事演習を実施した。将来のヨーロッパでの森林地帯を舞台とした核戦争を想定していた[7]。

この軍事演習は、スターリン後、ソ連の核軍事力を内外に知らしめる大きな意味持つ。そこで、総指揮官には、第二次世界大戦の英雄、ゲオルギイ・ジューコフが任命された。

演習とは言え、長崎の核の2倍の威力40キロトンの核兵器を使用するため、秘密都市セミパラチンスク21からの多数の専門技術者が参加し、クルチャトフ博士が陣頭指揮に当たった。

ワルシャワ条約加盟国の代表に加え、中国の彭徳懐国防相らが視察した。すなわち、ソ連は社会主義陣営の総力を挙げての核軍事演習とした。

敵役の西軍に東軍が核兵器を投下し総攻撃を仕掛け、西軍はそれに耐え迎え撃つ演習のシナリオであった。以下は核百科辞典でのV. ブラトフによる報告を元に、兵士達の健康リスクに関して、筆者の考察を加えた。

4万5千人の軍隊が、東軍と西軍とに分かれ、演習が行なわれた。兵員の他、戦車600台、大砲・迫撃砲500台、装甲輸送車600台、飛行機320機、自動車・牽引車6000台である。

安全のため、立ち入り禁止地区がいくつか設定された。近辺部落の住民、家畜、家財、食料は前もって、15キロメートル以上の場所へ移動させられた。演習場の中心には、家が作られ、塑壕や地下トンネルが掘られた。そこには兵器が置かれたり、500頭の家畜がつながれたり、といった準備がされた。兵士たちも、核爆発に備えて、シェルターに身を潜めた。

直径2メートルのプルトニウム核弾頭を、ツポレフ3型爆撃機が高度8千メー

トルから、目標を狙い投下した。目標から280メートル逸れた地点の上空350メートルで、午前9時33分、威力40キロトンの核が炸裂し閃光を放った。

爆発とほぼ同時に、直径150メートルの火球が現れ、高圧に圧縮された空気の壁が一気に周囲へ衝撃波となって広がった。その速さは音速を超えた。火球は渦巻き、そして天空に昇りながら、地表物を吸い上げていった。こうしてきのこ雲がゼロ地点に出現した。

その時、最も近い部隊は東軍で、ゼロ地点から5キロメートルの位置のマホトカ川の辺の塹壕にいた。生き残り部隊との想定の西軍は10キロメートル地点の壕の中に潜んでいた。

爆発直後、衝撃波が通過し落ち着くと、東軍から予備砲撃と航空爆撃が実施された。何機かの飛行機は、爆発の20分後、西軍の地上目標の爆撃に際して、きのこ雲の幹を果敢にも通過した。

地上では、東軍の放射線調査の斥候隊がゼロ地点へ向かい、核爆発の10分後に達した。彼らは、部隊が到着する前に汚染地域の判別を行った。

爆発2時間後、ゼロ地点に東軍の機甲化連隊の先遣隊が進出し、その後に、狙撃連隊、機甲化連隊の諸部隊が続いた。部隊の兵士全員に、マント、足カバー、手袋、ガスマスクなどの個人用の防護用具が支給されていた。

ゼロ地点から5〜7.5キロメートルの部隊は、閃光から目を守るためガスマスクの上に色フィルムを着け、衝撃波を避けるため掩壕に入っていた。7.5キロメートル以遠の部隊は、塑壕に入り、伏せているか座っているよう命令された。

爆心から750メートルの地点でのガンマ線による空間線量率は、爆発2分後に毎時560ミリグレイ、10分後に毎時87ミリグレイ、47分後に毎時13ミリグレイであった。

放射線調査斥候隊のデータによると、爆発1時間後、爆心地での空間線量率は毎時430ミリグレイで、850メートルの地点で毎時1ミリグレイであった。核汚染地帯の判別は、爆発90分後、主力部隊が掩壕から出るまでには終了していた。

東軍の機甲師団の戦車や歩兵師団の兵士たちは、西軍の攻撃目標のゼロ地点へ進撃を開始した。当時のソ連軍の放射線防護基準は、今日の世界基準とはかけ離れた値であり、危険な範囲にある。それは核戦争という有事基準といえる。

測定値は、核爆発のゼロ地点では、毎時435ミリグレイであった。これは核の灰が放つガンマ線による外部被曝の線量である。さらに、吸い込みによる内部被曝が追加される。恐らく、当時、兵士たちは、防護マスクをつけていないであろ

う。だとすると、最大5割の内部被曝線量が追加される。

これにより、ゼロ地点に1時間滞在した兵士の線量は、650ミリシーベルトとなる。その線量では急性放射線障害にはならない。したがって、兵士達には自覚症状はないであろう。ただし、後年、白血病などの発がんリスクは高まったはずである。

ソ連の公式報告によると、ゼロ地点で活動した兵士はおよそ450人である。その全員が650ミリシーベルトの線量を受けたと仮定し、致死がん発生数を計算する。リスクの値として、国際防護委員会1990年勧告値（4.0×10^{-2} Sv^{-1}）を用いる。結果、その後12人の兵士が、がん死したと推定される。

一方、トーツク核軍事演習に参加した4万5千人の兵士全員が100ミリシーベルトの線量を受けたと仮定すると、その後1800人の兵士が、がん死したと推定される。なお、当日、放射性雲は東方に流れ、東軍側に核の灰が降った。

中国の核兵器の開発と問題点

中国の核実験による放射線影響は、ソ連時代より隣国のカザフスタンで調査されていた。日本の科学者たちは、セミパラチンスクでのソ連の核実験の放射線影響を調査するなかで、中国の地表核実験から飛来する核分裂生成物の放射線影響に関するカザフ・ロシアによる調査報告書を、2000年に入手した。

著者は2004年に研究拠点を広島大学原爆放射能医科学研究所から札幌医科大学医学部へ移し、放射性降下物に対する風下地域の線量計算方式をはじめ、核爆発災害からの防護法の研究を推進した。そして2007年には、任意の威力の核爆発に対して災害の物理と人体影響を質および量的に予測する方法の原型ができた。この手法を、同年から2008年にかけて、世界で最も不透明な中国の核実験災害の評価に応用した[5]。

爆発のゼロ地点からおよそ1000キロメートル離れたカザフスタンの地の線量に対して、本調査研究の結果とカザフスタン報告値と比較することで、本研究の確度を検証した。すなわち、その良い一致から、楼蘭周辺シルクロードで発生した核爆発災害の科学評価の妥当性が保証された。

主な調査資料は、核実験年表にあるデータ、カザフスタンの科学報告書、そして国連の人口データベースである。そして、これまでの核爆発災害調査の成果および米国エネルギー省の核実験報告に基づいて独自に開発した核爆発災害予測方法および核分裂生成物の降下に対する線量計算方式を解析の方法とした。これら

資料および方法の文献を巻末にまとめている。

　入手した資料の解析から、中国が実施したメガトン級地表核爆発で生じた大規模核災害の実相が科学的に浮き彫りにされた。以下に、本調査研究の結論を、最初にまとめる。ウイグルの現地を訪れた調査ではないが、核災害の中心部分が、核放射線の物理と放射線防護学から透視できた。

1　中国は1964年から1996年までに、ウイグル地区楼蘭に建設した実験場で、延べ46回、総爆発出力およそ22メガトンの核爆発を行った。最初の実験は、1964年10月16日、鉄塔100メートルの高さで威力20キロトンの核分裂型を地表爆発させた。また最初の熱核爆弾2メガトンの実験は1967年6月17日である。これも地表核爆発であったと考えられる。最大の核爆発出力は、1976年11月17日の4メガトンの地表爆発である。1980年まで主に空中、地表の爆発、そして1982年から1996年までは地下実験が実施された。ただし核実験に対して、中国政府機関からの公式発表がないので、これらデータにはある程度の不確かさが残る。

2　地表核爆発は、地表物質と混合した核分裂生成核種が大量の粉塵となって、周辺および風下へ降下するために大災害となる。中国の実験では、大量の砂が舞い上がるので、この種の粉塵は核の砂の表現が適切であろう。以下、本書では核の砂を放射性降下物の表現に使用する。一方、実験による空中核爆発および地下核爆発では、顕著な核災害は生じない。そこで、本書の主な調査対象である地表核爆発実験における核分裂成分の総威力を算定すると、およそ4.4メガトンとなる。この算定では、熱核爆弾は核融合エネルギーと核分裂エネルギーがおよそ1対1の割合で放出するとの米国の報告を考慮した。

3　中国の3回の大型地表核爆発の合計爆発威力は8.5メガトンであった。その核分裂成分はおよそ4メガトンと推定される。この内最初の2回のメガトン級地表核爆発が、北北東方向のカザフスタンの地に核の砂が降下し、顕著な放射線影響を与えた。この2回の地表核爆発に対し、著者は独自の線量計算を実施し、カザフスタン報告の値と一致することを確認した。こうして、本調査の核爆発災害を推定する方法の妥当性が裏付けられた。

4　3回のメガトン級の大型地表核爆発からの核の砂降下による線量の等高線は概して楕円形となる。その内、半致死以上のリスクとなるA地区の推定総面積は、東京都面積の11倍の2.4万平方キロメートルとなった。当時の平均人

口密度の推定値6.6〜8.3人／平方キロメートルとから、死亡人口は19万と推定された。また、白血病やその他のがんの発生および胎児影響のリスクが顕著に高まるBおよびC地区の人口は129万と推定された。

5　健康影響のリスクが高まる、短期および長期の核ハザードが心配される地表の推定面積は、日本国土の78パーセントに相当する30万平方キロメートルに及ぶ。地表核実験直後の放射能の総和は1万6千エクサベクレルであった。ただし2008年時点では21ペタベクレルと、核の崩壊により80万分の1に減衰している。しかしメガトン級の核実験は、日本人の関心の高いシルクロード楼蘭付近なので、観光などで現地を訪れるひとは、核ハザードのリスクも多少あることを知るべきである。

6　2008年時点の楼蘭の地下に残留する実験原因の全放射性核種の放射能は、19ペタベクレルと計算された。この量は、1986年にチェルノブイリ周辺環境へ放出された量のおよそ2パーセントだが、地下の限られた地域に高濃度に存在しているので、地下水を利用している地域社会の公衆衛生上の問題となる恐れがある。

7　楼蘭での核実験は1996年まで行われたが、現地のウイグルなどの人々の健康被害と核ハザードは21世紀の現在も続いていると考えられる。したがって、中国政府による被災者医療および放射線衛生の真摯な取り組みが望まれる。

8　核軍事演習では、3メガトンの核弾頭を敵役の軍隊の頭上で炸裂させ、多数の兵士を無情にも殺戮した中共政府は、世界で最も危険な核兵器国と言える[6]。

9　中国政府は、米ソのように核爆発地帯を広範囲に管理する実験場を建設しなかった。米ソは立ち入り制限を設けたが、中国政府は楼蘭周辺の核ハザード地帯を観光地化してしまった。公共放送NHKがそれに関与する問題もある。日中双方の観光統計などから、核爆発が継続していた平成8年までに、楼蘭遺跡のあるウイグル地区を訪れた日本人は27万人に上ると推定している。その中には最も危険な楼蘭遺跡に行った人がいる。

10　中国はメガトン級の威力の核ミサイルを実戦配備している。有人衛星を飛ばす技術により、世界のどこでも狙ったところに弾道ミサイルを撃ち込むことができる。中国の配備した弾道ミサイルの総量は、270メガトンでロシア、米国についで世界三位。しかも多弾頭技術を開発しているので、迎撃は難しい。

11　中国が日本に核を打ち込んでも、核報復を恐れ同盟国のアメリカは中国に撃

ち返すことができない。すなわち、日中間で有事になれば、日本は中国から核攻撃を受けるリスクが一気に高まる。

1969年の中共3メガトン核軍事演習による大量殺戮

東トルキスタン情報センターのインターネットサイトに、大紀元時報・中国語版が2005年9月に、"東トルキスタンで行なわれた核実験で、75万人が犠牲に"を報じられた。その日本語訳によれば、核兵器を使用した軍事演習で、敵役となった中共軍の上で核弾頭を炸裂させたという。

1960年代に行なわれた核実験で、75万人のウイグル地域の公衆と核実験軍事演習に参加した解放軍兵士が放射性中毒になったという。しかも第8回の核実験＝熱核弾頭3メガトンでは[5]、中国共産党は核の効果を確かめるため、陸軍および戦闘機を、敵地とした核爆発のあったゼロ地点へ突入させている。

極秘に実行された1969年の核軍事演習が次のように報道された。

『これらの核実験のうち1969年の実験では、以下のように恐ろしいことが実行された。

張愛萍将軍の指揮下、核実験部隊は、予定の3カ月前にはロプノル基地入りしていた。

50年代にソビエトで造られた爆撃機は、密かにこの基地を飛び立ち、核実験場に向かった。この実験場は地上にあり、今回は"戦場"という設定になっていた。そこには敵役を勤める兵士や、その戦闘機などが配置された。

その上に核兵器を落とすという情報は極秘扱いとされ、中国中央政府の一部の指導者以外は誰も知らなかった。解放軍の陸軍、空軍の指揮官、兵士などが互いにどういう任務か質問するのさえ禁止されていた。

核実験場から200キロ離れた場所で、命令を待っている軍事演習部隊も、今回の軍事演習の本当の目的を全く知らなかった。

当時、陸軍部隊の兵士らは核実験場の"戦場"から敵役の軍用機の残骸と負傷者を輸送する任務のために派遣されていた。後方部隊の兵士らも"戦場"から水や土など、さまざまなサンプルを取ってくるように命令されていた。

北京時間午前10時に爆撃機は核実験場の上空に達した。パイロットがスタートボタンを押した瞬間、核爆弾の取り付けられた落下傘がゆっくりと落ちていった。任務を済ませたパイロットは無線で総司令部に報告しながら方向転換し、基地に戻ろうと急いだ。

爆撃機がこの危険な戦場を離れたとたん、鼓膜を破らんばかりの爆発音が聞こえ、爆撃機は激しく揺れ、大陸も激しく振動した。巨大な火柱が立ち上り、みるみる大きくなり、地上と空を占領し、高さ11キロのキノコ雲を形成した。

部隊はキノコ雲こそ合図だと教えられていた。この雲を見た5万人の演習部隊は命令に従って戦場へ急いだ。

戦場は「敵側の基地だ」と教えられていたので演習部隊は戦場を"占領"した。今回の核軍事演習中、陸軍部隊の兵士らは通常の制服を着ていたのみで、放射能防護装備などは全くしていなかった。かくして、彼らのほとんどはまもなく死亡した。』

1969年の核実験は2回あって、ひとつが地下で、もうひとつが3メガトンの空中爆発である。したがって、3メガトンの核軍事演習を中共は実行したと結論される[6]。他国では、こうした非道な軍事演習はありえない。これから容易に想像するのは、共産党一党独裁国家の中共ならば、有事の際に、非保有国・日本へ向けた核ミサイルの発射ボタンを押すということである。

タブーなき核兵器防護研究の推進を

国民保護指針の策定以後、わが国が核兵器による攻撃を受けることを想定した防護研究を、本研究会など民間レベルで推進してきた。本報告もその成果である。また、国民保護室を中心に、政府機関の防護や、港湾の放射線モニターの設置、緊急時警報の発令の方法開発に取り組むなどにみるように、一程度の進展が図られている。しかし、筆者の政府へ提言した7つの課題の幾つかは、明らかに実行されていない[1],[2]。国としての防護機能の研究開発は遅れているといわざるを得ない。

一方、北朝鮮の弾道ミサイル開発、中国の核兵器開発は水面下で相当な動きがあると見るべきである。今回の報告で見たように、中国の核攻撃姿勢は危険である。それは、自国民をも殺傷することに躊躇しないからである。自国が追い込まれた有事には、他国への核攻撃をためらわない国柄と見受けられる。

これらに対し、わが国の防護は十分と言えるだろうか。はなはだ、疑問である。陸上自衛隊が配備している迎撃ミサイルPAC3も恐らく、中国のミサイル数に比べれば圧倒的に少ない。我が国の迎撃能力は完全ではない。原理的にも核弾頭の迎撃は難しいのである。

攻撃は最大の防護とは言うが、この種の検討は国としては望まれるであろう。

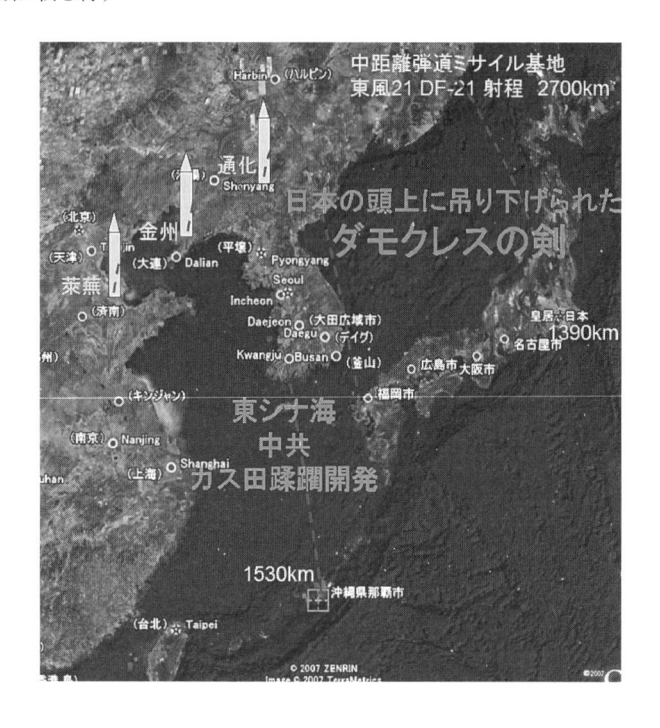

すなわち、この種の能力は最大の抑止力となるからである。ただし、抑止力研究は本研究会の枠組みを超えることになる。いずれにせよ、国家としては限界のない核兵器防護研究が望まれる。

初出　高田純：放射線防護医療 6　1-8　2010

▌文献▌

1) 高田純：核爆発災害. 中公新書, 2007.
2) 高田純：核爆発災害　被害予測と政府の課題. 放射線防護医療 3, 2007.
3) 高田純：東京に核兵器テロ！. 講談社, 2004.
4) 高田純：核と刀. 明成社, 2010.
5) 高田純：中国の核実験. 医療科学社, 2008.
6) 高田純：核の砂漠とシルクロード観光のリスク. 医療科学社, 2009.
7) 高田純：ソ連の核兵器開発に学ぶ放射線防護. 医療科学社, 2010.
8) 高田純：世界の放射線被曝地調査. 講談社ブルーバックス, 2002.

セミパラチンスク核兵器実験場グランドゼロ 2002年の放射線調査

　追悼：筆者は大学院生時代に、金沢大学低レベル放射能実験施設初代施設長・阪上正信先生の指導を受けました。広島原爆投下後の黒い雨地域土壌中のウラン同位対比の調査でした。これが、私の核災害研究のルーツです。先生が翻訳をまとめられた M. アイゼンバッド著「環境放射能」は、「何のための環境調査か」を示唆した、大事な教科書でした。尊敬する阪上先生の真摯で心暖かい研究精神を決して忘れません。

はじめに

　原子力基本法は、日本での核エネルギーの研究開発を平和利用に限定している。また歴代政府は、核兵器に対して、「造らず、持たず、持ち込まず」の三原則を表明している。広島・長崎を中心とした国民世論は、20世紀前半の軍国主義を反省し、恒久平和と核兵器の廃絶を希求している。

　しかし、米ソ冷戦が終結して以来、新たな形で核兵器の危険が生じている。そのひとつは、ロシアからの小型核兵器や解体された核弾頭からのプルトニウムの流出である。これは、9.11以来の核兵器テロの脅威だ。もうひとつは、印パ緊張時に見られたような、核兵器拡散による通常兵器的な戦闘使用の可能性である。

　空中爆発と違い、地上爆発のグランドゼロでは、残留核汚染が長期に継続すると想像される。しかし日本には、こうした科学情報はほとんどない。本研究は、こうした小型核兵器によるテロ攻撃の被害を予想するためにある。特に地上核爆発の核汚染と被曝影響の調査である。今回は、筆者が前年実施した旧ソ連時代にあった小型核兵器の地上爆発跡などの調査を中心に、その残留核汚染の状況を報告する。

調査地と方法

　筆者は2001年に続いて、2002年9月に、セミパラチンスク旧実験場内の地上爆発地点の調査を実施した。初回の調査が、1時間であったのに比べて、今回は4日間である。カザフスタン国立核センターによれば、「ロシアとの間で、ソ連

表1　Portable Laboratory

Device	Physical Quanyity	Model
GPS	Global Position	Magellan GPS3000
Distance	m	Lytespeed 400
γ survey	μSv/h	Aloka PDR-101
Dosimeterr	μSv	Aloka PDM-101
α・β Counter	cps	Aloka TCS-352
NaI (TI) Spectrometer	Cs-137 (kBq/m)	Hamamatsu C-3475
Note PC	Data memory and analysis	Sony Vaio PCG-808

最初の核兵器実験のあったグランドゼロ（P1）の調査は許可されないとの暗黙の約束がある」との説明を受けた。もちろん、サンプル収集は絶対にできない。それでも、この地の情報は重要だと判断し、2日間P1に出かけた。現地の試料採取は、禁止だが、測定は許可された。今回は、「測定はしても、国際的に報告しないでほしい」と言われた。

彼らは、もうひとつの調査地として、その地の南方6kmに位置するクレータ爆発地点（P2）を勧めてくれた。高いレベルで、アメリシウムの汚染があるという。2001年、カザフの科学者たちが、P1調査の途中、偶然に発見したものだった。

現地では、以前報告したポータブルラボを用いて、その場測定を行った。ガンマ空間線量率、地表面でのアルファおよびベータ計数測定を実施した。また一部の地点では、NaIシンチレーター検出器でのガンマ線スペクトル測定により、Cs-137放射能密度を測定した。位置や方位の測定にはGPSナビゲータを、測量には400mまで測定可能なレーザー光式測量計を使用した（**表1**）。

結果と考察
<u>グラウンドゼロの放射線環境</u>

P1には、爆央を意味するロシア語の「エピセンター」と書かれた金属製の三角形の旗が立てられている。ソ連は、約半世紀前にその場所に鉄塔を建て、最初に核分裂型兵器、二度目の爆発そして最初の熱核融合型兵器を実験したのだ。そこを基点として、放射状に点々と広大な大地に配置された、高さ15m程のコンクリート製の各種計測器を配置したグサキと呼ばれた塔などが今でも残ってい

る。

　三回の爆発時の風向きは、それぞれ異なり、三方向に放射線雲は移動した。1回目が北東（ドロン村）方向、二回目が南西方向、そして三回目の最初の熱核融合型兵器が南東（サルジャル村）方向だったらしい。この情報は、以前入手したソ連時代にロガチョフ博士が作成した21回の危険な地上爆発後の放射線雲による住民の被曝の線量を示す等高線地図からの想像である。ただし、これはポリゴンの外の情報なので、あくまでも想像である。ポリゴン内部のほとんどの情報は空白のままだ。

　最初に北東方向を、15m毎に調べた。これはソ連のスパイが米国から盗みだした長崎へ使用した核兵器のコピーが、爆発した際の風下方向である。爆発威力はTNT火薬換算で22 ktだった。およそ200mまでは地表面の残留放射能は依然として高い状況にある。詳細は述べられないが、ガンマ線空間線量率はチェルノブイリ30 km圏内のベラルーシ側最大汚染地区並であった。しかしグランドゼロでのプルトニウム汚染はその地以上にかなりの密度であると考えられるアルファ線を検出した。

　P1では、ガンマ線被曝だけでも年間100 mSv以上となり、とてもこの地には暮らせない。さらにプルトニウムによる内部被曝のリスクが加わることになる。被曝後半世紀以上も経過したが、この地上核爆発地点は、今も尚、危険な状態にある。これが、空中爆発のあった広島および長崎との違いだ。日本の被曝地は、とっくの昔に、きれいに回復している。

　170 mくらいまでは、気泡の空いた小石が多数あった。爆発威力から推定される半径190メートルの火球が地表を覆った。その結果、小石の中のある成分が蒸発し、気泡のある軽石ができたのであろう。370 m地点でも、地表面に露出した部分のみが熱で溶けた石が見つかった。広島の「原爆瓦」のように、熱線によるものである。半世紀が過ぎた今でも、その時の状態が保存されているのだ。「爆発地点のみが、次の実験のために、地ならしされた」、「サンプリングは許可されない」との説明と合致していた。

小型核兵器の実験跡

　P2地区に直径30から60 mのクレータが4個ある。そのうちの2個が核汚染していて、そのひとつのクレータを詳細に調査した。円形のクレータの大きさ直径30 m、深さ10 mから推定すると、爆発はTNT換算で1 kt未満とかなり小型

である。クレータの淵で、ガンマ空間線量率は1.5から3.0 microSv/hだが、アルファ線計数率は200 cpmとかなり高い。恐らく高レベルのプルトニウム汚染があるのだろう。その場で、Cs-137の汚染を測定したら、平方メータあたり、1 MBqだった。この値は、チェルノブイリから270 kmはなれた、ロシア最大の汚染地ザボリエ村の値よりも多少低い。しかしその村では、プルトニウムによる顕著な汚染はない。

爆心を中心に半径50 mの円周上のアルファ線とガンマ線線量率を計測し、方向分布を調べた。結果は、ガンマ線分布は、ほぼ同心円だが、アルファ線すなわちプルトニウムは南西を方向が顕著に高かった。

その高い方向にそって400 m先まで、調査した。すると、ガンマ線量率は単調に減衰したが、アルファおよびベータ計数率は増加減少を繰り返す複雑な分布であった。30 m、135 m、180 mに極大値があった。クレータ爆発後、地表に上昇した火球から放射された遅発中性子が周辺地表面を放射化し、それが2002年時点でも優勢となっているらしい。原料だったプルトニウムは一旦上空に土砂と共に舞い上がり、風下方向に多少移動した後、降り戻ったのだろう。

アルファ線の計数率は、最大で1800 cpmもあった。世界の核災害地を調査してきたが、これほどのアルファ放射体汚染を見たことがない。プルトニウム汚染の最大値は、私の調査地では、ロンゲラップ環礁北部である。そこは、ビキニ環礁で炸裂した15 Mtの熱核融合兵器からのフォールアウトで汚染した。しかしアルファ計数は2 cpmしかなかったのだった。そこのプルトニウムは他の物質で覆われていて、透過力の極めて低いアルファ線が閉じ込められているのだった。

セシウムの汚染が少ない原因は、元々の核分裂の量が少なかったことを意味する。一方、アルファ線計数が高いのは、核分裂せずに残ったプルトニウムの量が多いのだ。しかも、この地表は、剥き出しのプルトニウム粒子で覆われている。どうしてか。他のクレータの存在からも、失敗した実験とも考えにくい。中性子爆弾のような特殊核兵器の実験だったかもしれない。

帰国後の身体検査

P1では地表1 mの高さでの空中アルファ計数率が10から20 cpmもあった。アルファ線は、酸素や窒素分子との衝突のために、空気中では数cmしか飛ぶことはできない。だから、その地では、風により、アルファ線を放射する物質・プ

第三章　核防護と核抑止力

図1　セミパラチンスク P2 に見つかったクレータ爆発の跡

アルファ　　　　　　　　　　ガンマ

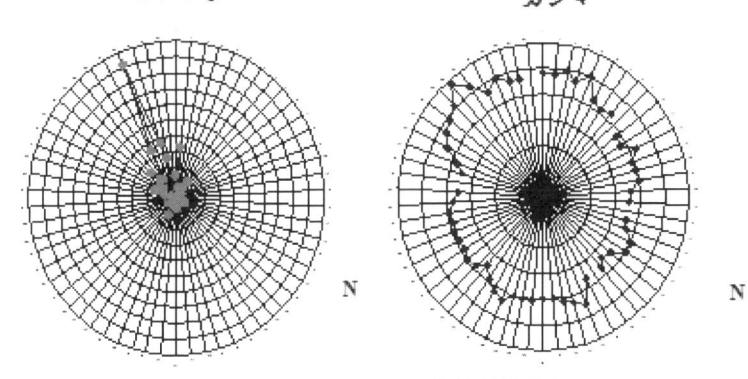

N　　　　　　　　　　　　　N

図2　クレータ周辺の核放射線分布

アルファ線（cpm）

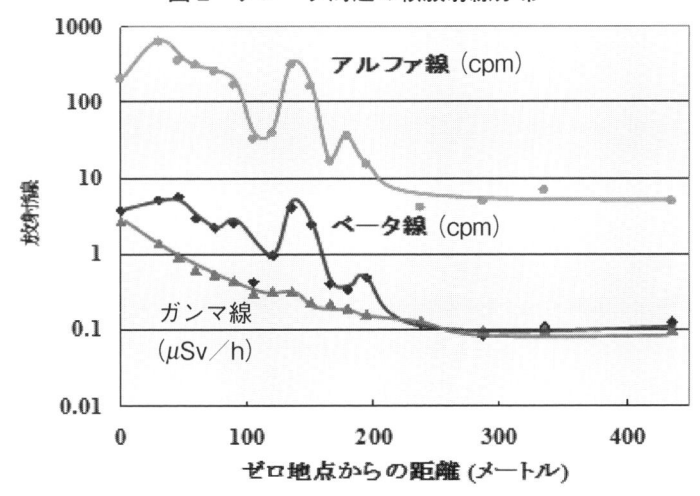

ベータ線（cpm）

ガンマ線（μSv／h）

放射作線

ゼロ地点からの距離（メートル）

図3　クレータから南東方向の放射線距離分布

221

表2 セミパラチンスク核実験場での1キロトン以下の
超小型地表核爆発の記録

Date	Yield (kt)	Purpose
09/09/61	0.38	SAM
09/14/61	0.4	NWR
09/18/61	0.004	SAM
09/19/61	0.03	SAM
11/04/61	0.2	NWR
09/22/62	0.21	SAM
10/30/62	1.2	NWR
11/05/62	1.2	NWR
11/11/62	0.1	NWR
11/26/62	0.031	SAM
12/24/62	0.007	SAM
12/24/62	0.028	SAM

NWR　Nuclear Weapon Related Tests
SAM　Studies of Accidental Modes and Emergencies
WIE　Weapon Effects Test

ルトニウムが舞い上がっていることになる。

　現場での昼食前に、何時もより念入りに手洗いをし、また何度もうがいを行った。この種の核汚染の状況を知らなかった私は、吸い込み防止のためのマスクを用意はしていなかった。だから、私たちはプルトニウムを吸いこんでしまったに違いない。

　そこで、帰国後、こうした内部被曝検査の拠点でもある核燃料サイクル開発機構（JNC）に、尿分析を依頼した。意外にも、32％の濃縮ウランが検出された。核兵器用のウランでは90％以上の濃縮（U-235）のはずだが、32％とは中途半端だ。P1調査の際に、熱核融合型兵器から飛散した劣化ウラン（U-238）を吸い込み、それで希釈されたのだろうか。

　核兵器には通常プルトニウムを使用するのだが、何故濃縮ウランがその地にあるのか謎だ。この小型核兵器の特殊性に関係しているのかもしれない。一方、残念ながら、検出感度がウランよりも低いプルトニウムは、吸い込みから10日以上も経過した後では、分析できなかった。

　そこで、JNCの放射線安全管理部を、12月に訪問した際に、その計測を試み

た。肺胞に吸着した放射性物質を測定できる装置・肺モニターで、私自身の身体を遮へい室内で検査した。幸い、私の肺中のプルトニウムおよびアメリシウムとも検出下限値（それぞれ　20 kBq および 10 Bq）以下だった。なお放射性セシウムも検出されなかった。

こうした身体検査から、今回のグランドゼロ調査による内部被曝として、幸い 0.1 mSv に満たない安全レベルと評価された。しかし、身近で、こうした核爆発があれば、かなりの量の核物質を吸い込むことは間違いない。危険だ。

まとめ

実験の終わった現在、周辺の住民や家畜がこの危険地区に、知らずに入り込む可能性もある。四国くらいの大きな実験場だが、全面が高いレベルで汚染してはいない。その極一部に、高レベルな残留汚染が集中している。クレータ爆発 P2 の場合、300 m くらいの範囲で柵を作り、立ち入り禁止の掲示版を設ければ、危険を充分回避できる。こうした対策をカザフ国立核センターの科学者に提案はした。

小型核兵器と言えども、それが都市部でのテロ攻撃となれば、かなり危険だと予測する。その時、核分裂生成物、中性子誘導物質、プルトニウムなどの放射能を帯びた多量の粉塵により、その地点から風下方向の市民が甚大な被曝を受ける。さらに、そのグランドゼロの復興の困難さは、9.11 のニューヨークの比ではないことは、今回の調査から明らかである。

P2 の爆発に関するデータは不明である。しかし、ソ連によるものなので、少なくとも 11 年以上も前のことになる。ロシア原子力エネルギー省と国防省が 1996 年に報告したソ連時代の核兵器実験資料を調べると、セミパラチンスク実験場において 1 kt 以下の地表爆発が、12 回あった。しかも、それらは、1961 年 9 月から翌年の 12 月に集中していた。その内、調査したクレータサイズと一致するであろう 0.1 から 0.3 kt の爆発は 3 回あった。これらのひとつが、今回調査した核爆発かもしれない。だとすると、実験は約 40 年前になる。

爆発からの経過年数がわかると、放射線強度のおよその経時変化がわかる。爆発 10 ヶ月後の放射線強度は、現在の約百倍である。1 時間あたりの線量は 0.2 mSv だ。だから、長期汚染ばかりでなく、高放射線レベルのため、グランドゼロに、しばらく立ち入ることさえできなくなるのだ。

平和外交が、最大の防衛だと筆者は考える。しかし、一方で、技術的な備えも

必要のはず。核兵器の戦闘使用の危機を、社会的問題のみならず、放射線防護としても検討する意義はある。

謝辞

現地の案内は、カザフスタン国立核センターのK. Sh. Zhumadilov氏に、測定助手には藤安得博君に協力いただいた。尿中のウラン分析および、体内放射能測定には、核燃料サイクル開発機構東海事業所の放射線安全部にて実施した。ここに、感謝申し上げます。

初出　高田純：KEK Proceedings 2003-11　2003

▌文献▌

1) 高田純・他：爆心地の放射線調査．第3回環境放射能研究会プロシーデイングス，KEK Proceedings 7, 259-264，高エネルギー加速器機構，2002年．
2) 高田純：世界の放射線被曝地調査．講談社ブルーバックス，2002年．
3) 文部科学省・科学研究費補助金基盤研究B「セミパラチンスク核実験場周辺での長期低線量率被曝に関する外部被曝線量再構築」，研究代表高田純，2002年9月，現地調査．
4) 核燃料サイクル開発機構，東海事業所放射線安全部，「尿中ウラン分析および肺モニタ」私的情報，2002年12月．
5) 相沢清人：高速増殖炉実用化戦略調査研究の成果と今後の計画」．第4回JNC原子力平和利用国際フォーラム，東京，2003年．
5) S.Glasstone and P.J.Dolan：The Effects of Nuclear Weapons．米国国防省、エネルギー研究開発局，1977年．（英語）
6) 「ソ連の核兵器実験と平和的核爆発　1949-1990年」，ロシア原子力エネルギー省と国防省，1996年．（英語）

大規模核災害時の線量の歴史的検証

はじめに

　2001年の米国で発生した大規模テロ事象以来、筆者らは、被核武力攻撃事態に対する研究を進めている[1)~5)]。核爆発被害予測、初期被害回避法、放射線防護法、核ハザード対策、などである。しかし核・放射線技術の利用を平和目的に限定するわが国では、従来より、こうした事態は想定外であった。

　わが国への武力攻撃事態の対処として国民保護法が、2004年7月に施行し、2005年3月には国民保護基本指針が閣議決定した[6)]。第19期の日本学術会議の荒廃した生活環境の予防と回復研究連絡委員会では、被核武力攻撃事態をも対象に含む放射線防護研究の推進を提案する「放射性物質による環境汚染の予防と回復に関する研究の推進」を、2005年3月に報告した[7)]。こうして、学術分野においても、はじめて、武力攻撃事態における国民の放射線防護研究の必要性が議論された。その背景には、北朝鮮による日本人拉致事件・不審船の日本領海への侵入、同盟国中枢を攻撃した2001年9月11日の国際テロ、アフガニスタンに潜むアルカイダへの米国の反撃、リビアの核兵器開発放棄で明らかになった核の闇市、北朝鮮の核兵器開発宣言など、21世紀のわが国の平和を脅かす危機の増大がある。

　特に核兵器についてはソ連の崩壊以後、核兵器および関連技術の拡散が問題視されている。大きな問題が2点ある[2)]。第一に、旧ソ連の核兵器技術の管理の不透明さ、核技術者の雇用不安がある。実際、84個の携帯型核兵器が紛失したとの証言がある。第二には、核兵器開発のドミノ的拡散である。対立する国家間で次々に核兵器が開発されている現状がある。最初の米国の開発の後、ソ連・イギリス・フランスが、次いで、中国、インド、パキスタンなどが前世紀に開発した。わが国の隣国・北朝鮮も2006年になり開発したと宣言した。しかも、日本を射程圏内にした弾道ミサイルも既に開発済みである。すなわち、日本は核兵器保有国に囲まれている状態にある。

　本報告は、筆者が収集した国内外の核被災地での線量を検証し、実践的な放射線防護対策に資することを目的とする。比較的小規模の事例から核爆発事例までを比較し、それぞれの放射線防護上の問題を考察した。

方　法

　原子力基本法の基での核災害対処研究では、歴史的事例の検証は重要な方法論である[8]〜[10]。想定する最悪の危機が核爆発ではあるが、その実験はありえない。従って、この種の研究の具体的方法は、公開文献の収集、当事国での文献収集とインタビュー、線量再構築を目標とした現地調査である。

　今回は、2004年のロシア連邦生物物理学研究所でのインタビュー等による核兵器実験場での兵士らの線量情報とチェルノブイリ原子炉事故時の医療従事者の線量、1954年のビキニ核被災における第五福竜丸船員とロンゲラップ島民の線量、東海村臨界事故時の救急隊員の線量を報告する。一部は既報告値ではあるが、全体としてまとめ、比較する。この考察から、大規模核災害時の実践的な対処法を検討する。

結果と考察

　広島での15 ktの空中核爆発ではゼロ地点近傍500 m以内の屋内で78人が奇跡的に生存していたことが、広島市の調査で判明した。彼らは、戦前に建築された堅牢な鉄筋コンクリート建造物内や地下室にいた。そこで、衝撃波、熱線、初期核放射線を大幅に回避した。初期の脅威は弱められたとはいえ、衝撃波で吹き飛ばされ、一時的に意識を失った。生存者たちは意識を直ぐに戻し、炎上する市中から脱出した[8]〜[10]。

　その後、広島大学原爆放射線医科学研究所の鎌田七男博士らの総合医学的な調査が続けられた。末梢血リンパ球染色体異常に基づく個人線量推定から、これら生存者の平均値は2.8 Gy（DS86）と評価された[11]。もし屋外にいたなら即死する線量150 Gy以上であった。したがって線量回避率は0.002〜0.02と推定される。

　彼らは外壁の面積と比べ面積の小さな窓から侵入した初期核放射線の散乱線を受けたに違いない。21世紀の多くの高層ビルでは大面積のガラスが外壁であり、かつ薄い板状の外壁のため遮蔽効果はあまり期待できない。

　尚、脱出時に中性子で放射化した地表を歩いている。DS86の放射化線量の報告値を元に、爆発1分後から1時間屋外に滞在したとして線量計算をした。結果、ゼロ地点から200 m地点で0.28 Gy、400 m地点で0.1 Gyとなった。この評価から、脱出時の線量は初期核放射線の線量の10分の1以下であることが判った。

表1 核災害時の線量

事象	年月日	場所	R+km	被災者	線量値(Sv)	線量レベル
核兵器使用	1945.08.06	広島	GZ	GZ生存者	1.4−4.4	B−A
核兵器実験	1954.03.01	ロンゲラップ	150	船員	2.9	B
核兵器実験	1954.03.01	ロンゲラップ	170	島民	1.9	B
核兵器実験	1954.03.01	ロンゲリック	210	米軍気象専門官	0.8	C
核兵器実験	1956.03.16	セミパラチンスク	GZ	兵士	2.3	B
原子炉事故	1986.04.26	チェルノブイリ	GZ	消防隊員	10−14	B−A
原子炉事故	1986.04.26	チェルノブイリ	GZ	オンサイト医師等	—	B
原子炉事故	1986.04.26	ブリビアッチ	3	2次医療医師等	<0.5	D−C
原子炉事故	1986.04.27	モスクワ	750	3次医療医師等	—	E
臨界事故	1999.09.30	東海村	GZ	消防救急隊員	0.005−0.009	D
臨界事故	1999.09.30	東海村	GZ	警察自動車警ら隊員	0.001−0.005	D

GZ：ground zero
線量レベルとリスク：A：半致死線量以上、B：急性障害、C：胎児影響、後障害
　　　　　　　　　D：やや安全・医療検診レベル、E：安全・自然放射線被爆以下
　　　　　　　　　F：核災害の影響が無視できる

　セミパラチンスクでの核爆発実験では、爆発直後に兵士らがゼロ地点周辺に突入した。1956年3月16日の14ktの地表核爆発1時間後に記録フィルムの回収に突入したカメラマンの線量は、2.3Svであった[12]。彼は急性障害から回復し、2003年時点で元気でいる。

　ビキニでの1954年3月1日の15Mtの地表での熱核融合実験からの核の灰の降下地域での線量値が報告されている[13]〜[14]。

　当時150km風下にいた第五福竜丸は、火球が西の空に昇るのを目撃した。4時間後に甲板に白色の核の灰が降下し積もった。危険を感じた船長は母港である焼津へ13日後に戻る。5人が東大病院に、16人が国立東京第1病院へ入院した。全員に皮膚障害・脱毛などの急性放射線障害が発生していた。尿検査から内部被曝も確認されている。造血臓器の障害が認められ、増血剤、抗生剤の投与がなされた。その後肝障害が若干名に発生し、内1人が203日後に死亡した。はえ縄等に付着していた核の灰からの線量率の減衰関数から、線量は2.9Svと推定された[13]。

　170km風下のロンゲラップ島民64人は51時間後に米軍に救出されクワジャ

リン米軍基地へ収容された。核の灰の降下を知らされていない救出までの時間、彼らは外部および内部被曝を受けた。その後、皮膚障害・脱毛が発生した。全身線量は 1.9 Sv、甲状腺線量は 12–52 Sv と評価された。その後、甲状腺がんが多発した。一人が 18 年後に白血病で死亡した。風下 210 km のロンゲリック環礁にいた米軍気象サービスの 28 人は 29–34 時間後に避難した。全身線量は 0.8 Sv と評価された[14]。

旧ソ連ウクライナのチェルノブイリ原子力発電所の原子炉溶解事故 1986 年 4 月 26 日では、水蒸気爆発と黒鉛火災となり、多量の核分裂生成物が環境へ漏洩した。事故 13 時間後にモスクワバイオフィジックス研究所の緊急被曝医療チームが、チャーター機で現地に到着し患者を診察し、129 人をモスクワのソ連放射線医学センター（第六病院）へ翌日の深夜までに収容した[9]。この事故で、運転員および消防士 30 人が急性死亡した。

初期医療は発電所の医療分門の医師らが行った。長時間働いた彼らに急性障害が発生した。この症状から、初期医療職員の線量は 1–3 Sv の範囲と推察する。2 次医療は発電所から 3 km 離れたプリピヤッチの病院で行われた。5 月 4 日までの屋外の線量計の値 0.5 Gy から、2 次医療職員の線量はそれ以下と推察できる[9]。

1999 年 9 月 30 日の東海村ウラン燃料工場での臨界事故で、被災職員を収容するために、線源となった建屋に近づいた消防職員の線量は 5–9 mSv であった[8]~[9]。また工場周囲の公道の交通管理のために配置された茨城県警察自動車警ら隊員たちの線量は、彼らが携行したポケット線量計の値に中性子線量値をガンマ線の 9.2 倍と仮定して評価すると、1–5 mSv であった。

この線量評価は、事故終了後に、自動車警ら隊長から筆者が相談を直接受けて実施し、回答したものである[15]。ここに緊急時に対応する警察官らの線量管理の課題が表面化している。防災隊員らの安全確保のために、線量管理の形を確立することは急務である。

結　論

これまでに調査した国内外の核災害での線量を整理し比較した。当然のことながら、核爆発災害での線量値が最高である。特に実験のように管理された場合ではなく、戦闘使用時の線量が高い。ただし、この最悪の場合においても、線量を偶然奇跡的に回避し生存できた事例がある。この核爆発災害では線量以外に、衝

撃波および熱線回避が生存のためには必要であり、広島ではこうした事例があった。それは堅牢な建物の内部や地下室での退避で、核爆発時の初期被害を回避できることがわかった。

核の灰の降下により甚大な線量を受ける事例がある。歴史的には地表での核爆発実験である。今後テロないし戦闘使用では想定される災害である。この場合には、屋内退避の他に、内部被曝防護のために、汚染水や汚染食品の摂取の回避が重要である。また、核の灰の露出皮膚への吸着から、ベータ粒子や低エネルギーガンマ線による皮膚障害が生じる。この場合には、速やかな除染が必要である。

地表核爆発では特に、爆発後のゼロ地点への防災隊員等の突入は一般論として困難である。短期核ハザードの減衰を考慮し、計画せざるを得ない。また、都心がゼロ地点の場合には、地下鉄を利用した脱出のみならず、地下鉄を利用した突入法は線量の大幅回避が期待できる。

防災隊には線量管理法の確立が急務である。線量計装備のみならず、核災害時の派遣でリアルタイムに線量を管理しなくては隊員の安全は確保できない。今後対策を打ちたて、訓練する必要がある。

初出　高田純：KEK Proceedings2006-5　2006

■ 文献 ■

1) 高田純：放射線防護医療研究の推進．放射線防護医療, Vol.1, 1-8, 2005.
2) 高田純：東京に核兵器テロ！．講談社, 2004.
3) 高田純：核災害に対する放射線防護．医療科学社, 2005.
4) 高田純：防災の指標としての線量6段階区分．放射線防護医療, Vol.1, 32-35, 2005.
5) 加茂憲一, 高田純：核兵器テロ時の地下鉄による脱出シミュレーション．放射線防護医療, Vol.1, 42-43, 2005.
6) 武力攻撃事態対処法　2003年6月，国民保護法　2004年6月国民保護基本指針　http://www.kantei.go.jp/jp/singi/hogohousei/hourei/050325shishin.pdf，2005年3月
7) 荒廃した生活環境の回復研究連絡委員会，放射性物質による環境汚染の予防と環境の回復専門委員会報告：「放射性物質による環境汚染の予防と回復に関する研究の推進」．日本学術会議, 2004. http://wwwsoc.nii.ac.jp/jhps/j/information/gak20050323.pdf
8) 高田純：世界の放射線被曝地調査．講談社ブルーバックス, 2002.

9) Jun Takada, Nuclear Hazards in the World, Kodansha and Springer, 2005.
10) 高田純：核災害からの復興．医療科学社，2005.
11) 鎌田七男・他：近距離被爆者生存に関する総合医学的研究　第25報　25年間の追跡調査結果．広島医学，51，355-357，1998.
12) M. デグテバ：生物物理研究所第六病院における筆者のインタビュー．2003.
13) 第五福竜丸平和協会・編集：ビキニ水爆資料集．東京大学出版会，1976.
14) M. Eisenbud, Monitoring distant fallout: the role of the atomic energy commission health and safety laboratory during the pacific tests, with special attention to the events following bravo, Health Physics. Williams & Wilkins 73, 21-27, 1997.
15) 高田純：茨城県警察本部自動車警ら隊隊員の外部被曝線量評価．2000.

爆心地の放射線調査

はじめに

　核爆発はその爆発点高度と火球半径との関係により、空中、地上、地下と分類される[1]。すなわち火球半径よりも、爆発高度が大きい場合が、空中爆発で、小さい場合が、地上爆発である。地中に埋めて爆発させて、その火球が地表に露出しない場合が、地下爆発である。爆発点がたとえ地中にあっても、火球が露出すれば、それは地上爆発に近い環境影響を与える。この場合は、特にクレータ爆発と分類される。

　核兵器の戦闘使用は、米軍の日本都市への攻撃でみたように、その最大の効果を狙うために、空中爆発が選ばれると考えられてきた。しかし局地攻撃目的においては、地上や浅い地下爆発もありえる状況となってきている。その背景には地下施設の破壊を狙った地表貫通型核弾頭開発の事実がある。また国際原子力機関の見解にもあるように、テロリストによる都市内部での核爆発とそれによる核汚

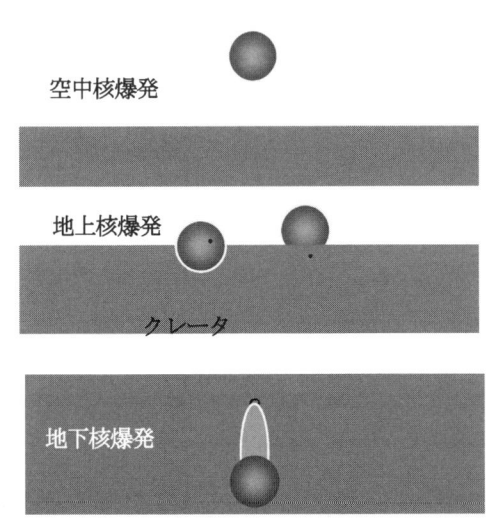

図1　核爆発の分類

21世紀 人類は核を制す

図2 調査地

染は、2001年9月11日の米国における同時多発テロ攻撃以来、21世紀の潜在的脅威となった。

　わが国は原子力基本法により、核科学技術の研究開発利用を平和目的に限って推進しており、核兵器を開発・使用することを日本国内において禁止している。しかしながら、世界においては一部ではあるが核兵器保有国の存在とテロリストによる核兵器の使用という潜在的危険は否定できない。核兵器を保有せず爆発実験を一度も実施していないわが国ではあるが、21世紀において再びその被害を受けない保証はどこにもない状況にある。地上や浅い地下で万が一発生する核災害の影響を科学的に予想することの意義はあると思われる。しかし核爆発およびその環境影響に関するデータは実施国の軍事機密であり、その詳細は公開されてはいない。本報告の目的は、これまで調査した爆心地の放射線データを分類し、核爆発後の残留核汚染と放射線状態の推移に関して、基礎情報を得ることにある。

調査地と方法

　地上爆発およびクレータ爆発として旧ソ連の実験場セミパラチンスク、地下爆

発としてロシア連邦サハ共和国、そして比較のため空中爆発としての広島と長崎を調査した[2]（**図2**）。調査時期は、いずれも爆発20年以後である。現地の協力は得られたが、調査時間はそれぞれ1時間程度に限られたり、爆心地点のサンプリングが非許可ないし制限を受けた。

本調査では、以前報告したポータブルラボによるその場測定である。空間線量率の測定を主として、アルファおよびベータ計数測定を補助的に実施した。また一部の地点では、ガンマスペクトル測定により、Cs-137放射能を測定した。空間分布の測定には、400mまで測定可能なレーザー光式測量計を使用した。

旧ソ連初の核爆発があったカザフスタンの爆心地の調査を2001年9月25日に実施した[2]。その同月11日の米国で発生した同時多発テロの直後でもあり、原子炉を有する実験場内の警備は強まっていた。1949年8月29日この地点で、出力TNT換算22ktのプルトニウム原爆が高さ38mで爆発した。

ガンマサーベイを実施したところ、検出の上限19.99 μSv/hを超えるエリアがあったので、地表面でのベータサーベイも行い、その比の値から線量率を推定した。尚、爆心半径1km以内のサンプリングは禁じられた。爆心点には、ロシア語でエピセンターの金属板が立てられていた（GPS：N50°20.210, E77°48.645）。地表爆発の痕跡なのか、その周辺は比較的地表面に凹凸があった。その半径10m周囲と北西クルチャトフ市方向の道路沿い20kmまでを測定した。

1999年10月に、1965年1月15日ソ連最初の産業利用を目的としたクレータ爆発地点を調査した[2]。1995年に続きこれが二度目の調査であった[3]。140kt出力の水爆が実験場の東側境界近くの地表（地下175m）で爆発し、クレータを形成した。そのクレータの大きさは直径約400m、深さ100mとなった。爆発後、そのクレータおよびその周囲で、多くの労働者が貯水池を作る工事に従事させられた。クレータには水が満たされ、現在原子の湖・アトミックレイクと呼ばれている。湖畔でプルトニウムのホットパーテイクルを見つける目的で、地表面のアルファサーベイを行った。固体中での飛程がミクロン程度なので、その発見は容易ではなかった。1時間のサーベイで、ようやく1箇所159cpmのアルファを検出できた。

1998年3月に、サハで実施された産業利用地下核爆発地点クラトン4（K-4）の調査を実施した[4,5]。永久凍土地帯の地下560mで20ktが1978年8月24日に爆発した。ここは管理区域ではなく、立ち入りの制限はなかった。周囲のボーリングを禁止する看板が爆心点にあるのみだ。本調査のために、40cmの積雪は

表1　核爆発データと調査爆心地の線量率

爆発地点	実施国	爆発年月日	分類	核物質	出力 kt	爆発高度 m	火球半径 m	調査年	線量率 μSv/h
広島	USA	1945.08.06	空中	U	15	580	162	1995	0.09
長崎	USA	1945.08.09	空中	Pu	21	500	186	1997	0.07
セミパラチンスク	USSR	1949.08.29	地上	Pu	22	38	189	2001	28
セミパラチンスク	USSR	1965.01.15	クレータ	水爆、Pu	140	−175	396	1999	13
K4、サハ	USSR	1978.08.09	地下	Pu	20	−560	182	1998	0.02

サハ環境保護省により除雪されていた。

広島と長崎の両爆心地の調査は、1995年および1997年にそれぞれ実施した[6]。空中核爆発の例として比較の対象とした。

結果と考察

地下爆発

サハの地下爆発爆心地の地表の線量率は広範囲にわたり0.02 μSv/hであった[4), 5)]。すなわち、顕著な地表の汚染は見られなかった。このことは、4キロメータ離れたドウカヤン湖周辺でも同様であった。それでは核爆発後に発生した多量の放射性物質はどうなっているのだろうか。困難な問題であるが、状況の大雑把な把握を試みる。

最初にこれらの放射能が地下に、どのように分布しているかを、考察する。米国国防省の資料に、地下核爆発により形成される、ガス空洞と煙突構造に関する、現象論的な公式の記述がある[1]。それを用いれば、おおよその放射能分布を想像できる。K-4の場合、空洞の直径は40〜60 m、煙突の長さ200 m以下となった。したがって地下に眠る放射性物質は一番浅いところでも、地表からおよそ300 mの深さになる。この充分な厚みの岩盤・地層により、放射線が遮蔽されている。

爆発により発生する核分裂生成物と中性子誘導放射能が、今中により計算された[7]。この計算では、核分裂生成物に対して原研のPu-239 Fast Fissionのデータ、中性子誘導放射能に対しDS86の長崎原爆中性子スペクトルを用いた[8]。尚、

第三章 核防護と核抑止力

地表面　0.02 µSv/h

300 m以上

200 m以下

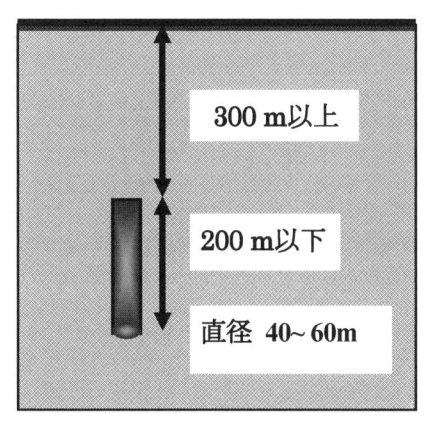

直径 40〜60m

図3　クラトン4の地下空洞と煙突構造の想像図

20kt Pu-239 Explosion

Fision Products

Neutron-Induced Activity

Pu-239

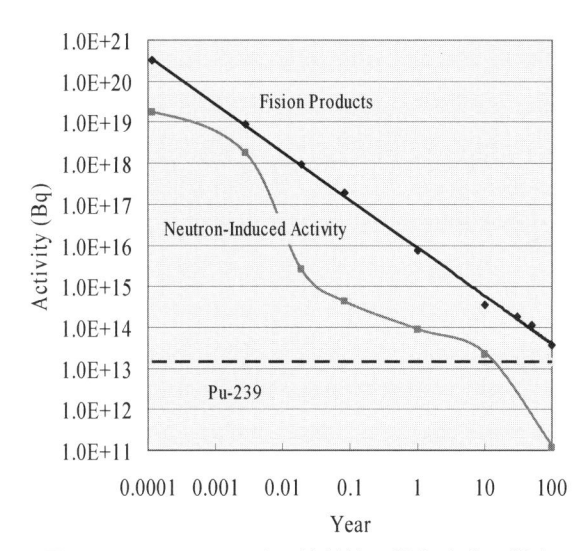

Activity (Bq)

Year

図4　クラトン4の地下放射能の経年変化の推定
　　　尚、ここで希ガスの放射能は除いている。

地下対象物質としては花崗岩を近似した。さらに Pu-239 の燃焼率を 15％ として、残留プルトニウムを推定した。1998 年時点で K-4 爆発点の地下には、総量として、88 TBq の Cs-137 が存在していると、核分裂出力の値 20 kt から推定される。その他 Sr-90 は Cs-137 の約 3 分の 1 の放射能が存在する。

この地域は、年平均気温がマイナス 10℃ の永久凍土地帯である。その永久凍土の厚みは、ヤクーツク周辺で特に厚く、最大で 500 m 以上である。これはその深さまで地下水が存在していないことを意味する。したがって地表から 300 m よりも深い所にある放射性物質が地下水を経由して地表へ漏えいしてくるとは考えにくい。すなわち、この部厚い永久凍土が大量の放射性物質をこの地点に閉じ込めている。

地上爆発

長崎原爆同等の核兵器が地上 38 m の高度で爆発した爆心地の地上 1 m のガンマ線線量率は、爆心点から 100 m の範囲で 10 ― 30 μSv/h にあった[2]。爆心点半径 10 m の円周 11 点での測定値の平均は、12±3 μSv/h。1 地点の測定でアルファ 7 cpm。残留汚染の最大は、爆心地点から 65 m 離れた地点で 28 μSv/h であった。100 m を超えて離れると線量率は、激減した（図 5）。

爆発出力から、1 式で推定される火球半径 r_{fb} は 189 m で[1]、それが接触する地表面の半径が 185 m である。したがってこの範囲の地表面の残留放射能が高いことが想像できる。これは爆心地での放射線分布と一致している。

$$r_{fb}\,(m) = 54.9 \times W(kt)^{2/5} \quad \cdots\cdots\cdots\cdots\cdots\cdots\cdots\cdots\cdots\cdots(1)$$

この火球接触面には、爆発時の中性子によって地表面土壌に生成した誘導放射性物質と高温ガスと共に舞い上がった土壌粉塵に吸着した核分裂生成物質（FP）とプルトニウムが降下している。残留放射能の爆発後の経時変化を考察することから、爆心地における爆発以後の線量率を推定してみる。

そのために地上核爆発の残留放射能を、次の仮定と近似のもとに推定する。1. 希ガスは爆心地に残留しない。2. 希ガス以外の全 FP と未核分裂 Pu のうち火球接触面方向へ飛び出した成分のみが残留する。3. 火球接触面のみに中性子誘導放射能が優位に生成する。4. その後爆心地の核種の環境拡散はない。5. Pu-239 の地下核爆発に対する放射能計算結果を地上に対しても利用する。

今核爆発で生成した全放射能を A_1（爆発 1 時間後）、A_t（時刻 t）とする。このうち火球の地表接触面成分率 p、接触面吸着成分率 c とすると、爆発後の地表

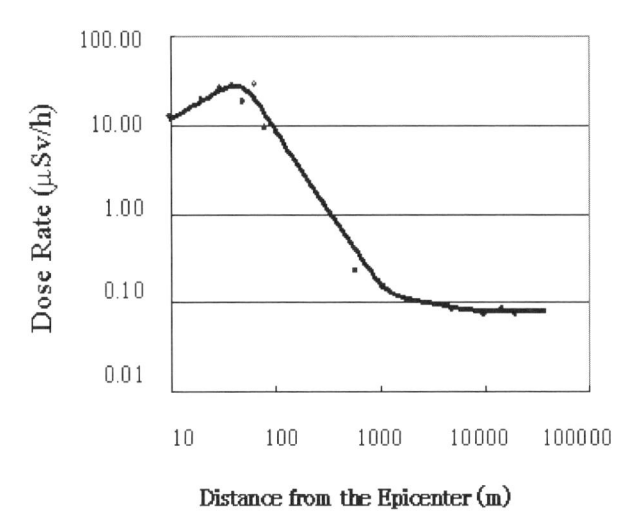

図5 地上核爆発爆心地周辺の線量率分布
20 kt、高さ38 m 1949年爆発、測定は2001年。

面の放射能 A_s は、

$$A_{sl} = c \cdot p \cdot A_l \cdots\cdots\cdots\cdots\cdots\cdots\cdots\cdots\cdots\cdots\cdots\cdots\cdots\cdots\cdots\cdots\cdots (2)$$
$$A_{st} = c \cdot p \cdot A_t \cdot (0.5)^{t/T_{e1/2}} \cdots\cdots\cdots\cdots\cdots\cdots\cdots\cdots\cdots\cdots\cdots\cdots (3)$$

この(3)式は、地表面での環境半減期 $T_{e1/2}$ による減衰を表現している。特に乾燥したカザフスタンではこの因子は大きいようだ。何故なら、これまで実験場外の調査から、残留放射能が極めて少ないことを確認している[3),9)]。しかし今回の調査で明らかなように、地上爆発のあった爆心地での残留汚染は顕著である。これは爆発時に舞い上がった土壌成分に超高温状態で強固に吸着した成分が地表面へ降り戻り、比較的厚い層を形成していることが原因ではないだろうか。したがってこの地の環境拡散による減衰が実験場外と比べて少ないと考えられる。

爆発百年までの間、支配的放射能は核分裂生成物質であり、誘導放射能は10年後まで、概してその十分の一以下である。未核分裂プルトニウム239量は一定である。推定残留放射能の絶対値の誤差はかなり大きいと考えられる。しかし、その時間関数の相対値の誤差は比較的少なくて、利用できるであろう。

爆心地地上1 mの線量率が残留放射能に比例すると近似して爆発後の線量率を

表 2　1949 年 8 月 29 日の核爆発以後の爆心地

経過時間	推定線量率（mSv/h）
＋1D	2810
＋7D	239
＋1M	49
＋1Y	2
＋10Y	0.1

推定した結果を表 2 に示す。ここで 2001 年の実測値から爆発 50 年後の絶対値を 30 μSv/h としている。1 日後で 2800 mSv/h、1 年後で 2 mSv/h である。すなわち、1 日後に爆心地に 2 時間滞在した兵士がいたら、致死線量の被曝となる危険な状態と推定される。さらに 1 年後でも毎時 2 mSv と高く、その地に 1 日以上は滞在できない。ICRP60 勧告では、放射線業務従事者の年間限度が 50 mSv であるからだ。

<u>クレータ爆発</u>

1965 年の 140kt の水爆によるクレータ爆発により作られたカザフスタンの人工湖の淵の 1999 年の線量率は 13 μSv/h で、その場ガンマ線スペクトル測定をした。チェルノブイリ汚染地の換算係数をそのまま利用すると、Cs-137 の汚染密度は 2.1 MBq/m^2 となる。しかし、これは通常のフォールアウトで地表面が汚染している場合の値であり、地表核爆発のようなかなり厚い地層が一様に汚染している場合に過小評価となってしまう。線量率から Cs-137 の汚染密度を推定すると 12 MBq/m^2 と評価される。おそらくこちらのほうがより正しいと思われるが、それでも真値は、これ以上であろう。

<u>空中爆発</u>

火球半径 160 m の核爆発が上空 580 m であった広島原爆の爆心地の残留放射能は中性子による誘導放射能が支配的である。当時の調査で、急速な減衰が確認されている。DS86 の広島原爆の中性子スペクトルから計算された爆心地の誘導放射能による空間線量率は、1 日後 10 mSv/h、7 日後 0.01 mSv/h、1 年後 0.1 μSv/h と推定されている。1995 年の調査で爆心地の線量率は 0.09 μSv/h でバックグランドレベルにある。長崎の爆心地の 1997 年の測定でも同様に 0.07 μSv/h であった。

まとめ

　地上、地下、空中の三種の爆心地の調査を実施した。その結果、それぞれの残留核汚染の顕著な差を反映した放射線状態を確認した。すなわち火球半径と爆発高度との大小関係で特徴付けられる残留核汚染である。特にセミパラチンスクの実験場で実施されたソ連最初の核爆発爆心地の放射線調査と解析とから、地上核爆発後の空間線量率の経時変化を推定できた。こうした情報はこれまで核兵器開発国にこれまで限られており、非保有国には不明な部分が多かった。2001年9月11日以来、テロリストによる都市内部での小型核兵器の地上爆発が潜在的脅威となっている。今後こうした放射線災害に対する規模の推定と防護策の検討が必要であろう。

　初出　高田純、K. Sh. ズマジリョフ、V. E. ステパノフ、今中哲二、高辻俊彦、
　　　　大塚良仁、山本政儀、吉川勲、星正治：KEK Proceedings2002-7　2002

▌文献▐

1) S. Glasstone and P. J. Dolan : The Effects of Nuclear Weapons. US Dep. Of Defense and the Energy Research and Development Administration, 1977.
2) 高田純：世界の放射線被曝地調査．講談社ブルーバックス，2002．
3) J. Takada, M. Hoshi and B. Gusev et al. : Environmental radiation dose in Semipalatinsk area near nuclear test site : *Health Phys.*, 73, 524-527, 1997.
4) J. Takada, V. Stepanov et al. : Radiological states around the Kraton-4 underground nuclear explosion site in Sakha : J. Radiat. Res. 40, 223-228, 1999.
5) 高田純，V. Stepanov・他：サハ共和国における地下核爆発：クラトン4周辺とテヤ村の調査．広島医学，53, 281-283, 2000．
6) 高田純，保木本彰，荻野由紀子，谷省蔵，遠藤暁，新田由美子，星正治，葉佐井博巳，佐藤斉，高辻俊宏，吉川勲：広島市内のCs-137放射能密度その場測定．広島医学，51, 437-438, 1998．
7) 今中哲二　私信：地下核実験による生成放射能；その1-4，1999．
8) W. C. Roesch : US-Japan joint reassessment of atomic bomb radiation dosimetry in Hiroshima and Nagasaki. Radiation Effects Research Foundation, 1987 (DS86).
9) M. Yamamoto, M. Hoshi, J. Takada, A. Kh. Sekerbaev and B. I. Gusev : Pu isotopes and Cs-137 in the surrounding areas of the former Soviet Union's Semipalatinsk nuclear test site. J. Radioanal. Nucl. Chem., 242, 63-74, 1999.

核エネルギー施設の安全と危機管理
中越沖地震と四川地震の検証

　2007年および2008年と2度、日中の核エネルギー施設が、大地震の影響を受けた。平和および兵器利用の施設が、それぞれ耐震性技術と危機管理において、民主国家日本と共産主義国家中国とで対照的な結果となった。それぞれの事例を検証し、わが国の今後の危機管理の課題を示す。

はじめに

　日本および中国の核エネルギー施設が、2007年および2008年と続いて大地震に襲われ、世界の注目を受けた[1,2]。本論文の目的は、核エネルギー施設の地震影響時の安全と危機管理について、対称的なふたつの事例を検証し、今後の対策に役立てることである。

　日本での事例は、世界最大発電量の東京電力柏崎刈羽核エネルギー施設であり、7基の原子炉が新潟県沿岸部に建設されている。炉心がS波による最大加速度を受ける前に核反応は自動停止し、原子炉全体の安全は保たれた[3]。事業者からは、迅速で透明性の高い影響報告が、震災直後からなされたが、風評被害が、地元に発生した[1]。その原因は、原子力安全委員会や原子力安全・保安院などの情報判断力および情報発信力の欠如にあると考えられる。日本の耐震技術の高さを中越沖地震は証明したが、危機管理力の弱点を露呈した形となった。

　一方、2008年の四川地震では、当該地域が中国の核兵器生産拠点であり、かつ地震多発地帯であることを、世界が知ることとなった。核エネルギー施設が大きな地震影響を受けたと見られる情報が世界に拡散したが、中国政府は、関連情報を開示することは無かった[2]。共産党に独裁された中国国家の強固に閉ざされた情報管理は、冷戦下のソ連と同様である。ソ連時代に生じた大規模核災害や核汚染は第三国には知られなかったが、体制崩壊後世界が知ることとなった[4]。

高度な耐震性を示した柏崎刈羽原子力発電所

　新潟県中越沖で、2007年7月16日10時13分に発生した地震（中越沖地震）は、日本の軽水炉などの核エネルギー施設の耐震性能の実力を知る契機となっ

た。地震の規模はマグニチュード6.8で、震源の深さ17キロメートルである。この地震は、東京電力の柏崎刈羽原子力発電所に震度6強を与え、核エネルギー史上最大の震度となった。震度6強は、日本の核エネルギー施設が想定する最大級の地震動であるので、これは注目すべき事象である[1]。

柏崎刈羽の原子力発電所は、震源から23キロメートル（水平距離で16キロメートル）の位置にある。総出力821万キロワットの7基の原子炉からなる。そのうち当日稼動していた4基は、地震対策の設計通りに、地震を感知して、自動停止した[5]。他の3基は定期点検中で、運転されていなかった。岩盤上に建設された強固な原子力施設本体の安全性は保たれ、放射線による2次災害は誘発されなかった[7]。

これらの発電施設の原子炉の形式は全て沸騰水型軽水炉である。1978年12月に1号機の建設着工が始まり、最後の7号機の着工開始は1992年2月である。国産化率は高く、1-5号機が99％、6-7号機が89％である。運転開始は、1号機の1985年から7号機の1997年で、被災時年齢は、10から22歳と若い。

柏崎刈羽原子力発電所では、原子炉建屋内外に97台の地震計が設置され、地震の感知に備えている。東電からの7月30日の報告によれば、3号機のタービン建屋では、最大加速度2058ガルの振動を記録していた。この振動強度は、原子力施設では史上最大の記録となった。設計時の想定値834ガルの2.5倍の振動が作用した柏崎刈羽原子力発電所であったが、発電所の心臓部である原子炉は安全に自動停止した。さらに岩盤の上に強固に造られた原子炉建屋本体は破壊されなかった[5]。

日本の原子力発電所は、施設内に複数の地震感知器が設置されており、基準強度以上の揺れを感知すると、原子炉内に制御棒を挿入し直ちに核反応を停止する仕組みとなっている。東電の施設では、その基準が感知器の設置場所により、100から185ガルの加速度となっている。自動停止信号が発せられると秒単位で制御棒の挿入が完了して、原子炉内の核反応が急停止する設計である。東電が国へ報告したデータを見ると、4基の原子炉の制御棒の各平均挿入時間は、1.2秒以内である。

最大の加速度を受けた1号機の地震観測記録から核反応が停止する時刻を分析した。その結果、原子炉建屋が最大加速度を受ける4.8秒前に、自動停止装置により原子炉内の核反応が停止できていたことが判明した[1,2]。震災の当日稼動していた4機の原子炉の地震波記録を分析すると、一号機が最大加速度の地震を受

ける6〜7秒前に、4機の原子炉全ての核反応が停止していたことになる。確かに安全機構が設計通りに作動したと言える。

地震対策として、物凄い核反応停止機能が備わっていることを、今回の中越沖地震の事例が実証した。すなわち、最大振幅の地震波が原子力発電所に到着する直前に、原子炉内の核反応を急停止できる自動停止装置を備えていた。地震伝播の物理を巧みに利用したメカニズムである。

多数の一次二次系冷却配管が原子炉に接続されていて、その耐震強度が不十分ならば、地震時に破断し冷却機能を失いかねない。そうなれば、炉心が異常に高温となり溶融するスリーマイル島原子力発電所類似の事故となる可能性がある。震度6強の中越沖地震で、柏崎刈羽原子力発電所の冷却機能は、技術的にも人的にも護られていた。

運転中の原子炉が震度6強の地震動を受けたが、周辺の放射線監視では、顕著な線量は観測されなかった。原子炉内で異常が生じ、放射性核種が多重防護を破り漏洩することになれば、主排気筒に取り付けられている放射線検出器で検知される。結果は、7号機主排気筒にて、7月17日、放射性ヨウ素および粒子状放射性物質が300メガベクレル検出された。しかし、この放射能レベルは、核燃料の破損を示す範囲ではない。しかも継続的調査により、18日以後は検出されなかった。これら両者による公衆の予測線量はレベルF（2×10^{-7}ミリシーベルト）でリスクは全く無いものであった。

震度6強の地震動を受けたが、直前の核反応の自動停止および、原子炉容器の耐震性と、冷却機能の保持により、原子炉に異常は発生せず、多重防護により核燃料内の放射性物質は閉じ込められたといえる。

柏崎刈羽発電所を、筆者は当該事業者の協力を得て、2008年9月18日に視察する機会を得た。海岸線の広大な敷地に、7基の原子炉からなる世界最大発電能力を有するが停止した核エネルギー施設を見た。しかし、当日、東京電力1100人と協力企業7600人が、一丸となって復旧作業に取り組む様子から、企業のエネルギーを感じた。

原子炉を設置した建屋は、砂浜表面から35〜45メートル下の岩盤上に建設されているので、本節で検証したように震度6強の地震でさえ、ビクともしなかった。しかし震災時に、砂上の道路や、事務棟が損傷した。視察日には、それらはかなりの割合で修復されてあるように見えた[7]。

その日は、震災時に稼動していた4号機を視察した。最初に、核反応を自動停

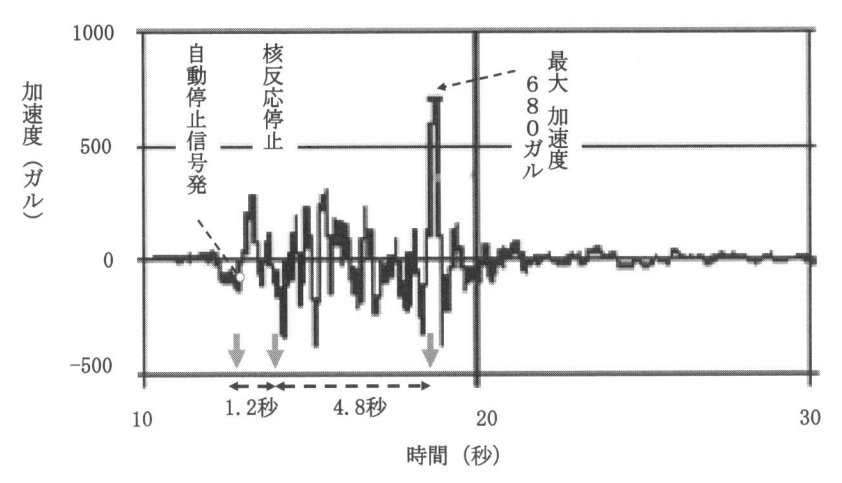

図1 2007年7月16日10時13分の柏崎刈羽原子力発電所の地震計の記録と核反応停止時刻の分析

図2 柏崎刈羽原子力発電所、4号機内部 2008年9月17日
上：制御棒駆動水圧系配管　左下：主蒸気内側隔離弁　右下：圧力容器底部

止させた技術である、P波を検知した地震計と、その信号により1秒で原子炉に挿入された制御棒を駆動させた装置を見た。また格納容器内に入り、圧力容器の底部を観察した。固定するための多数のボルトの表面の塗料に亀裂は少しも無いことに、素人の私は驚かされた。日本の原子炉耐震技術の高さを目視したと思った。

崩壊したと思われる四川の核施設

　北京オリンピックを目前に、本年5月12日に、中国の奥地でマグニチュード8.0の大地震が発生した。日本のメディアが、悲惨な震災や人道支援を報じる一方で、四川が核兵器開発の拠点であることが知られた。筆者が関係情報を収集した結果、中国の核兵器の設計、製造、備蓄のための主要拠点は、被災した四川の地震区域にあり、西側の専門家たちは、放射性物質が漏洩しうる損傷の兆候を探していることが判明した[2]。

　中国は、核兵器生産施設の建設を1960年代に開始した。核弾頭用プルトニウムを生産する821施設は、中国の主要な複合生産拠点で、四川の北部の山地の川沿いにある。そこは北京から1260キロメートル離れ、敵からの攻撃によって、政府中枢が無力化しないように計算されたと考えられる。

　821施設は、蛇行する川沿いに全長3キロメートル以上にわたり建設されている。プルトニウム生産のために、原子炉のほかに放射化学施設がある。2008年の衛星写真には、排気筒から放出されている煙が写っており、現役の施設であることをうかがわせている。

　震源から250キロメートルの距離だが、5月25日の最大余震マグニチュード6・4の震源地青川からは50キロメートルと近い。四川地震の震源から北東方向およそ120キロメートルと、比較的近距離の綿陽に核兵器開発センターがある。ここには小型だが研究用原子炉があり、今回の地震で生じた断層から50キロメートルと近い。当時、原子炉が稼動していたかどうかは不明である。

　中越地震の際の柏崎刈羽原子力発電所のように、高度な耐震機能があればよいのだが、兵器用プルトニウム製造用の黒鉛炉では、難しいかもしれない。中国政府からの公式発表はないが、崩壊した施設周辺での防護服部隊の写真を含む複数の情報を総合すると、一部の核施設が危険な状態になったのは間違いなさそうである。偵察衛星画像の米国の判断では、チェルノブイリ事故のような即時の懸念はないと伝えられているが、国際核事象尺度INESで、事故範囲のレベル4～6

第三章　核防護と核抑止力

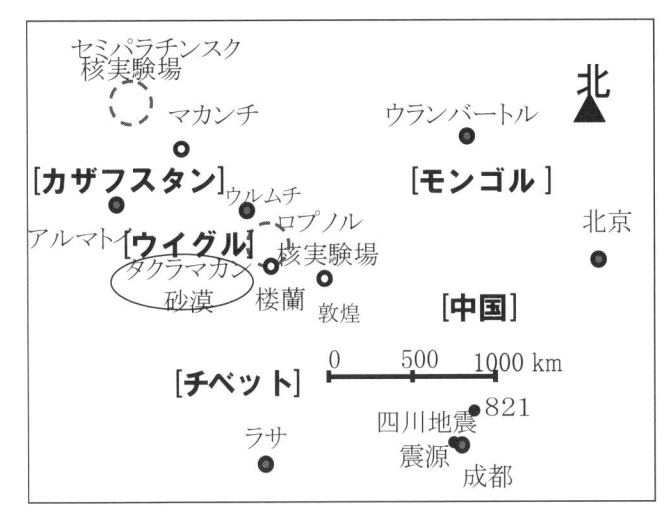

図3　四川地震と中国の核兵器開発

ではないだろうか。

　地震から36時間後まだ住民の75%の1万人以上が生き埋めになったままの14日朝の段階で、映秀地区の川沿いの広い範囲の地表が面がコンクリートで塗り固められた様子が、一連の航空写真として、新華社のサイトに登場した。周辺住民は一斉避難となったが、その後も軍隊は駐留を続けた[8]。崩壊した核施設に対する、緊急事態対応だったのではないか。

　周生賢環境保護相は震災の同月20日に、地震で計32個の放射性物質が施設倒壊の下敷きとなり、30個を回収したが、2個が不明となったと発表したが、核種・数量、施設名は公表しなかった。さらに、綿陽市などの核施設被害について、軍幹部が、「何ら問題なく、安全」と言い切るだけで、具体的報告は一切無かった。こうした中国政府発表を聞かされても、崩壊前のソ連で発生した危険な核事象を連想しないわけにはいかない[4]。

日本の核エネルギー施設に関する危機管理の課題[1]
・機能しなかった現地原子力防災センター

　中越沖地震で柏崎刈羽原子力発電所が緊急炉心停止などの影響を受けたにもかかわらず、発電所から7.5 kmの距離にある新潟県柏崎刈羽原子力防災センター

245

は機能せず、放射線影響情報などで社会的に混乱が生じてしまった。

　全国の核エネルギー施設周辺に整備されている原子力防災センターは、そもそも、1999年の東海村臨界事故における現地の危機管理体制の弱点および風評被害の発生の反省から誕生したものである。核エネルギー施設の外にありながら、比較的近距離に現地の防災の拠点を作るためにオフサイトセンターの構想が生まれ実現したのが、この原子力防災センターである。

　原子力安全・保安院は原子力発電所を監督するため、全国の原子力発電所の近くに保安検査官事務所を設置している。新潟県では、原子力防災センターに同事務所がある。緊急時はここがオフサイトセンターになる計画だった。柏崎刈羽原子力発電所が緊急時態になった場合、このセンターは情報発信および危機管理の現地拠点となることが期待されていた。国民の最初の関心は、核放射線災害発生の有無である。だから、そうした情報が、しかるべき政府・地方機関から、第一報として迅速に発信されなくてはならない。

　日本の核エネルギー施設の心臓部の安全性能は極めて高い。逆に、核放射線災害を生じる確率は極めて低い。これら施設での異常事象の100パーセント近くは、核放射線事故災害ではない。だからこそ、安全宣言等の迅速な発信が求められる。これがないために、周辺住民のみならず、全国民が不安となり、社会混乱が引き起こされるのである。その結果が、地元での風評経済被害である。

　原子力災害対策特別措置法（原災法）では、核エネルギー施設での事故や異常事象発生時に、ある条件以上の危険な事態に対して、事業者が国等へ通報することになっている。中越沖地震の影響がこの通報条件未満なために、この通報には至らなかったが、別途定めた安全協定その他の事前の申し合わせ等にしたがって、10時20分頃から、東京電力は、電話により適宜、国・自治体へ連絡した。すなわち、10:34　東京電力本店当番者から原子力安全・保安院原子力防災課担当者へ、原子炉停止等について電話連絡がなされた。

　連絡を受けて検査官は、当日12:55に、柏崎刈羽原子力発電所に到着した。地震発生後、2時間40分も後のことである。到着が遅すぎる。真に、核放射線災害が発生した場合にも、期待される対応ができないのではと危惧する。防災ヘリなどの空路移動の整備を、今後しなくてはいけない。以後、同発電所において各号機の中央操作室、3号機所内変圧器火災現場、6号機放射性物質を含む水の溢水現場等を訪れた。

　FAXによる連絡は、一時不具合が発生したため、それが復旧した11時58分

第三章　核防護と核抑止力

に、現地保安院へ、送信された。

東京電力から原子力安全・保安院へのFAX内容、地震当日　午前　11時58分
・中越沖地震により運転中の3, 4, 7号機および起動中の2号機が自動停止。
・11時30分現在、軽傷者が4名。
・3号機の所内変圧器から火災が発生し、消防による消火活動中。
・モニタリングポストの指示値に変動なし。
・外部への放射能漏れなし。

　現地の保安院は、地震発生の当日以後、現地の東京電力からの事情聴取と、本院への連絡に終始した。状況調査ばかりで、放射線影響のリスク判断の結果である安全宣言を一度もしなかったことは問題である。東京電力は「環境への影響はない」と発表したが、本来、保安院がこうしたリスク判定の発表をすべきであった。
　オフサイトセンターが始動するのは放射性物質の環境への大量漏洩などの核放射線災害の発生時とする運営マニュアルになっていたため、中越沖地震では使われなかった。風評経済被害が発生しているので、こうした運営マニュアルを今後も認めるわけにはいかないと、筆者は考える。
　国としての状況把握や地元への情報提供に問題があったとして、総務省は2008年2月1日、経済産業省に対して、核エネルギー施設の運用に影響を与える大規模地震の発生時にも備えるために、次の勧告をした。

原子力防災業務に関する総務省から経済産業省への勧告　（第一次勧告事項）
1　国による原子力発電所の被災状況等の迅速かつ的確な把握と周辺住民等への安全・安心情報の迅速かつ的確な提供等
2　原子力発電所の災害応急対策上重要な施設等の地震対策

・原子力安全委員会の取り組み
　中越沖地震発生の翌7月17日午前11時より東京虎ノ門で、報道機関等へ公開された形で、第49回　原子力安全委員会臨時会議が開催された。安全委員会としては、これが中越沖地震の原子力発電所影響に関する最初の会議であったが、その議題は、次の項目に限定されていた[11]。

1) 新潟県中越沖地震における東京電力㈱柏崎刈羽原子力発電所6号機の放射性物質の漏えいについて、
2) 柏崎刈羽原子力発電所における中越沖地震時に取得された地震観測データの分析及び耐震安全性への影響評価について
(その他　平成18年版原子力安全白書について、非公開での議題があった)

過去にない最大の加速度を受け炉心が緊急停止したほどの影響を受け、地震当日、原子力安全・保安院災害対策本部が設置されているにも関わらず、こうした限定的な確認に終わったのは理解しにくい。最初に原子力安全委員会として確認すべきは、原子炉の3つの安全機能（止める、冷やす、閉じ込める）であったはずである。しかし、上記の2項目について、以下のように17日の会議で討議された。

沸騰水型原子炉担当班長の保安院松島氏から、6号機の放射性物質の漏えいについて、東京電力からの報告をもとに、その数量および放出限度内であることが報告された。関連して、事業所からの報告の時系列など細かい点について質疑応答がなされ、原因究明することとなった。異常事象発生時の確認は安全状態の確保の確認であったはずだが、そこの確認後の強調が足りなかったとの印象を、筆者は受けた。

次に、耐震審査室長・川原氏から、地震規模や震源からの距離などの確認の後、稼動中の4機のスクラム信号による炉心の自動停止が報告された。そして、今回観測された最大加速度が、基準地震動による最大応答加速度を超えたことを重視し、今後、地震影響を徹底して調査することを強調した。さらに、委員らは変圧器火災について討議した。その中で、自動停止した原子炉の冷却操作の成功についての報告もなければ、確認のための質疑応答もなかった。

中越沖地震後最初の原子力安全委員会の会議では、核エネルギー史上最大の地震影響を受けた柏崎刈羽原子力発電所の安全性確保の成功である、「核反応の自動停止、冷却、放射性物質の閉じ込め」について、初期の確認として、まとめるべきであった。しかし残念ながら、それらが会議ではなされなかった。それが原因で、同席した記者たちへの正しい認識に結びつかなかったのではないか。その結果、その日の夕刊やテレビニュースでは、細かい時系列や、今後の安全性確認に重心が置かれた報道となってしまったのではないだろうか。

第三章　核防護と核抑止力

地震直後の報道

　地震の影響を受けた柏崎刈羽原子力発電所は、テレビや新聞による3号機の所内変圧器火災、使用済み燃料プール水の漏洩などが、大きく報じられた。これらの一次情報源のほとんどは、東京電力自らの調査し記者発表（プレスリリース）等で開示した情報であり、自社のホームページで都度公開された。これら一次情報には、敷地内の放射線監視データのインターネット上での実時間開示が含まれている。

　東京電力のプレスリリースは地震当日7月16日午後時に始まった[6]。初日に4件、第二日に2件、第三日に2件、第三日に3件と続いた。最初の1週間で19件、7月31日までに36件、の調査結果を報告している。被災した民間企業ではあるが、地震影響についての情報開示の努力は相当であった。その透明性と迅速性は一級であり、過去にこうした緊急時の情報開示の国内の事例を筆者は知らない。

　同時期の事例としては、JTフーズなどが中国から輸入した冷凍食品で毒物中毒を起した事件がある。企業および保健所など国の機関からの情報開示の仕方は極めて水準の低い事例である。ただし、日本の場合、この中国輸入食品による毒物事案の情報開示の不具合は、通常良くあることで、特別とも言えない。

　報道の二次情報としては、原子力安全委員会、原子力安全・保安院、国内内外の専門家からの評価や見解がある。ただし、原子力発電所の安全規制や緊急時の情報発信に責任を負う公的機関である、原子力安全委員会や保安院から1次情報を評価した上での2次情報に基づいての迅速な報道が皆無に近い状態であった。すなわち、東京電力が発した1次情報が、ほぼそのままか、一部新聞社の色の付いた形で、柏崎刈羽原子力発電所の地震影響が報じられたと考えられる。

　核放射線の危険性や安全性は、一部専門家にしか理解しにくい部分が少なくない。漏洩した放射能の量が○○ベクレルとか、放射性ヨウ素が漏洩したと報道されても、テレビ視聴者や新聞読者には判断できる基準はない。だからこそ、一次情報を放射線防護学の基準でリスク判定した結果である二次情報が必要なのだ。あるいは、原子炉技術の安全保持についての専門的なリスク判定の結果が、二次情報として報道機関へ提供される必要がある。今回の中越沖地震では、この基本が実行されなかったので、社会の不安感が必要以上に増大し混乱したと、筆者は考察した。二次情報の迅速な発信は、原理的に可能である。それを可能にするのは、オフサイトセンター・原子力防災センターである。

原子力災害対策特別措置法とその欠陥

　本節では、1999年12月に施行された現状の原子力災害対策特別措置法（原災法）を考察する[9]。本法が施行した同年9月に核燃料工場で、日本核エネルギー史上最初の核放射線事故災害が発生した。しかもわが国の核エネルギー開発研究の拠点である茨城県東海村での出来事であった。それまでは、事故や災害は発生しない・させないの前提の原子力行政であった。したがって、この原災法の成立と、その後の取り組みは、危機管理史上、画期的である。当時、東海村臨界事故調査に取り組んだ筆者も、この法令等に大いに期待した。

　しかし、何故、保安院の現地オフサイトセンターは、中越沖地震時の影響を受けた柏崎刈羽原子力発電所の例のように、危機管理の基本力である安全と危険を区別した情報発信ができなかったのか。筆者は、その原因を、日本の核エネルギー技術、特に原子炉技術の高い安全性とかけ離れた、原子力の危機管理の体制にあると考えている。それを規定した原災法自身にこそ問題があると考察している。

　原子力分野の人たちは、日本社会の核アレルギー体質を嘆いているが、そうした体質を形成した原因が、当事者たちにも無いとは言えない。その背景には、日本の核エネルギー体制に必要な危機管理の研究がなされていない現状がある。調整機関である委員会ばかりの日本であるが、危機管理研究が欠如している。

　ただし、日本の危機管理問題は、核エネルギー分野に限った問題ではないことは、読者全員が認識されているわけだが。国家・地域の危機管理の研究をはじめ、それに加えて、各分野ごとに、恒常的に危機管理を研究し改善する文化を醸成すべきである。中越沖地震の事例の中で、原災法の問題点・欠陥を検証する。

原災法の目的

　原災法では、国・地方および事業者の取り組みに対して、次の三つの目的を明示している。
　①初期動作等での国・自治体の連携の強化
　②原子力災害の特殊性に応じた国の緊急時対応体制の強化
　③原子力事業者の防災対策上の責務の明確化
　目的のはじめの二つは、この法律で規定する原子力災害が発生してからのことであるが、三点目は、事前の防止も含まれている。

事業者からの通報

　原災法では、異常事態発生時に、事業者から国へ、通報の義務を明示している。ただし、この異常事態の発生の有無について、事業所の境界での線量率基準や原子炉の異常事態発生などの条件が設定されている。中越沖地震では、原子炉の安全は十分保たれており、この通報の基準を超えることは無かった。

　しかし、事業者・東京電力は、新潟県、柏崎市、刈羽村と結ばれた周辺地域の安全確保に関する協定書や申し合わせ事項に基づき、震災当日の午前10時20分から、適宜、国・自治体へ通報連絡を行なった[10]。事象発生後直ちに通報連絡する事項のひとつが、発電所周辺での震度3以上の地震である。

（原子力防災管理者の通報義務等）
第十条　原子力防災管理者は、原子力事業所の区域の境界付近において政令で定める基準以上の放射線量が政令で定めるところにより検出されたことその他の政令で定める事象の発生について通報を受け、又は自ら発見したときは、直ちに、主務省令及び原子力事業者防災業務計画の定めるところにより、その旨を主務大臣、所在都道府県知事、所在市町村長及び関係隣接都道府県知事（事業所外運搬に係る事象の発生の場合にあっては、主務大臣並びに当該事象が発生した場所を管轄する都道府県知事及び市町村長）に通報しなければならない。この場合において、所在都道府県知事及び関係隣接都道府県知事は、関係周辺市町村長にその旨を通報するものとする。
2　前項前段の規定により通報を受けた都道府県知事又は市町村長は、政令で定めるところにより、主務大臣に対し、その事態の把握のため専門的知識を有する職員の派遣を要請することができる。この場合において、主務大臣は、適任と認める職員を派遣しなければならない。

通報の条件
①敷地境界の放射線量の上昇（5 μSv/h を超える）
②放射性物質の通常経路放出
③火災、爆発による放射性物質放出
④事業所外運搬の放射線量上昇
⑤プラントの事象（制御棒挿入失敗、除熱機能喪失…）
原則として、15条に至る前の状況で、15条通報に至る可能性のある事象

繰り返しになるが、中越沖地震発生後の柏崎刈羽原子力発電所は、通報の条件に該当する異常事象は発生しなかった。したがって、東京電力は原災法で定める異常事象の通報はしなかったことになる。しかも、現地保安院は、状況調査を現地で実施したが、通報の義務となる異常事象の発生を確認できなかったはずである。すなわち、内閣総理大臣は、原子力緊急事態宣言をしなかった。

　しかし、保安院は、原災法で定める異常事象の発生が無かったことを、公式に発表しなかった。その結果、地震の発生から数日間異常におよぶ保安院の調査が継続し、日本社会の不安を持続させた。これが、風評被害の直接的な原因となったと、筆者は考えている。

　原子炉の安全性の高い日本の核エネルギー技術では、INES国際評価での異常事象（レベル0から3）であっても、国内原災法では、通報義務となる異常事象とはならない。だから、たとえ、核エネルギー施設外に放射線影響を与えない、地域としては、全く安全な事象であっても、安全なのか危険なのかが、あいまい、ないし不明な期間がしばらく継続することになってしまう。すなわち、国際的評価NIESと国内法の核異常事象通報基準との間に合理的な一致がないのである。

　こうして、現状の原災法では、何かしら顕著な核事象が発生すると構造的に風評被害が発生する。さらには、ヒステリー報道により、落ち着きの無い社会となる。日本社会の報道インフルエンザは、極めて激しい症状を呈する。

　核エネルギー事業者からの通報が、原災法の定める通報条件を満たす場合、第十五条に基づき、内閣総理大臣による原子力緊急事態宣言がなされる。その結果、臨時に内閣府に原子力災害対策本部が設置されることになる。法律上は、事業者からの事故等で通報があり、原子力緊急事態宣言がなされれば、原子力災害対策本部が設置されるが、果たして、実践は理論と一致できるか、はなはだ疑いしい。原子炉の溶解による水蒸気爆発などの顕著な破壊現象の発生の場合には、比較的判断は容易で、原子力緊急事態宣言が発令されるであろう。しかし、中越沖地震に見るように、公衆にとり安全な事象となるINES国際評価でレベル3以下の異常事象はもちろん、スリーマイル島原子炉事故クラスのレベル5以下でさえ、保安院および原子力安全委員会の判断は遅いと、筆者は予想する。

結　論

　マグニチュード8.0の地震影響を受けた中国四川の兵器用核施設は、崩壊など

の甚大なる損傷を受けた模様である。黒鉛炉、プルトニウム生産施設、核燃料および廃棄物貯蔵施設などのいずれかが崩壊したと想像される写真が世界に漏れてはいるが、中国政府から具体的な情報は一切開示されていない。四川地震の事例は、中国の危険な核エネルギー技術と緊急時の情報隠蔽の体質が見えたと言える。

一方、マグニチュード6.8の中越沖地震により震度6強を受けた日本の原子炉施設は、設計どおり高度な耐震技術を証明し、安全を保った。しかし、当該事業者から透明かつ迅速な地震影響情報が発信されながらも、直近の原子力防災センターや原子力安全委員会からは、判断に基づく2次情報である安全宣言などが迅速に報道されず日本社会は混乱に陥った。すなわち、日本は高度な技術を有しながら、危機管理の基本力に欠けていた。中越沖地震の事例は、日本の核技術の自信と、危機管理の課題を示したといえる。

東京電力は、震災後に原子炉建屋以外の周辺部の補強を図っており、核エネルギー施設全体の耐震性の一層の高度化が期待できる。

教訓と提言

1. 核事象の一次情報の判断にもとづく二次情報の迅速な発信力の不在。
   危険なのか安全なのかを、地元県民および国民は知りたい。
2. リスク判断情報の発信は、線源となる事業所には難しい。
3. 原子力防災センターから二次情報を発信すべき。
4. 第三者の専門家からの二次情報の発信も好ましい。外野との連携強化。
5. 二次情報発信と屋内退避訓練を定例化する。
6. 社会的影響の大きい核事象発生時に、原子力防災センターに二次情報発信機能を持たせる。
   この種の核事象は、原災法でいう通報未満の核事象を含む。そのためには原子力緊急時支援研修センターから専門家をヘリで急派し、一時的に判断力と情報発信力を強化する。これらは、例えば、県知事からの要請にもとづく。
7. 原子力緊急時支援研修センターなど国家的機関が危機管理対策研究の使命を担う。

初出　高田純：放射線防護医療第4　1-8　2009

■ 文献 ■

1) 高田純：核エネルギーと地震　中越沖地震の検証，技術と危機管理．医療科学社，2008．
2) 高田純：四川大地震　封印された核拠点崩壊？．「世界と日本」第1812号，内外ニュース，2008．
3) 高田純：中越沖地震刈羽原発　核反応，最大加速4.8秒前にストップ．「世界と日本」第1796号，内外ニュース，2008．
4) 高田純：世界の放射線被曝地調査，講談社ブルーバックス，2002．
5) 東京電力：新潟県中越沖地震の影響及びその対応について．日本原子力学会北九州国際会議場での報告スライド，2007．
6) 東京電力：柏崎刈羽原子力発電所　プレスリリース／運転・点検状況　2007.07～2008.02．ホームページ　http://www.tepco.co.jp/nu/kk-np/index-j.html
7) 川俣 晋：中越沖地震における柏崎刈羽原子力発電所の安全確保．放射線防護医療　第4巻，2008．
8) 米流時評，CIAが発禁にした中国核兵器開発報告書『スティルマンレポート』http://beiryu2.exblog.jp/8025014/，2008．
9) 経済産業省，原子力安全・保安院：原子力災害対策特別措置法の成立．ホームページ　http://www.nisa.meti.go.jp/7_nuclear/11_bousai/soti.htm
10) 新潟県：東京電力株式会社柏崎刈羽原子力発電所周辺地域の安全確保に関する協定書等．ホームページ　http://www.pref.niigata.jp/bosai/genshiryoku/niigata/agreement/
11) 原子力安全委員会：ホームページ　http://www.nsc.go.jp/

フランス・核燃料サイクルの安全と防災調査

わが国の成功のために

核エネルギー技術の平和利用先進国・フランスにおける核燃料サイクル全体の防災・緊急被曝医療の取り組みや、国民理解の現状を調査するために、現地を2003年の11月から12月にかけて訪問した。この目的は、わが国へ報告し、この分野の前進に寄与することにある。核技術利用の外野席にいる筆者だが、世界各地の核被災地の調査をしてきた科学者として、この安全の課題に大いに関心がある。この課題の実効的な取り組みが、核燃料サイクル開発の国民的合意形成の鍵と考えている。

サクレー核研究所、高速増殖炉、軽水炉、再処理施設、低レベル放射性廃棄施設、緊急時対策、事故対応ロボット部隊の現場を、約20日間かけて訪れた。全体として、フランス社会へ貢献する、核エネルギー技術の力強さ・真剣さを感じた。今回の報告は紙面の都合上、割愛する部分があることをお断りする。

丸紅ユーティリティーサービスの伊東英二氏、藤岡淳氏に現地のガイドをいただき、また全行程に中国電力の後藤裕宣氏が同行した。今回の調査を実現するために、その他、フランス大使館、核燃料サイクル開発機構、世界原子力発電事業者協会（WANO）東京センター、日商岩井現地事務所から、大いなる協力をいただいた。なお、本調査は、中国電力技術研究財団2003年度試験研究助成「原子力防災における緊急被曝医療の研究」（研究代表は筆者）の一環である。

国防放射線防護支援部門の任務

パリ郊外にあるフランス軍の放射線防護支援センター・SPRAは、1973年の設立で、もともと軍の医療研究センターの核衛生部門の一部であった。1988年に、放射性毒性管理実験室が統合され、次いで、2000年に軍備プログラムに対する州政府の医療安全機関がSPRAに移管された。

この機関の主な任務は、電離放射線に被曝した人の医療監督、施設と人と環境の放射線安全性の技術的評価、防御問題の規制、放射線防護の訓練と情報、放射線緊急時の介入、放射線防護のための監視技術の開発である。

SPRAは、同一敷地内の軍のパーシー（PERCY）病院に隣接している。被曝

医療を専門とする医師、線量評価・防護専門家、放射化学の専門家で構成されている。組織は大きく二つの部に分かれている。技術部には、検査室、放射線安全局、線量測定斑、移動検査班がある。検査室には各種の放射能分析技術を有する他、屋外調査用にNaIスペクトロメーターの全身カウンターなどを搭載した軍両・モバイル・ラボを有している。この車両は、チェルノブイリ事故調査のためロシアに寄贈されたものと同一であり、筆者も現地で利用した経験がある。放射線安全局は、軍事施設および放射線源の追跡調査、規制の技術的管理、原子力潜水艦や軍事作戦にかかわる現場の査定と専門技術を担当する。

医療部には、医療放射線防護局、兵器および原子炉局、訓練・対策の実施・規制局がある。規制は国際放射線防護委員会、国際原子力委員会と欧州原子力共同体、そして国内法および規制に基づき国防規制が定められている。

緊急被曝医療と除染施設

放射線防護に関するいかなる問題についても、24時間体制にある。核放射線事象・事故に影響された軍の組織、要請を発した軍事の当局および民間の機関に対し、国内外を問わず、調査および介入を行う。放射線事故の際には、主要関係組織間で援助協定が締結されており、対策の実施に当たっては、軍事および非軍事部門が連携して行動することができるようになっている。

コソボ紛争では、劣化ウラン弾で破壊した戦車を調査した。ウランの汚染は貫通した個所にのみ存在し、フランス軍兵士への被曝リスクは無かったことを確認したと言う。

特筆すべきフランス軍の放射性物質による汚染患者の治療センターは全土の7ヵ所にある。どこで事故が発生しても、350 km（3〜4時間）以内にこの施設がある。この国内ネットワークの確立が、フランスの核放射線利用における被曝医療の強みのひとつと感じた。

汚染した、ないし、その恐れのある患者を、直接、緊急治療室へ搬送しない。そうした患者は、除染施設であるCTBRCが受け入れる。蘇生や緊急施術を行うことのできる除染施設という特徴がある。あらゆる種類の除染が行われる。特定の除染剤による皮膚および体内の除染、必要に応じて、外科的手段による汚染創傷の除染も行う。この場合、汚染測定作業も伴う。

この施設は、この目的に沿った特別の平屋構造を有している。患者の流れは、完全に一方通行で、逆戻りはない。最上流の入口の脱衣室兼トリアージ室から、

川下に向かい、各室に分離された形で、汚染管理部、除染部、手術室、集中治療室、更衣室などの順に配置されて、清浄な状態になって、患者は、隣接されている病院に搬送される。

緊急時対応リモコンロボット部隊の実力

グループ・アントラは、フランス電力庁（EDF）、原子力庁（CEA）、核燃料公社（COGEMA）の共同出資で、1988年に設立され、ロボットの開発、運転員の養成・育成、想定事故の訓練を任務としている。遠隔操作ロボットの実行部隊が、フランス全土の核事故対処のために、形成されている。

EDFシノンの敷地内部にあるこのアントラ社は、地理的にフランスの中心に近く、24時間以内にどの地でも、介入チーム（10人）と設備を、輸送できる。そうした地理的な優位性から、この地に設置された。最も遠い核エネルギー施設でも、陸路で12時間程度である。遠隔操作ロボットは、屋内対応および屋外の土木工事対応など、想定される緊急事態に備えている。

屋内対応では、発電施設の運転室内の操作盤を人の代わりに操作したり、配管の脱着などの工事作業を遠隔操作するロボットがある。フランス全土に、60人のロボット運転員がいる。彼らの多くは各施設の専属で、各施設の想定される事故に対処できるように、訓練を積んでいる。

発電所固有の事故対処もあれば、再処理施設固有の対処がある。さらには、その事業所固有の状況も、実践的に対処できるように訓練をしている。1999年の東海村臨界事故の事例研究も既になされており、実践対処できるという。

遠隔操作員の乗る指示車両、現場指揮官用の指揮軍両、除染軍両、トラクター、トラック、ショベルカーなどの大型ロボット、そして、アンテナ車両により、屋外の緊急作業に対処するように、システムが構成されている。指揮軍両のコンピュータには、各核施設のデータをはじめとした必要な情報が入力されている。

環境ゼロインパクトの再処理施設

映画「シェルブールの雨傘」で有名なシェルブールから25km離れたラアーグのCOGEMAの核燃料再処理施設は、六ヶ所村再処理施設の双子の兄である。9.11テロ以後、この核施設の警備は24時間最大レベルとなっていた。警備は180人体制だ。周囲は感知器のある3,500mの柵、カメラ、その他の検知器で監

視されている。消防能力は、人口3万5,000の町と同等である。迎撃ミサイルによる防衛体制が敷かれている報道もある。PR館は閉鎖されていた。

あらかじめ訪問交渉が決着していた私たちは、入出管理所でパスポートを預ける管理を受けた。カメラやコンピュータは持ち込めないため、ホテルのトランクの中に残してきた。私たちはCOGEMAの専用バスで、施設内の会議室へ移動した。

日本ではリスク・コミュニケーションが盛んだが、フランスではコミュニケーションだと言う。COGEMAのその代表は、元市長と聞いて驚いた。彼によれば、会社の用意している特別な物語を理解してもらうための取り組みをするのではない。市民たちからの質問に答えたり、要求される情報を会社として提供するだけだという。これまでの方式を2002年に改めたという。バスノルマンデイー州とラマンシュ県へは年2回の会合で、環境測定、安全管理などについて説明している。60のコミュニティーへ手紙を送り、その内20から返事があって、出張の説明会や見学の申し込みがあるとのこと。

再処理施設も一般の化学工場と同じであるとの姿勢で対応する。核関連だからといって、特別ではないことを強調して話してくれた。確かにそうだと思った。そういう意味で、元市長を務めていたその人物は、そうした市民や市民団体との交流は得意なはずだ。

周辺住民の年間線量は0.03 mSv未満と無視できるインパクトである。2001年の従業員1人あたりの年間線量は、0.07 mSvであり、創業以来、低下傾向にある。また内曝が外曝よりも少ない労働条件になっている。構内の診療所は複数の医師による24時間体制にある。また複数の放射線防護の博士も従事している。

雨傘方式の処分施設

再処理施設に隣接し、放射性廃棄物埋設施設・ANDRAがある。この施設は以前より存在していたが、2003年に、法令により正式にこの施設の技術項目が決定し、300年間の監視を継続することになった。放射線などの監視期間は、日本の六ヶ所施設と同じだが、施設の構造は、日本と比べて大幅に簡素になっている。コンクリートの床上に、ドラム缶やコンクリートで固められた低レベル放射性廃棄物の上に土壌を屋根型に敷き詰め、表面に芝が植えられている。

年間1,000 mmの降雨対策は雨傘方式だった。厚さ6 mmのコールタール状のシートを傘のように覆いドレインを通じ水を排出し、放射性廃棄物を収容してい

る容器に雨水がかからないようにしているのだ。この排水のバランスを監視し、傘に穴が開いたかどうかを確認する。もし亀裂が入れば、修繕するという。日本のような地震国では考えにくい方式だった。これに比べて、六ヶ所施設は頑丈にできている。

安定ヨウ素剤の事前配布

　フランス南部に位置するトリカスタン原子力発電所を訪れ、勤務医のキャサリン・バイロウルさんからヨウ素剤の話を伺った。フランスでは、国がヨウ素剤とそれを説明する小冊子を作成し、立地県が15km圏内の全住民へ配布する。日本のような40歳未満という年齢制限はない。ペットでもヨウ素剤をもらえるとのこと。ヨウ素剤は、その券が配られ、各自が薬局で受け取る。その後、5年ごとに、古いものと交換される。15kmを越える遠方の住民で希望する人たちは、薬局で購入ができる。一方、日本では、こうした購入ができない状況にある。

　小冊子には、ヨウ素剤の医学的な意味が分かりやすい絵や写真とともに、説明されている。また、ヨウ素剤の医療ケアには、各住民の主治医一の協力体制があるとのこと。それは原子力発電所の勤務医、放射線管理要員、コミュニケーション部員と15km圏内の主治医との定期的な交流に支えられている。大規模核災害緊急時にフランスでは、住民たちがまずヨウ素剤を飲んで、避難する。その成功の鍵は、こうした平時の住民、主治医、行政〜発電所の連携にあると思われる。フランスのこのヨウ素剤の配布制度は、1997年に始まり、全体として系統づけられ、公衆に分かりやすいものとなっていると感じられた。

文明の破壊

　分厚い鉄の扉の向こうには、暗い中に破壊の始まった巨大な不死鳥の死骸があった。これが、フランスがエネルギーの自立を目指し技術者たちが作り上げた高速増殖実証炉スーパーフェニックス（SP）の今の姿だ。場所はスイスとの国境に近い長閑な田舎クレーマービル。

　原予炉建屋内で配管が取り外され、無残な姿となった大きなフランスの高速増殖実証炉を目の当たりにした。廃炉作業は、燃料の取り出し、ナトリウムの抜き取り、非核施設の解体、非管理区域の解体から始まり、25年もの歳月を要すという。誰もいない運転室の制御盤の中央には、皮肉にも死の灰から蘇った不死鳥の絵が掲げられていた。

廃炉の決定は、ここで働く多くの職員たちに衝撃となった。中には、気が変になった人もいたのだという。エネルギー資源を増殖しながら送電する、画期的な先端技術現場で働く人たちの心には、誇りすらあったのではないか。その運転員の彼らが、自らその新技術を破壊することになってしまったのだ。地元も、SPの廃炉には反対した。職員の失職問題のほか、地域の経済や学校の運営にも、大きな負の影響を与えた。そのため、毎年、州が150万ユーロ、EDFが75万ユーロを拠出している。

　エネルギー資源の無いフランスが、21世紀のエネルギー自立の希望として造りだした高速増殖実証炉。モンタネ所長以下所員たちは、粛々と解体作業を進めている。核技術の平和利用先進国フランス・クレーマービルの地で、文明の破壊を見た。

スーパーフェニックスへのテロ攻撃

　SPは、熱出力3,000 MW、電気出力1,240 MW MOX（ウラン、プルトニウム混合酸化物）燃料ナトリウム冷却の高速増殖炉である。1986年に送電を開始し、1997年まで運転された。1997年に政権交代とともに、閉鎖が決定し、翌年、それを政府が認めた。この閉鎖は、技術的問題ではなく、政治的決定だという。このエネルギー資源を増殖する新型炉を、なぜ、フランス国民が放棄したのか、疑問が残る。

　この設備には、国際異常事象評価尺度での事故はなかった。過去発生した最大の異常事象は、1987年の燃料交換ドラムからのナトリウム漏えいである。ドラムの溶接部に不具合があり、そこから少量漏れた。ただし、このドラムはアルゴンガスで充満した安全ベッセル内にあるので、外部への漏れは無かった。調査の結果、材料の低炭素含有に原因していたので、このドラムの交換となった。復旧には20ヵ月を要した。

　これらの期間は、まったく技術的に必要なものであった。もんじゅの1995年以来の停止状態が、主に非技術的な理由であることとは、大きく異なっている。またSPの11年間の操業には、放射線事故が無かったことも、注目すべき点である。

　最大の危機は、反対派による可搬型ミサイル攻撃だった。5発の内、1発が格納容器に命中した。厚みが約1メートルもある頑丈なコンクリート壁は、わずか30センチメートルの深さをえぐられただけで済んだ。

フランスの安全面での強みを参考に

　核の安全に関する政府機関 IRSN は 2002 年に、放射線防護本部（OPRI）と安全防護研究所（IPSN）とが統合して設立された、フランスの核エネルギーの安全を担当する中心機関で、各省庁間にまたがる存在である。CEA、EDF、COGEMA、大学など国内の関係機関とのネットワークを形成し、政府の意思決定を助ける報告書の作成や、ユーラトム（欧州原子力共同体）への支援を行う。職員は 1,500 人で、その 3 分の 2 は専門家である。タヒチを含む仏全土 13 ヵ所に支所が存在する。

　研究課題は、原予炉の安全、核施設の安全、放射性物質および輸送の安全、公衆の防護、再処理施設周辺住民の白血病リスク解析や工業地域の管理、環境防護、核廃棄物の安全など、安全課題の全域に及んでいる。

　発電所の重大事故（国際基準レベル 6）の発生を想定した、公衆の放射線防護シミュレーションの研究をまとめている。それを CDROM 化し、フランス国内の関係機関の教育用に作成している。屋内退避、事前配布してあるヨウ素剤の摂取、緊急避難の距離別の予測線量と合わせて、画像となっている。また、小児の甲状腺がん発生および白血病発生の 70 年間リスクが距離別に表示されている。

　ヨーロッパにおける電力の供給国であり、核技術の平和利用を積極的に推し進めるフランス。利用のための技術開発に奔走するだけではなく、安全面においても、積極的に対策を講じ、社会機構としての整備が進んでいる。しかも、テロ対策の強化は、各施設の入出での厳格な管理にも顕著である。重要施設の防衛は、相当なレベルにまで改善されているらしい。フランスの核（中心力）のある核技術開発と社会の機構を、今回の調査で見た。

初出　高田純：原子力 eye 4 月号　2005

強い日本を再建する高田純の三段階論

　尖閣諸島・沖縄・東シナ海を領土領海と主張し日本侵略を狙うチャイナの帝国主義。沖縄米軍基地の撤去運動にみるように、敵の工作員が多数、国内に入り込んだ形で、破壊活動が横行している。これに対して、民主党政府は無策である。しかも、民主党内部には、工作活動と通じていると疑われる議員さえいると考えられる。こうした異常事態が平成の今と分析される。
　在日特権を有する多数の朝鮮系外国人に加え、共産党独裁帝国主義国家チャイナが多数流入している。今在日中国人は、朝鮮・韓国を超え最大勢力となっている。中国領事館を本部としたスパイ工作が横行する危険な事態となっているが、日本政府は流入を食い止める手立ても打たず、スパイ防止の法整備もできていない。警察が力を発揮できていないのだ。
　現民主党政権の誕生で、日米同盟は弱体化し、外国人地方参政権付与法案の準備など、国家存亡を揺るがす危険事態に進んでいる。党首＝総理大臣が、外国人党員支援者も含む選挙で決まった憲法違反が行われた異常事態。
　大陸間弾道ミサイルを配備することで米国の核兵器力を牽制しつつ、日本を標的に核ミサイルを配備する中国に対し、我が国に対抗策はない。既に米国の核の傘は破けている。もし、東シナ海で、日中で軍事衝突した場合、わが国は核攻撃を受けるリスクが高まる。中国全体が日本に核を撃てと叫ぶはずで、核の王手で試合終了。わが国は領土領海を失うことになるのは必然。どうする日本。
　未曾有の国難に立ち向かい、強い日本国家を再建するための戦略が高田純の三段階理論である。核問題の長年の考察、国内の偽装反核平和運動問題の考察、隠蔽されてきた昭和史解明の多くの取り組み、靖国・自主憲法・天皇制に見る愛国・保守勢力の種々の平成の闘い、これらを分析し、多くの心ある国民に分かりやすい言葉でまとめた三段階理論の戦略である。
　個々の問題では、それぞれの専門家が長年にわたり取り組まれており、筆者のような浅学の口出しが及ばないところであるのは承知のうえで、愛国の一心で戦略を考え提案させていただく。お許しいただきたい。
　広島・長崎の米国の核攻撃による敗戦、国防を放棄させたマッカーサー憲法、東京軍事裁判で作りだされた自虐史観のなかで国内に巣くう共産主義組織、在日

特権を有する外国人による反日工作活動の横行、北朝鮮の工作員と在日外国人が組織的に実行した拉致事件、急増する中国人とチャイナスパイ、中国の東シナ海領海侵犯と領海主張、共産主義勢力による日米同盟の弱体化工作と沖縄米軍排除工作、中国の核ミサイル配備と海軍力増強などの軍事拡大路線、日本の政府開発援助が後押しした中国の経済成長の後悔と国内の産業の空洞化がもたらした長期の構造的不況、中共によるシルクロード三国の侵略と悲劇が日本にも押し寄せている。今、日本が危ない。

こうした亡国に進む日本の方向を再建に向けて舵を切るのが、核抑止力をも含む高田純の日本再建三段階理論である。中共と北朝鮮が在日共産主義勢力と連携して進めている侵略行為を食い止め、段階的に我が国を、経済的に安全保障的に強い国家に再建する方法論である。三段階の闘いを見据えながら、第一段階の闘いに結集し、勝利しなくては我が国は滅ぶのである。

個々の課題については、皆さんからのさらにご意見をいただきたいところであるが、1．自虐史観の払拭と国の誇り、2．スパイ防止法整備を経て、3．自主憲法制定に勝利する三段階戦略に、是非、真保守の皆さんに結集いただきたい。既に、個々の課題で取り組まれているわけではいるが、この3段階戦略を念頭に、自主憲法を勝ち取るのだ。3段階国民運動を展開しよう。

〈第一段階　自虐史観を払拭し、国の誇りを取り戻す〉

　西欧列強による侵略からアジアの平和と独立のために戦った尊い犠牲、世界をリードした科学技術の昭和史の真実を知り国の誇りを取り戻す。昭和天皇の人類的平和主義を示した終戦の詔書を広く国民に知らせ、核兵器保有国の非保有国への戦闘使用を容認する広島平和公園の有害碑文の撤去を実現する。世界的評価の高い戦前の教育勅語に準じた道徳教育を復活させる。世界をリードするもんじゅなどの核エネルギー技術で、早期に核燃料サイクルを完成させ、地球規模のエネルギー問題の解決をリードする。

〈第二段階　スパイ防止法の制定と中距離弾道ミサイル配備による核抑止力の保有〉

　中共の日本侵略工作、北朝鮮の工作活動を封じ込め、スパイを国内から追い出すために、法整備する。その上で共産党主義国家への国内技術の不正流出、安全保障・国防情報の流出の防止を強化する。安全保障・国防に関する高等教育と研究を開始する。国防技術の自主開発に取り組み、海上保安庁および自衛隊を増強し、領海、領土の防衛を強化する。中共の核恫喝に屈しないために、

日米同盟の枠組みの中で、中距離弾道ミサイルを配備し、核抑止力を保有する。

〈第三段階　自主憲法を取り戻し、真の独立国家となる〉

　国家の安全保障のための国防体制を、普通の国家、先進国並みにするために、占領時代に強制させられた憲法を廃止し、自主憲法を制定する。自由と民主主義を重んじるアジアの指導国家として、安全保障の責務を果たす。

　　　　　　　　　初出　高田純：国民新聞　平成22年12月25日　2010

あとがき

　核エネルギーの太陽を国旗とする国。2670年以上も長い年月、如何に時の政権が変わろうとも天皇を精神の中心に据え、美しい国土と秩序ある国家を守ってきた日本は、世界で唯一の国。

　鎖国の中、徳川元禄の時代に栄えた文化は現代にも脈々と受け継がれています。明治維新後、西欧文明を急速に吸収しながら、さらに発展しました。21世紀の今、科学技術、芸術、食、娯楽の各方面で、世界の注目を受けています。正に一流であり、独創です。

　独自の日本文化を支えているのは、3千年近くも続く国家の安定感にあります。社殿を20年に一度造り替える伊勢神宮の式年遷宮は、第一回が690年に始まり、今も技術をはじめとする文化が正確に継承されています。今年で、第62回です。古来からの継承は、日本の宝であり、新しき文明を築く原動力。

　海に囲まれた列島は、地球物理的には、4つのプレートが激突する中に形成されたせいで、地震と火山の厳しい自然環境にあります。一方で、富士山に象徴される美しい国土は水と温泉に恵まれてもいます。

　調和を重んじ、そして粘り強い精神を持った大和民族。ノーベル物理学賞などに見える優秀な頭脳集団。マグニチュード9.0の巨大地震にどうにか耐えた日本の原子力施設は、放射線による急性死亡を一人も出さなかったことに、世界が注目しています。そこにも、独自の原子炉自動停止技術がありました。

　今、国内の原子力発電所は、大津波に対する耐性技術開発に取り組んでいます。必ずや、ブレークスルーを成し遂げるでしょう。静岡県の浜岡を注目いただきたい。

　化石燃料の大量消費による枯渇と人口爆発、世界と祖国日本の危機が迫る21世紀。そのリスクを回避するのは叡智です。本書が論考した核エネルギー技術の真の開発こそが、人類文明持続の鍵。大きな困難は技術的には存在しない。人類が核を制す。さもなければ、未来はない。昭和と平成に、この問題で試練を受けた日本にこそ、役割があるのです。

　医療科学社の古屋敷信一社長が、著者の論文集の出版を昨年末に申し出られました。他に例を見ない放射線防護学研究の一連の論文を一冊にまとめることは、

極めて意義ありと納得しました。しかし、ありがたい提案を受け止めながらも、一般の人たちに有用で、今の時代に相応しい形でまとめることこそ、喫緊の課題だと考えました。

　私の放射線防護学入門シリーズは、本巻で15冊目となりました。出版社はじめ関係の皆さまへ感謝申し上げます。また、本シリーズを支えてくださる読者の皆様へも感謝いたします。ありがとうございました。

2013年6月　札幌にて

高田　純

索　引

【C】
Cs-137 ……… 108, 116, 123, 124, 126, 128, 129, 144, 220, 236, 238
Cs-137 の汚染密度 ………………118
Cs-134 シングルピーク ………… 94
CT ……………………………………… 78

【D】
DALY（disability-adjusted life year）
………………………………82〜88
DNA の二重螺旋構造 ……………103

【I】
I-131 …………………………………197
IAEA ……………………… 139, 152
ICBM …………………………………159
ICRP 勧告 ……………… 37, 184, 238
INES 国際評価 ………………………252
IRPA13 ………………… 36, 94, 97

【J】
J ………………………………………170

【M】
MOX ……………………31, 56, 260

【N】
NEDIPS …………… 148, 151, 152, 154
NEDIPS の計算原理………………155
NHK …………………………………213

【P】
Pu-239……………………… 123, 236
Pu-240………………………………123
P 波…35, 38, 62, 71, 72, 91, 92, 244

【R】
RAPS … 139, 140, 142, 148, 151, 191
RAPS による予測計算………………153
RI 輸送車への攻撃 ………………200

【S】
Sr-90 …………78, 108, 109, 110, 123, 128, 129, 144, 236
Sr-90 の内部被曝 …………………111
S 波………35, 62, 71, 72, 91, 92, 240

【U】
UV インデックス（UVI） ………83, 84, 86〜88

【W】
WHO …………………………………103

【X】
X 線…………………………………… 23
X 線の発見……………………… 15, 17

索 引

【あ】

会津……………………… 36, 63, 94
アインシュタイン………………149
悪性の皮膚障害…………………197
浅田常三郎……………………… 60
アトミックレイク………………233
安倍晋三………………………15, 39
アメリシウム……………………223
アメリシウムの汚染……………218
荒勝文策…………………… 60, 77
アラモゴールドでの核爆発実験……208
アルカイダ………………………225
アルファ線………23, 76, 116, 128, 219
アルファ線計数率………………220
アルファ放射体…………………130
アルファ放射体汚染……………220
安全委員会……………………… 73
安定ヨウ素剤…… 76, 101, 129, 144, 259
イーゴリ・クルチャトフ………207
飯舘村………………… 36, 63, 73, 94
イオン…………………………… 25
伊方原子力発電所……………… 67
移動式放射線医学実験室………101
医療従事者………………………190
医療対処…………………………190
医療放射線……………………… 78
いわき………………………36, 63, 94
ウイグル…………………… 213, 214
ウイグル人……………………… 58
ウイグル地区楼蘭………………212
ウクライナ………………… 100, 102
牛の体内セシウム検査…… 66, 91, 97
宇宙飛行士………………………170
ウトリック環礁…………………114
ウラン……… 28, 31, 52, 55, 56, 143, 158, 164
ウラン、プルトニウム混合酸化物……260
ウラン235 ………24, 28, 30, 53, 104
ウラン238 ……………24, 28, 30, 53
ウラン鉱石……………………… 17
ウラン燃料……………………… 39
ウランの沈殿漕…………………105
エタノール……………………… 53
エネルギー………………19, 42, 170
エネルギー危機………………… 31
エネルギー資源の可採埋蔵量予測…… 52
エネルギー争奪戦……………… 52
エレクトロンボルト (eV) ……… 42
エンジン………………… 26, 27, 29
塩分……………………………… 19
嘔吐………………………… 194, 195
嘔吐・下痢………………………157
大型核弾頭……………………… 39
大型核兵器………………………130
大地震の影響……………………240
屋内退避…… 105, 129, 138, 139, 144, 158, 167, 168, 173, 176, 177, 229
屋内退避訓練……………………253
汚染牛乳による甲状腺の内部被曝……106
汚染牛乳の流通と摂取……129, 144, 158
汚染した牛乳……………… 72, 102
汚染した水や食糧………………199
汚染水や汚染食品の摂取………158
汚染水や汚染食品の摂取の回避……229
オゾン…………………………… 89
女川原子力発電所… 33～35, 62, 71, 91
オフサイトセンター…137, 246, 247, 249

【か】

ガードベッセル………………… 56
海外核兵器実験…………………109
外部被曝……… 43, 72, 104, 106, 125, 128, 177, 184, 210
外部被曝線量……………………116
外部被曝線量評価………… 36, 63, 94
外部被曝による後障害リスク…184
外部被曝レベル…………………127
解放軍兵士………………………214
化学ハザード……………………143
火球……………… 46, 154, 165, 192, 210
火球半径…………………………231
核……………………………… 41
核異常事象通報基準……………252
核エネルギー………17, 19, 21, 30, 31, 53, 54, 60
核エネルギー開発政策………… 57

269

核エネルギー技術	50, 53, 59, 255
核エネルギー施設	240
核エネルギー施設事故災害	100
核エネルギー施設の安全	240
核エネルギー施設への武力攻撃	200
核エネルギー政策	58, 59
核エネルギーの平和利用	57, 100
核汚染	190
核汚染地住民の体内放射能	127
核管理研究所	164
核攻撃	39
核攻撃の脅迫	152
核災害	144, 228
核災害時の線量	227
核災害地のガンマ線空間線量率	125
核子	41
核実験	46
核種	23, 41
核巡航ミサイル	151
核弾頭攻撃	33
核テロ防衛	33
核テロ防護	184
核テロリズム	163
核燃料	52
核燃料サイクル	30, 255
核燃料サイクル開発機構（JNC）	222
核燃料再処理施設	257
核燃料のリサイクル技術	57
核燃料廃棄物	30, 53
核の王手	262
核の種類	24
核の砂	47, 77, 212
核のドミノ現象	206
核の灰	47, 102, 139, 140, 142, 148, 152, 157～159, 163, 168, 180, 189, 190, 192, 195, 196, 199, 201, 204, 210, 227～229
核の崩壊	41
核廃液	108
核爆弾	46, 149
核爆発	45, 190
核爆発威力	46
核爆発災害	46, 58, 100, 106, 148, 228
核爆発災害研究	61
核爆発災害のシミュレーション	160
核爆発災害の物理的原因	151
核爆発災害の予測と防護法	148
核爆発事象	137
核爆発事態への対処	161
核爆発データ	234
核爆発の五特性	45, 150
核爆発被害予測	225
核ハザード	47, 122, 129, 144, 151, 213
核ハザード対策	225
核ハザードの健康影響	73, 93
核ハザードのリスク	213
核ハザード理論	143
核反応	53
核反応自動停止装置	34, 38, 62, 71, 91, 241, 242
核武力攻撃事態	136, 137, 140, 145
核分裂	46
核分裂型爆弾	46
核分裂生成核種	212
核分裂生成物	47, 108, 109, 142, 143, 158, 159, 165, 173, 191, 192, 223, 234, 236, 237
核分裂生成物漏洩	228
核分裂反応	55
核分裂連鎖反応	103, 165
核兵器	38, 46
核兵器および関連技術の拡散	136, 151, 200, 217, 225
核兵器技術の拡散防止	136
核兵器攻撃	60
核兵器災害	138
核兵器実験場での兵士らの線量情報	226
核兵器使用の抑止力	207
核兵器テロ	136, 151, 163, 168, 170, 173, 177, 184, 207
核兵器テロ災害	142, 165
核兵器テロの脅威	217
核兵器の戦闘使用	200
核兵器不拡散	57
核兵器防護研究	216

核兵器保有国‥‥‥‥‥‥‥‥‥‥136
核防護‥‥‥‥‥‥‥‥‥‥‥‥‥ 39
核放射線‥‥‥‥‥‥‥‥‥‥ 17, 41
核放射線災害‥‥‥‥‥‥‥‥ 55, 56
核放射線災害地の放射線影響‥‥‥ 92
核放射線災害の放射線防護計算方式
（RAPS）‥‥‥‥‥‥‥‥‥‥152
核放射線テロ‥‥‥‥‥‥‥‥‥148
核融合‥‥‥‥‥‥‥‥‥‥‥‥ 46
核抑止力の保有‥‥‥‥‥‥‥‥263
確率的影響‥‥‥‥‥‥‥‥‥‥171
核力‥‥‥‥‥‥‥‥‥‥‥‥‥ 28
火災‥‥‥‥‥‥‥‥‥‥‥‥‥154
カザフスタン‥‥‥‥ 58, 122, 125, 165,
212, 233, 237, 238
柏崎刈羽原子力発電所‥‥240, 241,
242, 246, 248, 249, 252
化石燃料‥‥‥‥‥‥‥‥‥‥ 50, 52
化石燃料大量消費‥‥‥‥‥‥‥ 50
家畜‥‥‥‥‥‥‥‥‥‥‥‥‥ 62
可搬型ミサイル攻撃‥‥‥‥‥‥260
鎌田七男‥‥‥‥‥‥‥‥‥‥‥226
カラチャイ湖事故‥‥‥‥‥‥‥108
カリウム40‥‥‥‥‥‥‥‥‥‥ 24
カリウムイオン‥‥‥‥‥‥‥‥ 24
カリウム放射能‥‥‥‥‥‥‥‥ 25
火力‥‥‥‥‥‥‥‥‥‥‥‥‥ 26
軽石‥‥‥‥‥‥‥‥‥‥‥‥‥219
カルシウム‥‥‥‥‥‥‥‥ 23, 82
カルシウム代謝‥‥‥‥‥‥‥‥ 82
カロリー（cal）‥‥‥‥ 19, 20, 48
肝炎ウイルス‥‥‥‥‥‥‥‥‥194
肝炎ウイルス感染‥‥‥‥‥‥‥194
肝機能障害‥‥‥‥‥‥‥‥‥‥194
環境半減期‥‥‥‥‥‥‥‥‥‥ 42
環境放射能の値‥‥‥‥‥‥‥‥125
環境放出‥‥‥‥‥‥‥‥‥‥‥190
がん死亡解析‥‥‥‥‥‥‥‥‥184
がん死亡被害予測‥‥‥‥‥‥‥177
関東大震災‥‥‥‥‥‥‥‥ 38, 78
菅直人‥‥‥‥‥‥‥36, 60〜62, 69
がんの発症‥‥‥‥‥‥‥‥‥‥184
ガンマ線‥‥‥ 23, 103〜105, 125, 128,
165〜167, 210
ガンマ線空間線量率‥‥‥‥219, 220, 236
ガンマ線による全身被曝‥‥‥ 158, 194
ガンマ線被曝‥‥‥‥‥‥‥‥‥219
危機管理‥‥‥‥‥‥‥‥ 58, 240, 245
危機管理対策研究‥‥‥‥‥‥‥253
危機管理力‥‥‥‥‥‥‥‥‥‥240
キシュテム事故‥‥‥‥‥‥‥‥108
偽装反核団体‥‥‥‥‥‥‥ 50, 58
北朝鮮‥‥‥‥‥39, 136, 148, 149, 190,
200, 215, 225, 263
北朝鮮地下実験対策‥‥‥‥‥‥143
北朝鮮の核実験‥‥‥‥‥‥191, 203
北朝鮮の核兵器開発宣言‥‥139, 225
北朝鮮の実験からの放射線影響‥‥‥152
北朝鮮の実験場‥‥‥‥‥‥‥‥204
北朝鮮の弾道ミサイル‥‥‥‥‥150
北朝鮮拉致事件‥‥‥‥‥‥‥‥207
喫煙‥‥‥‥‥‥‥‥‥‥‥‥‥171
きのこ‥‥‥‥‥‥‥‥‥‥‥‥128
キノコ雲‥‥‥‥‥‥ 142, 166, 194, 210
気泡の空いた小石‥‥‥‥‥‥‥219
基本粒子‥‥‥‥‥‥‥‥‥‥‥ 41
吸収線量‥‥‥‥‥‥‥‥‥‥‥ 44
急性骨髄性白血病‥‥‥‥‥‥‥197
急性死‥‥‥‥‥‥‥‥‥‥‥‥157
急性死亡‥‥‥‥‥‥‥‥‥156, 228
急性死亡数‥‥‥‥‥‥‥106, 155, 180
急性障害‥‥‥‥‥‥‥129, 129, 144, 167,
227, 228
急性症状‥‥‥‥‥‥‥‥‥‥‥157
急性的な健康影響‥‥‥‥‥‥‥138
急性の皮膚炎‥‥‥‥‥‥‥‥‥195
急性放射線障害‥‥ 35, 44, 58, 72, 77, 92,
130, 168, 170, 190, 194, 195, 227
急性放射線症状‥‥‥‥‥‥100, 104
共産党機密文書‥‥‥‥‥‥‥‥ 58
強制避難区域‥‥‥‥‥‥‥‥‥ 37
恐怖の伝播‥‥‥‥‥‥‥‥‥‥130
拒食症‥‥‥‥‥‥‥‥‥‥‥‥196
巨大津波災害‥‥‥‥‥‥‥‥‥ 15
緊急時対応リモコンロボット部隊‥‥‥257
緊急時対策‥‥‥‥‥‥‥‥‥‥255

緊急避難	71, 92, 105, 130, 139
緊急避難処置	106
緊急被曝医療	76, 256
緊急被曝医療ネットワーク	104, 137
金属ナトリウム	55, 57
空中核爆発	47, 137, 142, 148, 152, 154, 155, 156, 159, 166, 167, 189, 190, 212, 217, 219, 226, 231, 233, 238
空中核爆発災害	192
グラウンドゼロ	130, 140, 142, 143, 145, 165, 173, 217〜219, 223
グラウンドゼロの放射線環境	218
グループ・アントラ	257
クルチャトフ市	233
グレイ (Gy)	19, 20, 44, 48, 104, 138
グレイイクイバレント	104
クレータ爆発	218, 223, 231〜233, 238
黒い雨	17, 72, 92
迎撃ミサイル	159
軽水炉	55〜57, 255
軽水炉型	38
携帯型核弾頭	207
携帯ガンマ線スペクトロメータ	93
結節性甲状腺腫	197
下痢	194〜196
原因核種の物理半減期	120
健康影響のリスク	213
健康障害	151
健康被害	68, 72, 76, 78, 91, 100, 106, 129, 145
健康リスク	37, 64, 95
原災法の目的	250
原子	41
原子爆弾災害調査特別委員会	60
原子番号	24, 41
原子力安全・保安院	240, 246, 248, 249
原子力安全委員会	58, 240, 247, 249, 252
原子力安全委員会の食品規制	97
原子力基本法	136, 145, 217, 226, 232
原子力緊急事態宣言	252
原子力災害対策特別措置法（原災法）	246, 250
原子力災害対策本部	36, 252
原子力災害特別措置法	62, 137
原子力災害本部長	62
原子力施設への攻撃事態	148
原子力防災	137
原子力防災センター	245, 246, 249, 253
原子力防災体制	122
原子力立国計画	57
原子炉自動停止	91
原子炉耐震技術	244
原子炉の3つの安全機能	248
原水爆禁止日本協議会	58
原水爆禁止日本国民会議	58
建造物被害	154
元素の種類	24
原爆被災者	76
原発テロ	62
後悪性腫瘍	170
光合成	17, 19, 22, 23
光子	21, 23, 151
公衆の年間線量限度	105, 172
公衆の被曝線量	106
公衆の放射線防護	163
公衆被曝	144
後障害	44, 76, 106, 129, 144, 167, 170, 177, 180, 184, 190, 192
後障害の影響	197
後障害の発生リスク	138, 177
甲状腺がん	37, 64, 72, 75, 95, 102, 129, 138, 144, 145, 158, 197, 199, 228
甲状腺がんのリスク	75
甲状腺機能低下症	197
甲状腺障害	197, 199
甲状腺線量	36, 63, 64, 94
甲状腺線量計測法	73, 93
甲状腺線量の調査報告	37, 95
甲状腺内の放射能測定	101
甲状腺の被曝	102
甲状腺の放射性ヨウ素蓄積	75

索引

甲状腺被曝……………………129, 144, 158	臍帯血移植…………………………………104
甲状腺ファントム………………………93	サクレー核研究所……………………255
甲状腺防護………………………………129	殺処分……………………………… 62, 73
高線量……………………………………190	サハ……………………………123, 233, 234
高層建築…………………………………154	差別………………………………………132
高速増殖実証炉スーパーフェニックス	ザボリエ村………… 123, 126, 128, 130
（SP）………………………… 259, 260	サルジャル村……………………………219
高速増殖炉…………… 30, 31, 54, 67,	産業革命……………………… 26, 50, 51
132, 255, 260	残留核汚染…… 124, 217, 217, 232, 239
高速増殖炉技術………………………… 57	残留核放射線………………151, 158, 180
高速中性子……………………………… 55	残留核放射線被害………………157, 189
高レベル放射性廃棄物………………… 31	残留核放射線被曝………………………180
高レベル放射性物質の地質処分……… 32	残留プルトニウム………………………236
郡山……………………………… 36, 63, 94	残留放射能……………77, 123, 151, 236,
小型核弾頭……………………………… 38	237, 238
小型核兵器………………163, 173, 217, 223	シーベルト（Sv）………19, 20, 44, 48,
小型核兵器テロ…………………………177	138, 170
小型核兵器の実験跡……………………219	ジェームス・ワット…………………… 26
黒鉛火災…………………………………228	紫外線……………………………… 23, 89
黒鉛火災による汚染拡大…… 35, 72, 92	紫外線と大腸癌………………………… 82
黒鉛炉…………………………………… 62	紫外線の暴露不足……………………… 89
国際宇宙ステーション……………37, 170	紫外線量………………………… 82, 83, 89
国際核事象尺度（INES）… 73, 106, 244	紫外線量と大腸がん…………………… 84
国際原子力委員会（IAEA）… 190, 203	自虐史観の払拭…………………………263
国際テロ………………… 33, 200, 225	資源エネルギー庁……………………28, 57
国際テロリスト…………………………207	資源枯渇………………………………28, 52
国際放射線防護委員会……………37, 171	事故対応ロボット部隊…………………255
国際放射線防護学会（IRPA13）… 36, 64	事故調査委員会………………………… 36
国際マラソン…………………………… 38	事故的な被曝……………………………170
国民保護課題…………… 33, 39, 137,	自主憲法…………………………… 39, 264
143, 160, 201	地震加速度……………………………… 34
国民保護基本指針…………145, 161, 225	地震感知器………………………………241
国民保護法………… 136, 145, 152, 225	地震対策…………………………………242
個人線量計…………………………37, 103	自然エネルギー…… 27, 28, 29, 52, 53
コソボ紛争………………………………256	四川地震…………………………240, 244
骨髄線量…………………………………128	四川の核施設……………………………244
骨粗鬆症………………………………… 23	自然放射線………………………………126
コレステロール………………………… 23	実効線量………………………………… 45
コンクリート建造物……………168, 167	実効線量当量…………………………… 45
	実効半減期……………………………… 42
【さ】	実線量…………………………………… 37
災害被曝のリスク………………………170	質量数…………………………………… 41
再処理施設…………… 31, 56, 255, 257	シベリアでの核爆発地点………………122

273

シベリアの地下核爆発…… 92, 191, 204	シルクロード楼蘭………………………213
シミュレーション……………… 139, 157	人口爆発………………… 26, 27, 31, 51
遮へい……………………………………157	人体中のセシウム放射能の量………… 95
衆議院予算委員会……………………… 15	診断放射線………………………………171
集団ヒステリー………………………… 72	心的外傷後ストレス障害………………130
修復メカニズム…………………………103	心理的影響………………………………132
ジュール（J）………………… 19, 20, 48	人類的恐怖………………………………132
寿命短縮……… 77, 148, 180, 184, 189	人類のエネルギー消費………………… 51
寿命短縮年数……………………………156	水蒸気爆発………………………………228
生涯がん死亡リスク……… 177, 179, 184	水素……………………………………… 54
生涯がん罹患リスク……………………185	水素ガス…………………………… 71, 91
障害調整生命年………………………… 83	水素爆発…………………………… 35, 63
消化器がん……………………………… 23	水田土壌中の Sr-90 ……………………109
浄化作用………………………………… 77	スターリン………………………… 207, 208
衝撃波………72, 106, 140, 142, 143,	頭痛………………………………………196
150, 152, 154, 156, 165, 173,	ストロンチウム……108, 123 〜 125, 128
174, 180, 192, 194, 200, 210, 226	ストロンチウム被曝…………………… 78
小児、胎児への健康影響……………… 76	スパイ防止法制定………………… 39, 263
小児甲状腺がん………………… 102, 106	スリーマイル島原子力発電所事故… 106,
情報通信機器の破壊や故障…… 143, 158	200, 242, 252
昭和の放射能…………………………… 78	生物的線量評価…………………………101
初期医療…………………………………228	生物ハザード……………………………143
初期核放射線…… 139, 140, 142 〜 144,	生物半減期…………………………42, 108
151, 155 〜 159, 226	生物物理学研究所………………………100
初期核放射線の散乱線…………………226	政府の７つの課題………………………160
初期被害………… 174, 184, 194, 200	政府の課題………………………………148
初期被害回避法…………………………225	政府命令で殺処分……………………… 62
初期被害の予測計算方式………………152	生命…………………………………21 〜 23
職業被曝…………………………………171	生命表……………………… 177, 184, 186
食事摂取基準…………………………… 24	世界ウイグル会議……………………… 58
食生活…………………………………… 88	世界のエネルギー資源の可採年数…… 28
食の欧米化………………………… 88, 89	世界の核汚染の状態……………………123
食物繊維の不足………………………… 88	世界の核災害地…………………… 61, 73
食物連鎖………………… 77, 108, 109	世界の核兵器の現状……………………150
除染………37, 38, 66, 68, 76, 78,	世界の高速増殖炉……………………… 54
97, 190, 195, 196	世界保健機構（WHO）…………83, 102
除染作業…………………………………125	石炭………………………………… 28, 52
除染施設…………………………………256	石油………………………………… 28, 52
除染室……………………………………201	セシウム………31, 37, 38, 64, 66, 71,
除染棟……………………………………201	92, 95, 97, 123 〜 126, 220
処分施設…………………………………258	セシウム 134 ………………… 75, 76, 91
シルクロード…………………………… 50	セシウム 137 ………… 75, 91, 116, 128
シルクロードでの核爆発……………… 77	

索　引

セシウム検査……………………… 66, 98	緊急避難基準のレベル………………101
セシウム除去率…………………… 66, 97	ソ連崩壊………………………136, 200, 225
セシウムブロックファントム………… 94	ソ連放射線医学センター………………100
セミパラチンスク……… 142, 152, 153, 167, 191, 211, 227, 232, 234, 239	**【た】**
セミパラチンスク核実験場…… 76, 122, 123, 125, 137, 139, 217, 223	ダーティーボム…………………………200
ゼロ地点……152, 155〜157, 159, 177, 186, 191, 192, 195, 201, 210, 211, 226, 229	大気圏核兵器実験の影響………………109
	大規模核災害………………137, 138, 190
	大規模核災害の防護と医療対処………136
尖閣諸島……………………………………207	大規模災害発生時のロボット対処技術 ………………………………………159
閃光………… 103, 152, 156, 157, 180, 192, 194, 195, 200	大規模テロ事象…………………………225
	第五福竜丸……17, 114, 122, 130, 131, 192, 194, 196, 199, 226, 227
閃光熱傷……………………………………156	胎児影響………………… 44, 58, 167, 170
潜在的恐怖心………………………………130	胎児影響のリスク………………………213
染色体異常の分析………………………101	耐衝撃波性能……………………………154
全身被曝……………………………………170	耐震性能……………………… 55, 57, 67
全世界核エネルギー・パートナーシップ（GNEP）…………………………… 57	大腸がん……………………… 23, 82, 89
	大腸がんの発生リスク……………… 82, 89
全血輸血……………………………………194	大腸がんの予防………………………… 89
線源…………………………………………45	大腸がん発生の抑制…………………… 82
線源モデル（RSIM）…………………142	耐津波性能……………………………… 67
線量…………………………………… 19, 42	体内セシウム…………………………… 68
線量6段階区分…………43, 138, 140, 191, 205	胎内被曝…………………………………197
	体内放射能量……………………………128
線量回避率…………………………………226	耐熱性能…………………………………154
線量管理……………………………………201	太陽…………………………………… 17, 19
線量管理法……………………… 201, 229	太陽系の惑星…………………………… 21
線量区分……………………………… 138, 170	太陽光エネルギー……………………… 29
線量再構築……………………………… 119, 138	太陽光発電……………………………… 52
線量測定法…………………………………201	太陽紫外線……………………………… 20
線量地理分布情報…………………………142	太陽の放射エネルギー………………… 21
線量当量…………………………………… 44	太陽放射線……………………… 23, 82
線量の測定…………………………………137	高木仁三郎……………………………… 58
線量の予測…………………………………137	高田純の三段階論………………………262
線量レベルとリスク……………………227	脱出シミュレーション……… 173, 177
造血臓器の障害……………………………227	脱毛………72, 78, 129, 144, 157, 194, 196, 227, 228
組織線量当量……………………………… 45	タブーなき核兵器防護研究……………215
その場放射線衛生調査………73, 93, 114	短期核ハザード……… 36, 63, 94, 129, 144, 229
ソ連…………………………………………206	
ソ連の核兵器開発…………………………207	
ソ連の技術…………………………………149	
ソ連の国家放射線防護委員会の	

275

弾頭ミサイル…… 39, 149, 151, 152, 159, 190, 200, 203	中国……………… 136, 148, 149, 240
弾道ミサイル開発……………………215	中国共産党……………… 39, 50, 58
短半減期核分裂生成物………… 129, 144	中国四川の兵器用核施設………252
チェルノブイリ………62, 63, 71, 72, 77, 129, 144, 171	中国の核実験災害………………211
	中国の核兵器開発………211, 215, 245
チェルノブイリ原子力発電所事故……17, 35, 36, 37, 64, 76, 92, 95, 100, 104, 106, 122, 123, 126, 130, 132, 158, 193, 199, 200, 228, 244	中国の核兵器生産拠点………240
	中国の地表核実験………………211
	中国の地表核爆発影響……………78
	中国の東シナ海領域侵犯………263
チェルノブイリ原子炉事故時の 医療従事者の線量………………226	中性子…… 23, 24, 53, 104, 105, 151, 164, 166, 238
チェルノブイリ事故汚染地………119	中性子線………………… 103, 165
チェルノブイリ周辺………………111	中性子爆弾………………………220
チェルノブイリ被災者……………… 75	中性子被曝………………………101
地下核爆発……47, 137, 139, 191, 212, 231, 232, 234, 236	中性子放射化………………… 129, 144
	中性子放射化物質………………142
地下核爆発実験の日本への放射線影響 ………………………………190	中性子誘導物質…………………223
	中性子誘導放射性物質……129, 144, 193
地下資源………………………… 28, 52	中性子誘導放射能………167, 173, 234
地下資源問題……………………… 50	中東問題…………………………200
地下施設…………………………155	超過がん死亡数…………………180
地下室………………167, 226, 229	超過がん死亡リスク……… 177, 178
地下鉄……… 139, 167, 168, 173, 176, 177, 229	長期核ハザード…… 108, 129, 144, 145
	超低線量………………………… 63
地球…………………………… 21	津波………………………………34
地球温暖化………………… 52, 57	低線量………………… 82, 91, 190
致死………………………… 44, 158	低線量の健康影響………………103
致死がん…………………………103	低線量率………………………… 37
致死がんの発症…………………184	低濃縮ウラン……………………137
致死線量……………… 167, 238	堤防公園……………………………78
致死的被曝……………… 129, 144	低レベル放射性廃棄施設………255
致死被害…………………………140	テチャ川……………… 109, 128
地上核爆発…… 47, 58, 137, 140, 142, 145, 148, 152, 156, 157, 159, 165〜 167, 180, 189, 190, 192, 199, 212, 217, 223, 227, 229, 231, 232, 236	テチャ川へ核廃液の放流………108
	鉄筋コンクリート建造物………226
	テポドン…………………………150
	テヤ村……………………………126
致死リスク……………… 157, 199	テロ攻撃……… 136, 159, 223, 260
地層処分………………… 30, 31	テロリスト………… 163, 231, 232, 239
地表のセシウム汚染密度……… 66, 97	電気電子機器の故障……………151
チャーチル………………………208	電源喪失対策………………………38
中越沖地震……55, 57, 58, 62, 71, 91, 240, 242, 245〜248, 250〜252	電子……………………………… 23
	電子機器への核放射線の影響……159
	電磁パルス…………143, 151, 158

索引

天然ガス……………………………28，52
電離………………………………………151
電離放射線………………………… 19，23
電力…………………………………………30
電力会社……………………………………58
東海村臨界事故……… 61，92，100，103，
　　　106，122，123，132，137，138，226，
　　　　　　　　　　　　　228，246
等価線量……………………………………45
東京での核テロ………………… 139，184
東京電力………………… 249，251，252
東京の被害………………………………154
東京の被災シミュレーション………148
東京メトロ銀座線……………………175
動物性脂肪…………………………………88
動物性タンパク……………………………88
東北電力……………………………………34
トーック核軍事演習…………209，211
土壌のSr-90汚染密度……………………111
トルーマン………………………………208
ドロン村………… 123，124，126，219

【な】

内外被曝の総線量値…………… 67，98
内部被曝…… 43，66，76，98，108，109，
　　　128，199，210，219，223，227，228
内部被曝線量検査…………………………75
内部被曝線量調査…………… 36，63，94
内部被曝線量評価…………………91，116
内部被曝のリスク………………………108
内部被曝防護……………………………229
長崎…… 17，38，39，61，100，103，111，
　　　106，122，124，129〜132，136，137，
　　　142，145，148，152，164，172，192，
　　　206，217，219，233，234，236，238
中共3メガトン核軍事演習による
　大量殺戮……………………………214
ナトリウム…………………………………67
ナトリウム 24……………………………101
ナトリウム漏れ……………………55，260
鉛炉の炉心事故…………………………200
浪江町……… 36，64，66，68，76，78，
　　　　　　　　　91，94，95，97

浪江町末の森……… 37，65，66，96〜98
二酸化炭素……………………31，52，54
二次汚染…………………………………201
仁科芳雄…………………………………60
日米核エネルギー共同行動計画…… 57
日米同盟…………………………………262
日光浴………………………………………82
日本学術会議……………………………225
日本原子力研究開発機構…………………55
日本人のSr-90全身量……………………112
日本人の内部被曝…………………………78
日本人拉致事件…………………………225
日本版 NSC…………………………………39
日本放射線影響学会………………………64
日本保健物理学会…………………………64
二本松市……………… 36，63，66，94，97
入院患者……………………………………62
妊娠中絶…………………………………132
熱核爆弾……………………………………46
熱傷………………………… 129，144，171
熱線…… 72，106，139，140，142，151，
　　　155，157，165，174，180，192，
　　　　　　　　　　　194，226
熱中性子……………………………………55
年間外部被曝線量………………76，116
農業環境技術研究所……………………109
ノドンの開発……………………………149

【は】

肺がんなどのリスク……………………76
吐き気……………………………………196
爆心地の線量率…………………………234
爆心地の放射線調査……………………231
爆発点高度………………………………231
爆風………………………………………174
バシャークル村…………………………127
発育不良……………………………………23
発がんによる後障害死…………………156
発がんによる寿命短縮の予測………184
発がんのリスク………… 148，168，211
白血球および血小板の減少………… 194，
　　　　　　　　　　　　196，197
白血病…… 76，129，129，130，138，144，

277

145, 148, 158, 199, 211, 213, 228	
抜歯資料の計測……………………108	
抜歯資料のベータ線計測………108, 110	
初臨界…………………………… 56	
浜岡原子力発電所………………… 67	
反核活動家……………………… 62	
半減期………24, 25, 42, 64, 76, 95, 108, 124, 199	
半致死……………………………157	
半致死以上のリスク………………212	
半致死線量………………………142	
被害評価の数値シミュレーション……184	
被害予測…………………………148	
被害予測シミュレーション…………184	
非科学政策……………………… 68	
非核汚染…………………………190	
非核爆発…………………………190	
被核武力攻撃事態…………………225	
東アジアの安全保障………………207	
東アジアの脅威……………………148	
東日本大震災………………17, 33, 91	
東日本放射線衛生調査……………… 71	
非環境放出………………………190	
ビキニ……………………………227	
ビキニ核爆発災害の線量と後障害……198	
ビキニ核被災………17, 136, 190～192, 197, 201, 226	
ビキニ環礁………114, 152, 167, 196	
ビキニ水爆実験……………130, 137, 145	
ビキニ水爆被災……………………123	
ビキニ地表核爆発実験………………193	
彦坂忠義………………………… 30	
被災者や隊員の除染………………201	
ビタミンD…………………… 23, 82	
ビタミンD合成 ………………… 20	
ビタミンDと大腸がん …………… 82	
避難……………………………138	
避難民…………………………… 73	
避難要請…………………………105	
被曝医療……………………122, 137	
被曝線量の半減期…………………120	
被曝により短縮される余命…………186	
被曝による超過死亡………………185

皮膚移植…………………………104	
皮膚がん…………………… 89, 197	
皮膚障害……157, 194, 199, 227～229	
皮膚障害と脱毛……………………196	
皮膚へのベータ熱傷………………193	
肥満……………………………… 88	
非密封線源……………………… 45	
病院患者………………………… 72	
表土の除染…………………… 67, 98	
広島……17, 38, 39, 60, 72, 76, 77, 100, 103, 106, 122～124, 126, 129～132, 136, 137, 142, 145, 148, 152, 154, 164, 165, 172, 180, 189, 191, 206, 217, 219, 226, 229, 233, 234, 238	
広島・長崎の疫学調査と生命表法……148	
広島大学原爆放射線医科学研究所 ………………………………17, 226	
広島と長崎の生存者………………170	
広島の生存者のデータ……………156	
風評被害……58, 73, 132, 204, 240, 246, 247	
風力発電………………………… 52	
フォールアウト…109, 114, 122～125, 130, 142, 145, 165～168, 174, 238	
福島県放射線衛生調査…………… 74, 91	
福島県民の甲状腺線量評価結果……… 75	
福島県民の年間線量……………… 76	
福島市………………………36, 63, 94	
福島第一原子力施設20 km圏内… 60, 78	
福島第一原子力発電所… 61, 63, 71, 91	
福島第一原子力発電所 20km圏の復興策 ……………… 38, 71	
福島第一原子力発電所事故　15, 17, 35	
福島津波核災害…………………… 60	
福島の低線量・低線量率…………… 78	
復興記念国際マラソン……………… 78	
沸騰水型軽水炉……………………241	
物理半減期………38, 66, 97, 108, 125, 130, 143, 145	
ブラボー実験………114, 192, 196, 199	
フランス………………56, 59, 201, 255	
フランス軍の放射線防護支援センター （SPRA）………………………255

索 引

フランス軍病院の除染棟…………………190
フランスの核放射線利用………………256
プリピアッチ市……………………………129
プルトニウム……31, 54～56, 76, 116,
　　123, 125, 128, 130, 143, 145, 158,
　　　　164, 165, 222, 223, 236
プルトニウム239………………………237
プルトニウム汚染…………… 219, 220
プルトニウムの汚染密度………………116
プルトニウムの燃料化技術…………… 53
プルトニウムの流出……………………217
プルトニウム爆弾………………………208
プレスリリース…………………………249
分子結合のエネルギー………………… 23
平均甲状腺線量…………………75, 102
平均寿命……………………26, 171
米軍の医療対処…………………………195
米国……………………………148, 206
米国ソ連中国の核爆発災害…………… 92
米国同時多発テロ……………145, 232
米国の核の傘……………………39, 151
米国の国家安全保障会議（NSC）…… 39
平時の原子力施設事故…………………201
米ソの核爆発実験………………………152
米ソの冷戦下……………………………206
米ソの冷戦終結…………………………151
米ソ冷戦下……………………130, 217
平和記念都市建設法…………………… 77
ベータ線………………23, 116, 128, 166
ベータ線被曝……………………………168
ベータ熱傷………………194, 197, 199
ベクレル（Bq）…… 17, 24, 25, 42, 47
ベラルーシ………… 102, 128, 158, 219
ヘリウム原子の核……………………… 23
保安院……………………58, 73, 247, 252
ホイニキ村………………………………127
防護と医療の対応………………………190
防護のシミュレーション………………177
防災・緊急被曝医療……………………255
放射性ストロンチウム……………77, 78
放射性セシウム……………76, 128, 223
放射性セシウムの新旧規制値と
　自然放射能……………………… 65

放射性塵…………………………………168
放射性廃棄物……………………………258
放射性廃棄物埋設施設（ANDRA）…258
放射性物質………………………129, 144
放射性ヨウ素………36, 37, 63, 64, 72,
　　　　94, 95, 102, 104, 197, 199, 242
放射性ヨウ素131………………………102
放射性ヨウ素で汚染した牛乳…………102
放射性ヨウ素の食物連鎖………………106
放射性ヨウ素の吸い込み………………158
放射線…………………………… 19, 41
放射線医学総合研究所………37, 64, 78,
　　　　　95, 103, 110, 194, 199
放射線影響リスク………………………138
放射線衛生調査………… 36, 60, 63, 76
放射線衛生調査結果………………68, 94
放射線温泉……………………………… 37
放射線荷重係数………………………… 45
放射線環境影響……………………31, 55
放射線監視データ……………191, 205
放射線急性障害…………………190, 196
放射線業務従事者……………171, 238
放射線健康被害………………………… 60
放射線後障害……………………………137
放射線後障害リスク……………………184
放射線災害………………………192, 199
放射線障害…………101, 130, 137, 138
放射線調査……………………195, 190
放射線調査隊の編成……………………201
放射線調査法……………………………201
放射線テロ………………………………200
放射線の被曝…………………………… 42
放射線防護………………………………122
放射線防護医療…………………136, 137
放射線防護医療研究会……………33, 145
放射線防護学………………… 15, 33, 72
放射線防護計算機システムRAPS1…142
放射線防護計算システムRAPS………139
放射線防護研究……………………16, 225
放射線防護情報センター……… 33, 143,
　　　　　　　　　　　　191, 205
放射線防護と医療………………………199
放射線防護に関する基本知識…………196

279

放射線防護の基礎……………………138
放射線防護法……………167,201,225
放射能…………………………………42
放射能の値……………………………24
放射能の雨……………………………78
放射能の基準…………………………15
ポータブルラボ………………………114
ポツダム会談…………………………208

【ま】

マーシャル諸島…………………114,122
前川和彦………………………………104
前歯のベータ線測定…………………109
前歯のベータ計数率…………………110
マサニ村…………………………126,128
マスコミ………………………………58
マッカーサー憲法……………………39
マックス・プランク…………………21
末梢血幹細胞移植……………………104
末梢血リンパ球染色体異常…………226
マヤーク周辺…………………………108
マヤークの核公害……………………123
マリー・ピエール・キュリー夫妻……17
慢性の皮膚炎…………………………197
マンハッタン計画……………………208
密封線源………………………………45
南ウラルの核汚染……………………92
南相馬………………………36,63,94
宮崎友喜雄……………………………77
ムスリュモボ村………109〜111,123,
                         127,128
明治維新………………………………27
メディア………………………………132
目の痛み………………………………196
めまい…………………………………194
メルトスルー……………………36,63,92
メルトダウン……………35,62,63,92
森義郎…………………………………61
もんじゅ……………31,54,55,60,132

【や】

火傷………………………165,168,196

山下公園…………………………38,78
誘導放射性物質………………………236
陽子………………………………23,24
ヨウ素……………………71,92,129,144
ヨウ素134……………………………104
ヨウ素131……………………………75,91
抑止力…………………………………39

【ら】

ラジウム………………………………17
ラジウム温泉…………………………32
拉致事件………………………………263
理化学研究所…………………………60
リスク…………………………………103
リスク研究……………………………16
リスクの直線仮説…………………64,95
リスク判断情報………………………253
リスクファクター……………………88
流産や死産……………………………197
粒子状放射性物質……………………242
量子論…………………………………21
臨界……………………………………56
臨界事故…………………………104,122
臨界終息作戦…………………………106
臨界量…………………………………103
ループ型高速増殖炉…………………57
冷却機能………………………………242
冷却喪失事故……………………62,92
劣化ウラン………………………130,145
劣化ウラン弾……………………145,256
レベル A ………………………………170
レベル B ………………………………170
レベル C ………………………………170
レベル D ………………………………172
レベル D ＋ ……………………………172
レベル E ………………………………172
レントゲン博士……………15,17,33
楼蘭周辺………………………………58
楼蘭周辺シルクロードで発生した
　核爆発災害…………………………211
楼蘭周辺の核ハザード地帯の観光地化
　………………………………………213
ロシア…………………………………148

ロシア・ウラル放射線医学研究センター
　（URRC）……………………………109
ロシア原爆プルトニウム製造施設……122
ロシア南ウラル………………………111
六ヶ所村再処理施設………………56, 257
ロンゲラップ環礁……… 114, 125, 130,
　　　　　　　　　　　167, 194, 195
ロンゲラップ島……114, 122, 123, 124,
　　　　　127, 129, 144, 196, 226
ロンゲラップ島民……………………227
ロンゲリック環礁……………………228
ロンゲリック島………………… 114, 195

【わ】

和牛生産………………………… 66, 97
和牛畜産業復興………………………91
和牛畜産農家………………… 64, 68, 95
和牛の体内セシウム濃度………… 95, 96

● 高田 純の放射線防護学入門シリーズ ●

21世紀 人類は核を制す
核放射線の光と影を追い続けた物理学者の論文集
生命論、文明論、防護論

2013年7月10日 第一版 第1刷 発行

著 者	高田 純 ⓒ
発行人	古屋敷 信一
発行所	株式会社 医療科学社

〒113-0033　東京都文京区本郷3-11-9
TEL 03 (3818) 9821　　FAX 03 (3818) 9371
ホームページ　http://www.iryokagaku.co.jp
郵便振替　00170-7-656570

ISBN978-4-86003-438-2　　　　　（乱丁・落丁はお取り替えいたします）

本書の複製権・翻訳権・上映権・譲渡権・公衆送信権（送信可能化権を含む）は（株）医療科学社が保有します。

JCOPY <（社）出版者著作権管理機構 委託出版物>

本書の無断複写は著作権法上での例外を除き，禁じられています。
複写される場合は，そのつど事前に（社）出版者著作権管理機構
（電話 03-3513-6969，FAX 03-3513-6979，e-mail: info@jcopy.or.jp）の
許諾を得てください。

高田 純 の放射線防護学入門シリーズ

核災害からの復興
広島、チェルノブイリ、ロンゲラップ環礁の調査から
- 著者：高田 純
- A5判・64頁 ●定価(本体850円+税)
- ISBN4-86003-334-5

核災害に対する放射線防護
実践放射線防護学入門
- 著者：高田 純
- A5判・84頁 ●定価(本体1,000円+税)
- ISBN4-86003-336-1

核と放射線の物理
放射線医学と防護のための基礎科学
- 著者：高田 純
- A5判・152頁 ●定価(本体1,800円+税)
- ISBN4-86003-353-1

医療人のための放射線防護学
- 著者：高田 純
- A5判・144頁 ●定価(本体1,800円+税)
- ISBN978-4-86003-387-3

核エネルギーと地震
中越沖地震の検証、技術と危機管理
- 著者：高田 純
- A5判・140頁 ●定価(本体1,800円+税)
- ISBN978-4-86003-389-7

ソ連の核兵器開発に学ぶ放射線防護
- 著者：高田 純
- A5判・128頁 ●定価(本体2,300円+税)
- ISBN978-4-86003-408-5

お母さんのための放射線防護知識
チェルノブイリ事故 20年間の調査でわかったこと
- 著者：高田 純
- A5判・64頁 ●定価(本体800円+税)
- ISBN978-4-86003-367-5

中国の核実験
シルクロードで発生した地表核爆発災害
- 著者：高田 純
- A5判・80頁 ●定価(本体1,200円+税)
- ISBN978-4-86003-390-3

Chinese Nuclear Tests
(中国の核実験 英語/ウイグル語翻訳版)
- 著者：高田 純
- A5判・158頁 ●定価(本体2,300円+税)
- ISBN978-4-86003-392-7

核の砂漠とシルクロード観光のリスク
NHKが放送しなかった楼蘭遺跡周辺の不都合な真実
- 著者：高田 純
- A5判・84頁 ●定価(本体1,000円+税)
- ISBN978-4-86003-402-3

福島 嘘と真実
東日本放射線衛生調査からの報告
- 著者：高田 純
- A5判・104頁 ●定価(本体1,200円+税)
- ISBN978-4-86003-417-7

Fukushima : Myth and Reality
(福島 嘘と真実 英語版)
- 著者：高田 純
- A5判・72頁 ●定価(本体1,800円+税)
- ISBN978-4-86003-4252

人は放射線なしに生きられない
生命と放射線を結ぶ3つの法則
- 著者：高田 純
- A5判・112頁 ●定価(本体1,800円+税)
- ISBN978-4-86003-432-0

シルクロードの今昔
2012年 タリム盆地調査から見える未曾有の核爆発災害，僧侶と科学者の運命の出会い
- 著者：高田 純
- A5判・80頁 ●定価(本体1,000円+税)
- ISBN978-4-86003-437-5

医療科学社 〒113-0033 東京都文京区本郷3-11-9　TEL 03-3818-9821　FAX 03-3818-9371
http://www.iryokagaku.co.jp　(くわしくはホームページをご覧ください)